设计师职业培训教程

CATIA V5-6 R2014 中文版模具设计和加工培训教程

张云杰　张云静　编　著

清华大学出版社

北　京

内 容 简 介

　　CATIA 是法国 Dassault 公司开发的世界上主流的 CAD/CAE/CAM 一体化软件之一，被广泛用于各制造行业的模具设计和数控加工。本书主要将模具和数控设计职业知识与 CATIA 软件模具和加工专业设计方法相结合，通过分课时的培训方法，以详尽的视频教学讲解 CATIA V5-6 R2014 中文版的模具和数控设计方法。全书分 7 个教学日，共 48 个教学课时，主要包括软件模具设计界面、设计流程、创建分型线、创建分型面、创建模具、模架设计、模具其他系统设计、数控加工基础和流程、铣削加工、车削加工等内容。同时，本书还配备了交互式多媒体教学光盘，便于读者学习使用。

　　本书结构严谨、内容翔实，知识全面，写法创新实用，可读性强，设计实例专业性强，步骤明确，主要面向使用 CATIA 进行模具设计和数控加工的广大初、中级用户，可以作为大专院校计算机辅助设计课程的指导教材和公司模具设计培训的内部教材。

图书在版编目(CIP)数据

CATIA V5-6 R2014 中文版模具设计和加工培训教程/张云杰，张云静编著. --北京：清华大学出版社，2016
(设计师职业培训教程)
ISBN 978-7-302-43727-7

Ⅰ. ①C… 　Ⅱ. ①张… ②张… 　Ⅲ. ①模具—计算机辅助设计—应用软件—职业培训—教材 　Ⅳ. ①TG76-39

中国版本图书馆 CIP 数据核字(2016)第 089194 号

责任编辑：张彦青
装帧设计：杨玉兰
责任校对：吴春华
责任印制：李红英

出版发行：清华大学出版社
　　　　　网　　　址：http://www.tup.com.cn, http://www.wqbook.com
　　　　　地　　　址：北京清华大学学研大厦 A 座　　　　邮　　编：100084
　　　　　社 总 机：010-62770175　　　　　　　　　　邮　　购：010-62786544
　　　　　投稿与读者服务：010-62776969, c-service@tup.tsinghua.edu.cn
　　　　　质量反馈：010-62772015, zhiliang@tup.tsinghua.edu.cn
印 刷 者：清华大学印刷厂
装 订 者：三河市新茂装订有限公司
经　销：全国新华书店
开　本：203mm×260mm　　印　张：26.25　　字　数：638 千字
　　　　附光盘 1 张
版　次：2016 年 6 月第 1 版　　　　　　印　次：2016 年 6 月第 1 次印刷
印　数：1～2500
定　价：58.00 元

产品编号：065296-01

前　言

　　本书是"设计师职业培训教程"丛书中的一本，这套丛书拥有完善的知识体系和教学套路，按照教学日和课时进行安排，采用阶梯式学习方法，对设计专业知识、软件的构架、应用方向以及命令操作都进行了详尽的讲解，可以循序渐进地提高读者的使用能力。丛书本着服务读者的理念，通过大量的内训用经典实用案例对功能模块进行讲解，可以提高读者的应用水平。

　　CATIA 是法国 Dassault 公司开发的世界上主流的 CAD/CAE/CAM 一体化软件之一，被广泛用于各制造行业的模具设计和数控加工。为了使读者能更好地学习软件，同时尽快熟悉 CATIA V5-6 R2014 中文版的模具设计和加工功能，笔者根据多年在该领域的设计经验，精心编写了本书。本书将模具和数控设计职业知识与 CATIA 软件模具和加工专业设计方法相结合，通过分课时的培训方法，以详尽的视频教学讲解 CATIA V5-6 R2014 中文版的模具和数控设计方法。全书分 7 个教学日，共 48 个教学课时，详细介绍了 CATIA V5-6 R2014 的模具设计方法、数控加工方法和设计职业知识。

　　笔者的 CAX 设计教研室长期从事 CATIA 的专业设计和教学，数年来承接了大量的项目，参与 CATIA 的教学和培训工作，积累了丰富的实践经验。本书就像一位专业设计师，将设计项目时的思路、流程、方法和技巧、操作步骤毫无保留地展现给读者，是广大读者快速掌握 CATIA V5-6 R2014 模具设计和数控加工的自学实用指导书，也可作为大专院校计算机辅助设计课程的指导教材和公司模具设计培训的内部教材。

　　本书还配备了交互式多媒体教学演示光盘，将案例制作过程制作为多媒体视频进行讲解，有从教多年的专业讲师全程多媒体语音视频跟踪教学，便于读者学习使用。同时光盘中还提供了所有实例的源文件，以便读者练习使用。关于多媒体教学光盘的使用方法，读者可以参看光盘根目录下的光盘说明。另外，本书还提供了网络的免费技术支持，欢迎大家登录云杰漫步多媒体科技的网上技术论坛进行交流：http://www.yunjiework.com/bbs。论坛分为多个专业的设计板块，可以为读者提供实时的软件技术支持，解答读者的问题。

　　本书由张云杰、张云静编著，参加编写工作的还有靳翔、尚蕾、郝利剑、周益斌、杨婷、乔建军、马永健、姜兆瑞、季小武、薛宝华、郭鹰、李一凡、卢社海、王平等。书中的设计范例、多媒体和光盘效果均由北京云杰漫步多媒体科技公司设计制作，在此表示感谢同时感谢出版社的编辑和老师们的大力协助。

　　由于本书编写时间紧张、编写人员的水平有限，因此书中难免有不足之处，在此，望广大读者不吝赐教，对书中的不足之处给予指正。

编　者

目 录

设 计 师 职 业 培 训 教 程

第 ① 教学日

模具是以特定的结构形式通过一定方式使材料成型的一种工业产品，同时也是能成批生产出具有一定形状和尺寸要求的工业产品零部件的一种生产工具。大到飞机、汽车，小到茶杯、钉子，几乎所有的工业产品都必须依靠模具成型。用模具生产制件所具备的高精度、高一致性、高生产率是任何其他加工方法都不能比拟的。

本教学日主要介绍注塑模具和 CATIA V5-6 R2014 模具设计的基础知识，内容包括软件的模具设计概述、注塑模具的基础知识、CATIA V5-6 R2014 "型芯/型腔设计" 工作台和 "模架设计" 工作台界面等。

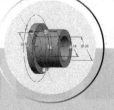  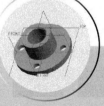 

第1课 1课时 设计师职业知识——塑料模具结构

下面来介绍注塑模具的结构和类别。

1. 注塑模具的典型结构

注塑模具由动模和定模两部分组成，动模安装在注塑机的移动模板上，定模安装在注塑机的固定模板上。成型时，动模与定模闭合构成浇注系统和型腔，开模时动模与定模分离，以便取出塑料制品。根据各部件的作用，注塑模具可分为以下几个基本组成部分。

1) 浇注系统

浇注系统又称流道系统，其作用是为塑料熔体提供从注塑机喷嘴流向型腔的通道，包括主流道、分流道、浇口、冷料穴、钩料杆等。

2) 成型部件

成型部件主要由型腔和型芯组成。型芯形成制品的内表面形状，型腔形成制品的外表面形状。

3) 导向部件

导向部件的主要作用是保证各结构组件相互之间的移动精度。它通常由导柱、导套或导滑槽组成。

4) 推出机构

推出机构或称顶出机构，主要作用是将塑件从模具中脱出，以及将凝料从流道内拉出并卸除。它通常由推杆(或推管、推环、推块、推板)、推杆固定板、推板、拉料杆、流道推板组成。

5) 温控系统

为了满足注塑工艺对模具温度的要求，需要调温系统对模具的温度进行调节，对模具进行加热或冷却。针对热塑性塑料注塑模具的温度控制，需要设计冷却系统使模具冷却，常用的方法是在模具内开设冷却水道，利用循环冷却水带走模具冷却时需要散除的热量。对于热固性塑料用注塑模具或热流道模具通常需要加热，可以采取在模具内部的通道内流通蒸汽的方法提高或保持模具温度，有时也需要在模具内部和周围安装电加热元件，因此需要在模具内设置加热孔或安装加热板以及防止热量散失的隔热板。

6) 排气槽

排气槽的作用是将成型过程中的气体充分排除，防止塑件产生气穴等缺陷，常用的办法是在分型面处或容易困气的部位开设排气沟槽。由于分型面、镶块、推杆之间存在微小的间隙，若它们可以达到排除气体的目的，可不必开设排气槽。

7) 侧抽芯机构

对于带有侧凹、侧凸或侧孔的塑件，若将成型部件做成整体，则成型完成后塑件将无法脱模，所以需要在模具中设置侧抽芯机构，以便在完成塑件的成型后，该机构能在塑件脱模之前先行让出，保证塑件顺利脱模。

8) 模架

模架的主要作用是将各结构件组成整体的连接系统。模架通常由定模座板、定模板、动模板、动模座板等构成。模架通常采用标准件，以减少繁重的模具设计与制造工作量。

2. 塑料模具的一般类别

塑料模具按照常用类型大致可分为下面几种。

1) 两板模(2 PLATE MOLD)

两板模又称单一分型面模，它是注塑模中最简单的一种。但是，其他模具都是两板模的发展，可以说，两板模是其他模具的基础。

两板模以分型面为界将整个模具分为两部分：动模和定模。

两板模的一部分型腔在动模，一部分型腔在定模，主流道在定模部分。分流道开设在分型面上。开模后，制品和流道留在动模，动模部分设有顶出系统以便取出制品，其常用结构如图1-1所示。

2) 三板模或细水口模 (3 PLATE MOLD, PIN-POINT GATE MOLD)

三板模是由两个分型面将模具分成三部分的塑料模具，它的结构比两板模复杂，设计和加工的难度也比较高。三板模比两板模增加了浇口板，适用于制品的四周不准有浇口痕迹的场合，这种模具采用点浇口，所以又叫细水口模具。这种模具的结构比较复杂，启动动力一般使用山打螺丝或拉板机构，如图1-2所示。

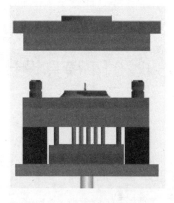 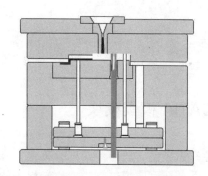

图1-1　两板模具的结构　　　　　　　　图1-2　三板模具的结构

3) 热流道模具(HOT RUNNER MANIFOLD)

热流道模具是一种新兴的模具类型，它的制作成本相比前两种模具结构都要高，制作复杂，不易加工。但是热流道模具有很多无法比拟的优点，例如热流道模具借助加热装置使浇注系统中的塑料不会凝固，也不会随制品脱模，所以更节省材料和周期。因此，热流道模具又称无流道模。

一般认为，热流道模具具有如下优点。

● 无废料产生。

● 可降低注塑压力，可以采用多腔模。

● 可大幅缩短成型周期。

● 可大幅提高制品的品质。

但是，并不是所有的塑料都适合使用热流道模具进行加工的，适合热流道模具加工的塑料一般具有如下特点。

- 塑料的熔融温度范围较宽，在处于低温状态时，流动性好；高温状态时，具有较好的热稳定性。
- 用于热流道模具的塑料对压力相对敏感，不加压力不流动，但施加压力时即可流动。
- 比热小，易熔融，而且又易冷却。
- 导热性好，以便在模具中很快冷却。

目前，用于热流道模具的塑料有 ABS、PC、PE、POM、HIPS、PS 等。我们现在常用的热流道有两种：加热流道模具(见图1-3)和绝热流道模具(见图1-4)。

图1-3　加热流道模具

图1-4　绝热流道模具

第2课　1课时　CATIA V5-6 R2014 模具设计概述

1.2.1　CATIA 模具模块

> **行业知识链接**：塑料模具用于压塑、挤塑、注塑、吹塑和低发泡成型，主要包括由凹模组合基板、凹模组件和凹模组合卡板组成的具有可变型腔的凹模，由凸模组合基板、凸模组件、凸模组合卡板、型腔截断组件和侧截组合板组成的具有可变型芯的凸模。模具凸、凹模及辅助成型系统的协调变化，可以加工不同形状、不同尺寸的系列塑件。如图1-5所示是塑料模的下半部分。
>
>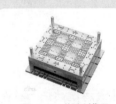
> 图1-5　塑料模具

CATIA 的模具设计需要在两个工作台界面完成，在设计完零件后，首先进入"型芯/型腔设计"模块，进行模具型芯和型腔的设计。选择【开始】|【机械设计】|【自动拆模设计】菜单命令，如图1-6所示，即可进入"型芯/型腔设计"模块。

型芯/型腔设计完成后，进入"模架设计"工作台，进行模架的相关设计。选择【开始】|【机械设计】|【模架设计】菜单命令，如图1-7所示，即可进入"模具设计"模块。

图 1-6　选择【自动拆模设计】命令

图 1-7　选择【模架设计】命令

1.2.2　注塑模具的结构组成

> **行业知识链接：** 塑料模具是在塑料加工工业中和塑料成型机配套，赋予塑料制品以完整构型和精确尺寸的工具。由于塑料品种和加工方法繁多，塑料成型机和塑料制品的结构又繁简不一，所以，塑料模具的种类和结构也是多种多样的，如图 1-8 所示是塑料扇叶的注塑模。

图 1-8　扇叶模具

　　塑料(Plastic)即可塑性材料的简称，它是以高分子合成树脂为主要成分，在一定条件下可塑制成一定形状且在常温下保持不变的材料。工程塑料(Engineering Plastic)是 20 世纪 50 年代在通用塑料基础上发展的一类新型材料，工程塑料通常具有较好的耐腐蚀性、耐热性、耐寒性、绝缘性以及诸多良好的力学性能，例如较高的拉伸强度、压缩强度、弯曲强度、疲劳强度和较好的耐磨性等。

　　目前，塑料的应用领域日益广阔，如人们正在大量地使用塑料来生产冰箱、洗衣机、饮水机、洗碗机、卫生洁具、塑料水管、玩具、电脑键盘、鼠标、食品器皿和医用器具等。

　　塑料成型的方法(即塑件的生产方法)非常多，常见的方法有注塑成型、挤压成型、真空成型和发泡成型等，其中，注塑成型是最主要的塑料成型方法。注塑模具则是注塑成型的工具，其结构一般包括塑件成型元件、浇注系统和模架三大部分。

1．塑件成型元件

　　塑件成型元件(模仁)是注塑模具的关键部分，其作用是构建塑件的结构和形状。塑件成型的主要元件包括型腔和型芯，如图 1-9 所示。如果塑件比较复杂，则模具中还需要滑块、销等成型元件，如

图 1-10 和图 1-11 所示。

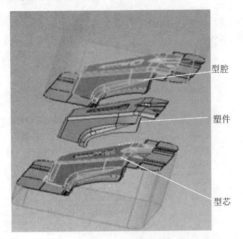

图 1-9　塑件成型元件

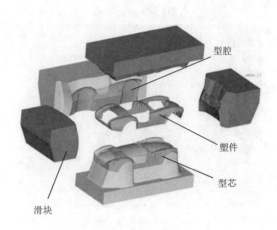

图 1-10　带滑块的塑件成型元件

图 1-11　带销的成型元件

2．浇注系统

浇注系统是塑料熔融物从注塑机喷嘴流入模具型腔的通道。普通浇注系统一般由主流道、分流道、浇口和冷料穴四部分组成。主流道是熔融物从注塑机进入模具的入口，浇口是熔融物进入模具型腔的入口，分流道则是主流道和浇口之间的通道。

如果模具较大或者是一模多穴，如图 1-12 所示，可以安排多个浇口。当在模具中设置多个浇口时，其流道结构较复杂，主流道中会分出许多分流道，如图 1-13 所示，这样熔融物先流过主流道，然后通过分流道再由各个浇口进入型腔。

3．模架设计

图 1-14 所示的模架是在模具模块中创建的，其模架中的所有标准零件全都由模具模块提供，只需确定装配位置即可完成创建。

图 1-12　一模多穴

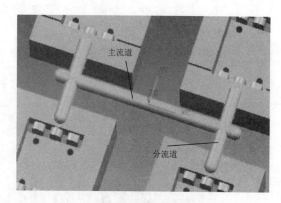

图 1-13　流道结构

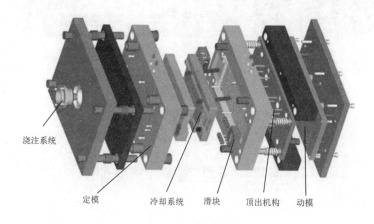

浇注系统　定模　冷却系统　滑块　顶出机构　动模

图 1-14　模架设计

4. 在"零件设计"工作台下进行模具设计

CATIA 零件设计模块也可以设计模具零件，选择【开始】|【机械设计】|【零件设计】菜单命令，如图 1-15 所示，即可进入零件设计模块，如图 1-16 所示。

图 1-15　选择【零件设计】命令

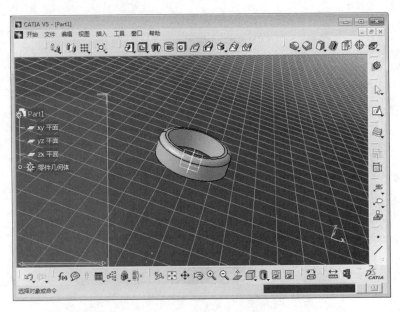

图 1-16　零件设计模块

第3课 2课时 注塑模具的基础知识

下面介绍模具设计的基本程序，以及模具型腔设计的一些基本概念和方法。

1.3.1　模具设计基本程序

　　　行业知识链接：塑料模具是一种生产塑料制品的工具，它由几组零件部分构成，这个组合内有成型模腔。注塑时，模具装夹在注塑机上，熔融塑料被注入成型模腔内，并在腔内冷却定型，然后上下模分开，经由顶出系统将制品从模腔顶出离开模具，最后模具再闭合进行下一次注塑，整个注塑过程是循环进行的。如图 1-17 所示是塑料模具上的多个定位孔。

图 1-17　塑料模具定位孔

　　由于注塑模具的多样性和复杂性，很难总结可以普遍适用于实际情况的注塑模设计步骤，这里所列出的设计步骤仅为基本程序，实际的程序可能还会有不少变化。

　　(1)　选择成型设备。

　　(2)　拟定模具结构方案，主要流程如下。

　　①　分析塑件注塑工艺性。

　　②　确定成型方案与模具总体结构。

　　③　选择模具零件材料。

④ 设计成型零件。

⑤ 确定型腔数目。

⑥ 确定型腔布局与尺寸。

⑦ 选择分型面。

⑧ 创建浇口和流道。

⑨ 设计冷却系统。

⑩ 设计机械运动机构。

⑪ 设计顶出及导向定位机构。

⑫ 考虑排气系统设计。

⑬ 模具总装等。

(3) 绘制模具装配草图。

(4) 绘制装配图。

(5) 绘制零件图。

1.3.2 模具型腔设计

行业知识链接： 模具的结构虽然由于塑料品种和性能、塑料制品的形状和结构以及注塑机的类型等不同，而可能千变万化，但是基本结构是一致的。模具主要由浇注系统、调温系统、成型零件和结构零件组成。其中浇注系统和成形零件与塑料直接接触，并随塑料和制品而变化，是塑模中最复杂，变化最大，要求加工光洁度和精度最高的部分。如图 1-18 所示是产品模具分开后的型腔。

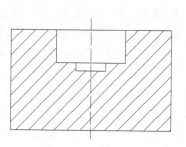

图 1-18　产品模具型腔

下面介绍模具型腔设计的基本方法。

1. 注塑模成形零部件结构

成形塑料件外表面的零件称为凹模或型腔。型芯成形塑料件的内表面，成形杆可以用作成形制品的局部细节。成形零部件是在一定的温度和压力下使用的零件，故对其尺寸、强度和刚度、材料和热处理工艺、机械加工都有相应的要求。

2. 型腔的结构设计

按型腔的结构不同可将其分为整体式、整体嵌入式、镶嵌式和组合式四种结构形式。

1) 整体式型腔

整体式型腔是在一个整块零件上加工型腔，如图 1-19 所示。整体式型腔具有强度高、刚度好的优点，但对于形状复杂的塑料件，其加工困难，热处理不方便，因而适用于形状比较简单的塑料件。

随着加工方法的不断改进，整体式型腔的适用范围已越来越广。

图 1-19　整体式型腔

2) 整体嵌入式型腔

整体嵌入式型腔仍然是在一个整块零件上加工型腔，但在该零件中嵌入另一个零件，主要适用于塑料件生产批量较大时采用一模多腔的模具。为了保证各型腔尺寸和表面状况一致，或为减少切削工作量，有时也是为了型腔部分采用优质钢材，整体嵌入式型腔采用冷挤压或其他方法，如图 1-20 所示。

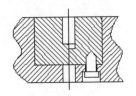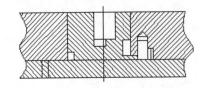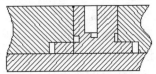

图 1-20 整体嵌入式型腔

3) 局部镶嵌式型腔

型腔的某一部分形状特殊，或易损坏需要更换时，可以采用整体型腔，但特殊形状部分用局部镶嵌方法。如图 1-21 所示，型腔侧表面有突出肋条，可以将此肋条单独加工，采用 T 形槽、燕尾槽或圆形槽镶入型腔内；如图 1-22 所示，型腔底部中间带有波纹，可将该部分单独加工为独立零件，再镶入型腔底部构成完整型腔。

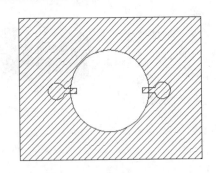

图 1-21 局部镶嵌式型腔

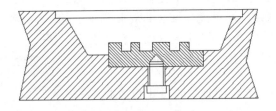

图 1-22 型腔底部中间带有波纹

4) 组合式型腔

组合式型腔的侧壁和底部由不同零件组合而成，多用于尺寸较大的塑料件生产，为了型腔加工、热处理、抛光研磨的方便，将完整的型腔分为几个部分，分别加工后再组合为一体。根据塑料件的结构特点，组合式型腔大致有整体侧壁与腔底组合、四壁组合后再与底部组合两种不同形式。图 1-23～图 1-26 为几种整体侧壁与腔底组合的型腔。

图 1-23 所示是将侧壁用螺钉连接，无配合部分，结构简单，加工迅速，但在成形过程中连接面容易揳入塑料，且加工侧壁时应防止侧面下端的棱边损伤。

图 1-24 所示是底部与侧壁拼合时增加了一个配合面，再用螺钉连接，配合面采用过渡配合，可防止塑料揳入连接面。

图 1-25 所示的结构形式在型腔组成上与图 1-19 相同，但不是用螺钉直接将型腔底部与侧壁连接，而是增加了一块垫板，靠垫板将两者压紧，再将垫板与侧壁用螺钉紧固连接。

图 1-26 所示是四壁相拼合套入模套中，再与腔底拼合，下面垫上垫板，用螺钉与模套连接。四壁拼合采用互相扣锁形式，为保证扣锁的紧密性，四处边角扣锁接触面应留有一段非接触部分，留出 $0.3\sim0.4mm$ 的间隙。基于同样原因，四壁转角处圆角半径 R 应大于模套转角处半径 r。

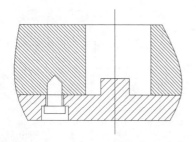

图 1-23　侧壁用螺钉连接的组合式型腔

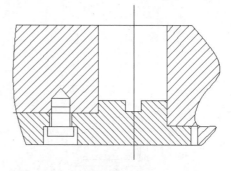

图 1-24　增加了配合面的组合式型腔

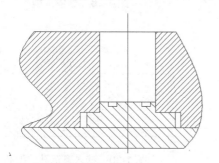

图 1-25　增加了垫板的组合式型腔

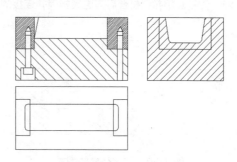

图 1-26　侧壁组合后再与底部组合的型腔

图 1-27 所示的是四壁互相扣锁拼合后与腔底扣锁并连接的形式。

设计镶嵌式和组合式型腔时，应尽可能满足下列要求。

(1)　将型腔的内部形状变为镶件或组合件的外形加工。

(2)　拼缝应避开型腔的转角或圆弧部分，并与脱模方向一致。

(3)　镶嵌件和组合件数量力求少，以减少对塑料件外观和尺寸精度的影响。

(4)　易损部分应设计为独立的镶拼件，便于更换。

(5)　组合件的结合面应采用凹凸槽互相扣锁的形式，防止在压力作用下产生位移。

3. 型芯和成形杆的设计

成形塑料件内表面的零件统称为凸模或型芯。对于结构简单的容器、壳、罩、盖、帽、套之类的塑料件，成形其主体部分内表面的零件称为主型芯或凸模，而将成形其他小孔或细微结构的型芯称为小型芯或成形杆。型芯按复杂程度和结构形式大致分为以下几种类型。

1)　整体式型芯

这是形状最简单的主型芯，用一整块材料加工而成，结构牢固，加工方便，但仅适用于塑料件内表面形状简单的情况，如图 1-28 所示。

2)　嵌入式型芯

嵌入式型芯主要用于圆形、方形等形状比较简单的型芯。最常采用的嵌入形式是型芯带有凸肩，型芯嵌入固定板的同时，凸肩部分沉入固定板的沉孔部分，再垫上垫板，并用螺钉将垫板与固定板连接，如图 1-29 所示。另一种嵌入方法是在固定板上加工出盲沉孔，型芯嵌入盲沉孔后用螺钉直接与固定板连接，如图 1-30 所示。

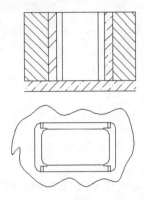

图 1-27 四壁互相扣锁拼合后与腔底扣锁并连接的型腔

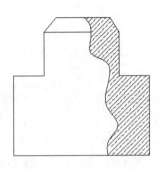

图 1-28 整体式型芯

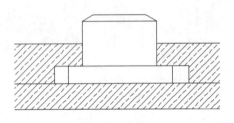

图 1-29 带有凸肩的型芯

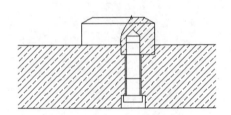

图 1-30 嵌入盲沉孔的型芯

3) 异形型芯

对于形状特殊或结构复杂的型芯，需要采用组合式结构或特殊固定形式，但应视具体形状而定，下面以具体实例说明。

图 1-31 和图 1-32 为非圆形型芯的几种固定方法。

在图 1-31 中，型芯成形部分的断面是矩形，但为了便于在固定板中固定，固定部分设计为圆形。

图 1-32 比较复杂，可以分别设计为两个零件，组合后再固定到模板中。

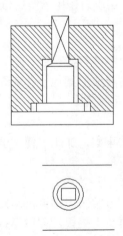

图 1-31 成形部分断面是矩形的型芯

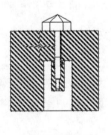

图 1-32 成形部分是五角形的型芯

4) 小型芯

直径较小的型芯，如果数量较多，采用凸肩垫板安装方法比较好。若各型芯之间距离较近，可以在固定板上加工出一个大的公用沉孔，如图 1-33 所示。因为如果分别为每个型芯加工出单独的沉孔，孔间壁厚较薄，热处理时易出现裂纹。各型芯的凸肩如果重叠干涉，可将相干涉的一面削掉一部分。

对于单个小型芯，既可以采用凸肩垫板的固定方法，也可采用省去垫板的固定方法。

图 1-34 是凸肩垫板的固定方法。

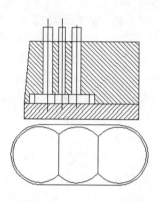

图 1-33　加工出公用沉孔的型芯

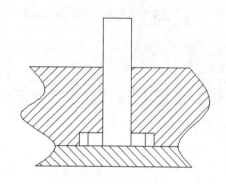

图 1-34　凸肩垫板的固定方法

在图 1-35 中，为使安装方便，将固定部分仅留 3～5mm 配合段防止塑料进入，固定孔长度的其余部分扩大 0.5～1mm，如图所示。

图 1-36 所示型芯的修磨与更换方便，打开垫板更换型芯下部的支承销，即可调节型芯的安装高度。

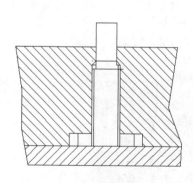

图 1-35　固定部分仅留 3～5 mm

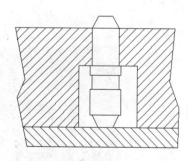

图 1-36　修磨与更换方便的型芯

图 1-37 和图 1-38 都是省去垫板的固定方法，其中图 1-37 采用过渡配合或小间隙配合，另一端铆死；图 1-38 中型芯仍带凸肩，用螺丝将凸肩拧紧。

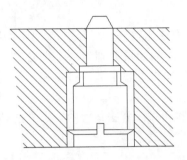

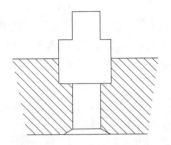

图 1-37 过渡配合或小间隙配合的固定   图 1-38 仍带凸肩的固定

第 4 课 2 课时 "型芯/型腔设计"工作台界面

CATIA V5-6 R2014 提供了两个工作台来进行模具设计，分别是"型芯型腔设计"工作台和"模架设计"工作台，其中"型芯/型腔设计"工作台主要用于完成开模前的一些分析和模具分型面的设计，而"模架设计"工作台则主要用于在创建好的分型面上加载标准模架、添加标准件、创建浇注系统及冷却系统等。当然，在"型芯型腔设计"工作台中进行分型面的设计时，也可以切换到其他工作台(如"创成式外形设计"工作台、"线框和曲面设计"工作台和"零件设计"工作台等)共同完成合理的分型面设计。CATIA 是一个具有强大模具设计功能的软件，下面分别对这两个工作台进行介绍。

选择【开始】|【机械设计】|【自动拆模设计】命令，即可进入"型芯/型腔设计"工作台。CATIA 中的"型芯/型腔设计"工作台界面包括特征树、标题栏、菜单栏、坐标系、提示栏、输入栏、工具栏以及图形区，如图 1-39 所示。

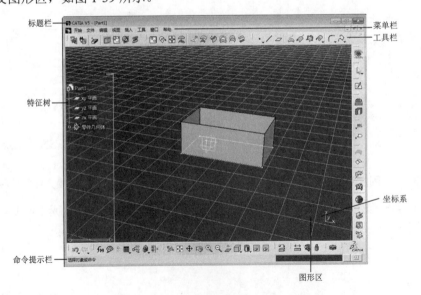

图 1-39 "型芯/型腔设计"工作台界面

1. 标题栏

标题栏一般显示打开的文件名称。

2. 特征树

特征树中列出了活动文件中的所有零件及特征，并以树的形式显示模型结构，根对象(活动零件或组件)显示在特征树的顶部，其从属对象(零件或特征)位于根对象之下。例如在活动装配文件中，特征树列表的顶部是装配体，装配体下方是每个零件的名称；在活动零件文件中，特征树列表的顶部是零件，零件下方是每个特征的名称。若打开多个 CATIA 模型，则特征树只反映活动模型的内容，如图 1-40 所示。

3. 菜单栏

菜单栏中包含创建、保存、修改模型和设置 CATIA 环境等命令。如图 1-41 所示是【文件】菜单中的命令。

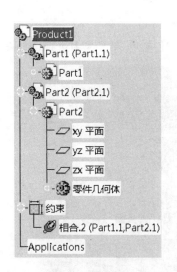

图 1-40　特征树　　　　　　　　　　图 1-41　【文件】菜单

4. 工具栏

若看到有些菜单命令和按钮处于非激活状态(呈灰色)，这是因为它们目前还没有处在发挥功能的环境中，一旦它们进入有关的环境便会自动激活。如图 1-42 所示是模具设计中常用的工具栏。

5. 坐标系

坐标系代表当前的工作坐标系，当物体旋转时坐标系也随着物体旋转，如图 1-43 所示。

6. 提示栏和输入栏

在用户操作软件的过程中，提示栏会实时地显示与当前操作相关的提示信息等，以引导用户操作。输入栏用于从键盘输入 CATIA 命令字符来进行操作，如图 1-44 所示。

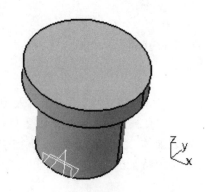

图 1-42　模具设计常用工具栏　　　　　　　　图 1-43　零件坐标系

图 1-44　提示栏和输入栏

7. 图形区

图形区也叫绘图区，是各种模型图像的显示区，一切零件操作都在其中进行，如图 1-45 所示。

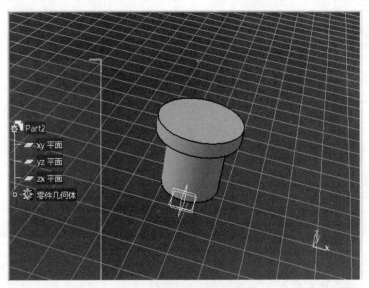

图 1-45　图形区

课后练习

　📝　案例文件：ywj\01\01.CATPart 及其模具文件

　🎬　视频文件：光盘→视频课堂→第 1 教学日→1.4

本节课后练习创建一个盖子零件，盖子一般在密封场合使用。在创建的过程中，首先新建模型文件，之后对模型进行模具操作。如图 1-46 所示是完成的盖子及分型面模型。

本节范例主要练习 CATIA 界面和模具的基本操作，首先创建模型，之后确定分型方向，最后创建分型面。如图 1-47 所示是盖子零件的创建思路和步骤。

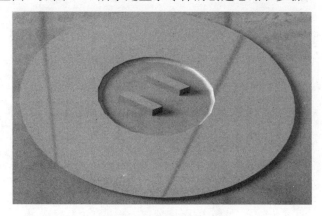

图 1-46　完成的盖子模型

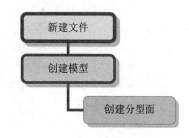

图 1-47　盖子零件的创建思路和步骤

练习案例操作步骤如下。

step 01 首先新建文件。选择【开始】|【机械设计】|【零件设计】命令，弹出【新建零件】对话框，如图 1-48 所示，设置零件名称为"01"，单击【确定】按钮。

step 02 选择 xy 平面作为草绘平面，单击【草图编辑器】工具栏中的【草图】按钮，单击【轮廓】工具栏中的【圆】按钮，绘制直径为 30 的圆形，如图 1-49 所示。

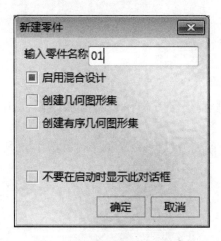

图 1-48　【新建零件】对话框

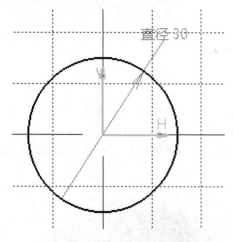

图 1-49　绘制直径为 30 的圆形

step 03 单击【基于草图的特征】工具栏中的【凸台】按钮，弹出【定义凸台】对话框，设置【长度】为"10"，如图 1-50 所示，单击【确定】按钮，创建圆形凸台。

step 04 单击【修饰特征】工具栏中的【盒体】按钮，弹出【定义盒体】对话框，设置【默认内侧厚度】为"2"，选择要移除的面，如图 1-51 所示，单击【确定】按钮，创建盒体特征。

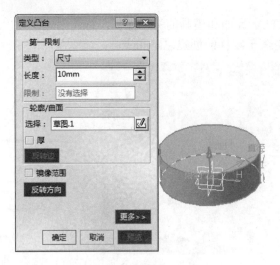

图 1-50 创建凸台

图 1-51 创建盒体

step 05 单击【草图编辑器】工具栏中的【草图】按钮，选择如图 1-52 所示的平面作为草绘平面。

step 06 单击【轮廓】工具栏中的【圆】按钮，绘制直径为 29 的圆形，如图 1-53 所示。

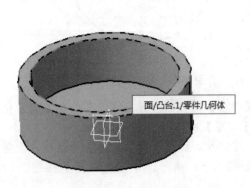

图 1-52 选择草绘平面

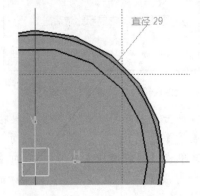

图 1-53 绘制直径为 29 的圆形

step 07 单击【轮廓】工具栏中的【圆】按钮，绘制直径为 27 的圆形，如图 1-54 所示。

step 08 单击【基于草图的特征】工具栏中的【凹槽】按钮，弹出【定义凹槽】对话框，设置

【深度】为"2"，如图 1-55 所示，单击【确定】按钮，创建凹槽。

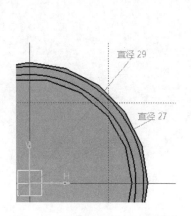

图 1-54　绘制直径为 27 的圆形

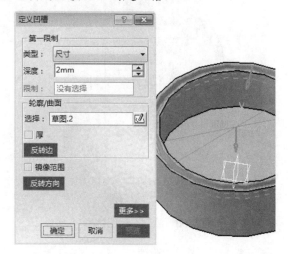

图 1-55　创建凹槽

step 09　单击【修饰特征】工具栏中的【倒圆角】按钮，弹出【倒圆角定义】对话框，设置【半径】为"1"，选择目标边线，如图 1-56 所示，单击【确定】按钮，创建倒圆角。

step 10　单击【草图编辑器】工具栏中的【草图】按钮，选择如图 1-57 所示的平面作为草绘平面。

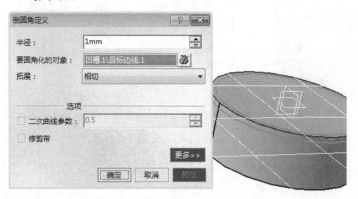

图 1-56　创建半径为 1 的倒圆角

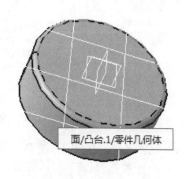

图 1-57　选择草绘平面

step 11　单击【轮廓】工具栏中的【平行四边形】按钮，绘制平行四边形，距离尺寸如图 1-58 所示。

step 12　单击【轮廓】工具栏中的【平行四边形】按钮，绘制相同的平行四边形，距离尺寸如图 1-59 所示。

step 13　单击【基于草图的特征】工具栏中的【凹槽】按钮，弹出【定义凹槽】对话框，设置【深度】为"2"，如图 1-60 所示，单击【确定】按钮，创建凹槽。完成模型的创建。

step 14　最后创建分型面。选择【文件】|【新建】命令，弹出【新建】对话框，选择 Product 选项，如图 1-61 所示，单击【确定】按钮。

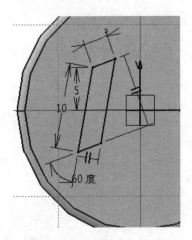

图 1-58　绘制平行四边形

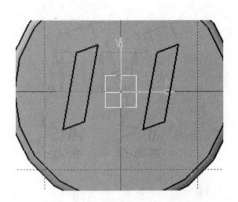

图 1-59　绘制相同的平行四边形

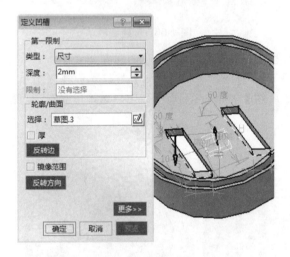

图 1-60　创建凹槽

图 1-61　新建 Product 零件

step 15　双击 Product1 节点，选择【开始】|【机械设计】|【自动拆模设计】命令，如图 1-62 所示，进入型芯/型腔工作台。

step 16　右击特征树中的 Product1 节点，在弹出的快捷菜单中选择【属性】命令，如图 1-63 所示。

step 17　在弹出的【属性】对话框中，设置【零件编号】为 "gaizi"，修改产品名称，单击【确定】按钮，如图 1-64 所示。

step 18　选择【插入】|【模型】|【输入】命令，弹出【输入模具零件】对话框，在对话框的【模型】选项组中单击【打开】按钮📁，此时系统弹出【选择文件】对话框，选择 "01" 零件，单击【打开】按钮，如图 1-65 所示。

step 19　在弹出的【输入 01.CATPart】对话框中设置【比率】为 "1.008"，单击【确定】按钮，如图 1-66 所示。

step 20　创建的模型和特征树如图 1-67 所示。

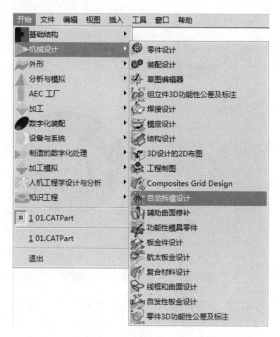

图 1-62　选择【自动拆模设计】命令

图 1-63　编辑属性

图 1-64　设置产品名称

图 1-65　打开文件

图 1-66　设置比率

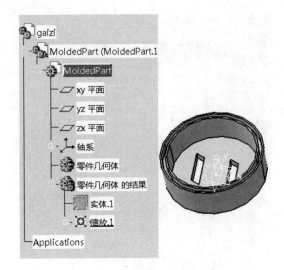

图 1-67　创建的模型和特征树

step 21　右击特征树中的【零件几何体】节点，在弹出的快捷菜单中选择【定义工作对象】命令，如图 1-68 所示。

step 22　进入"零件设计"工作台，选择【插入】|【基于曲面的特征】|【封闭曲面】命令，弹出【定义封闭曲面】对话框，选择零件模型，单击【确定】按钮，如图 1-69 所示。

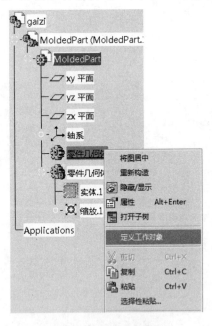

图 1-68　定义工作对象

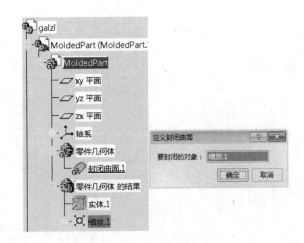

图 1-69　创建封闭曲面

step 23　右击特征树中的【零件几何体 的结果】节点，在弹出的快捷菜单中选择【定义工作对象】命令，进入"型芯/型腔"工作台，如图 1-70 所示。

step 24　选择【插入】|【脱模方向】|【脱模方向】命令，系统弹出【主要脱模方向定义】对话框，选择模型，如图 1-71 所示，单击【确定】按钮。

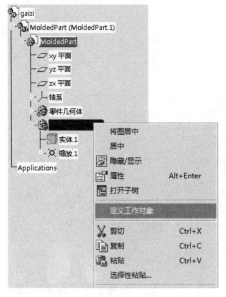

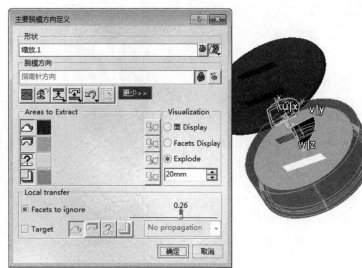

图 1-70　定义工作对象　　　　　　　　　图 1-71　定义脱模方向

step 25　选择【插入】|【模型】|【比较】命令，系统弹出【比较模具零件与 01.CATPart】对话框，选择模型，设置比率，如图 1-72 所示，单击【确定】按钮。

step 26　在系统弹出的【比较】对话框中，设置显示颜色，单击【确定】按钮，查看比较结果，如图 1-73 所示。

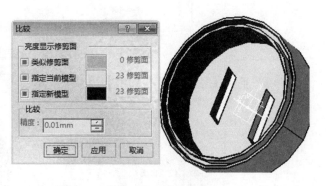

图 1-72　比较模具零件　　　　　　　　　图 1-73　比较结果

step 27　选择【插入】|【脱模方向】|【滑块和斜顶】命令，系统弹出【滑块和斜顶脱模方向定义】对话框，选择形状和脱模方向，如图 1-74 所示，单击【确定】按钮。

step 28　选择【插入】|【曲面】|【填补面】命令，系统弹出【填补面】对话框，选择有孔洞的平面，如图 1-75 所示，单击【确定】按钮。

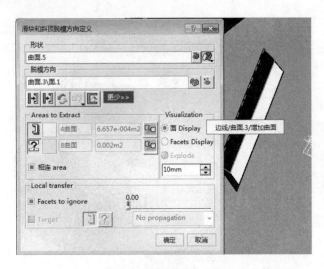

图 1-74 定义滑块方向

图 1-75 填补面

step 29 选择【插入】|【脱模方向】|【分解视图】命令，系统弹出【分解视图】对话框，选择两个主要方向，单击【确定】按钮，进行分解，如图 1-76 所示。

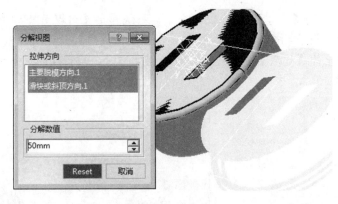

图 1-76 分解曲面

step 30 单击【操作】工具栏中的【边界】按钮 ，弹出【边界定义】对话框，选择零件边界线，如图 1-77 所示，单击【确定】按钮。

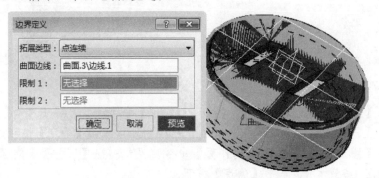

图 1-77 创建边界线

step 31 单击【曲面】工具栏中的【扫掠】按钮 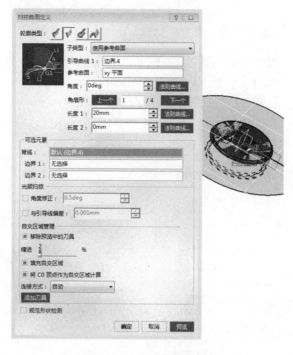，弹出【扫掠曲面定义】对话框，选择边界线和 xy 参考曲面，设置【长度 1】为 "20"，如图 1-78 所示，单击【确定】按钮。

图 1-78 创建扫掠曲面

step 32 选择【插入】|【操作】|【接合】菜单命令，系统弹出【接合定义】对话框。在模型中选取扫掠面、补面和型芯面，单击【确定】按钮，完成接合 1 的创建，如图 1-79 所示。

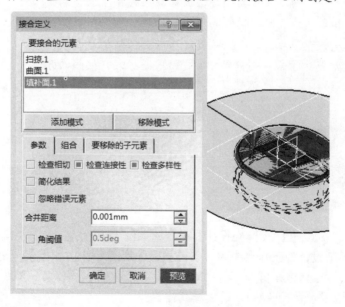

图 1-79 创建接合曲面

step 33 在特征树中选取分型面节点并右击,在弹出的快捷菜单中选择【属性】命令,系统弹出【属性】对话框,修改【特征名称】为【型芯分型面】,如图 1-80 所示,单击【确定】按钮。

step 34 完成的分型面如图 1-81 所示。

图 1-80 重命名分型面

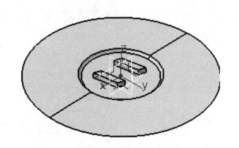

图 1-81 完成的分型面

机械设计实践:分型面,即模具闭合时凹模与凸模相互配合的接触表面。它的位置和形式的选定,受制品形状及外观、壁厚、成型方法、后加工工艺、模具类型与结构、脱模方法及成型机结构等因素的影响。如图 1-82 所示是凳子模具的分型模具,使用了扩大分型面的分型方法。

图 1-82 凳子模具分型

第 5 课 2课时 "模架设计"工作台界面

选择【开始】|【机械设计】|【模架设计】命令,如图 1-7 所示,进入"模架设计"工作台界面,如图 1-83 所示。"模架设计"工作台中包含实际模具的所有零件,如模架(标准模架和自定义模架)、模架中的标准件(导柱、导套、螺钉及推杆)、浇注系统(定位圈、浇口套、流道和浇口)、冷却系统(冷却水道、水塞、密封圈及水管接头等)、滑块及其他零件。

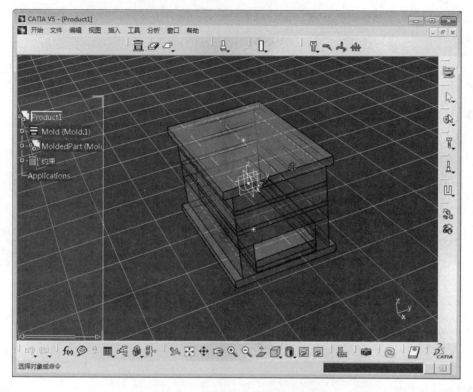

图 1-83　"模架设计"工作台界面

1. 特征树

特征树中列出了活动文件中的所有零件及特征，并以树的形式显示模型结构，根对象(活动零件或组件)显示在特征树的顶部，其从属对象(零件或特征)位于根对象之下。例如，在活动装配文件中，特征树列表的顶部是装配体，装配体下方是每个零件的名称；在活动零件文件中，特征树列表的顶部是零件，零件下方是每个特征的名称。若打开多个 CATIA 模型，则特征树只反映活动模型的内容，如图 1-84 所示。

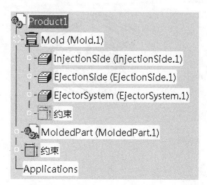

图 1-84　特征树

2. 菜单栏

菜单栏中包含创建、保存、修改模型和设置 CATIA 环境等命令，如图 1-85 所示是【插入】菜单中的命令。

3. 工具栏

工具栏中的命令按钮为快速执行命令及设置工作环境提供了极大的方便，用户可以根据具体情况定制工具栏，如图1-86所示。

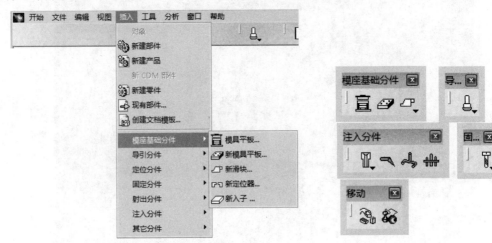

图1-85　【插入】菜单　　　　　　　　　图1-86　模架常用工具栏

4. 图形区

图形区是各种模型图像的显示区及操作区，如图1-87所示。

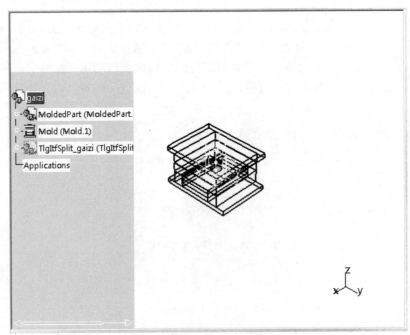

图1-87　图形区

课后练习

📝 案例文件：ywj\01\01.CATPart 及其模具文件
💿 视频文件：光盘→视频课堂→第 1 教学日→1.5

本节课后练习创建盖子的模架。模架在模具中起到固定零件和模具，进行分模的作用，如图 1-88 所示是完成的盖子模架。

本节范例主要练习 CATIA 的基本操作，操作包括显示属性设置和对象的各种操作，如图 1-89 所示是盖子零件的创建思路和步骤。

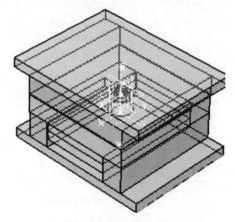

图 1-88 完成的盖子模架

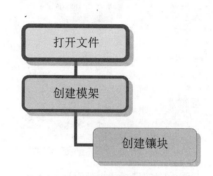

图 1-89 盖子零件的创建思路和步骤

练习案例操作步骤如下。

step 01 首先打开文件。选择【文件】|【打开】命令，打开制造模型，如图 1-90 所示，进入"模具设计"模块。

图 1-90 打开制造模型

step 02 接着创建模架。选择【开始】|【机械设计】|【模架设计】命令，如图 1-91 所示，进入"模架设计"模块，准备创建模架。

step 03 在【模板部件】工具栏中，单击【创建新模架】按钮旦，弹出如图 1-92 所示的【创建新模架…】对话框，创建新模架。

图 1-91 选择【模架设计】命令   图 1-92 创建新模架

step 04 单击【创建新模架…】对话框中的【目录浏览器】按钮，系统弹出【目录浏览器】对话框，依次双击 Futaba | Normal-S | SC 选项，在系统弹出的【模架尺寸】列表中选择 MDC SC 3030X-MN 选项，如图 1-93 所示，单击【确定】按钮。

step 05 单击【创建新模架…】对话框中的【设计表配置】按钮，此时系统弹出如图 1-94 所示的【PlateChoice，配置行:1398】对话框，在该对话框中选择型腔模板厚度。

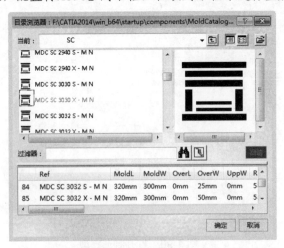

图 1-93 设置模架尺寸

step 06 创建的新模架如图 1-95 所示。

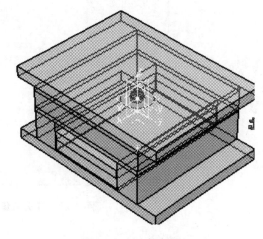

图 1-94 选择厚度参数   图 1-95 创建的模架

step 07 在特征树中选择 Mold(Mold.1)节点并右击，在弹出的快捷菜单中选择【Mold.1 对象】|
【编辑模具】命令，打开【模架编辑】对话框，如图 1-96 所示。

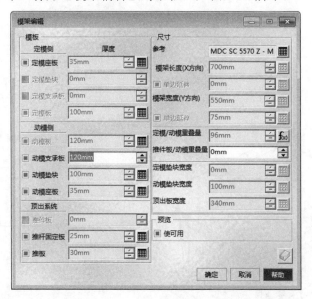

图 1-96 【模架编辑】对话框

step 08 单击【定模/动模重叠量】文本框右侧的【公式编辑器】按钮 $f_{(x)}$，系统弹出如图 1-97 所
示的【公式编辑器：CorCavS】对话框，单击该对话框右上角的【清除文本字段】按钮 🖉，
单击【确定】按钮，返回【模架编辑】对话框。在【定模/动模重叠量】文本框中输入数值
"0"，单击【确定】按钮。

step 09 型腔板和型芯板重叠尺寸修改完成后，创建的模架结果如图 1-98 所示。

step 10 最后创建镶块。选择【插入】|【模板部件】|【新镶块】命令，系统弹出【镶块定义】
对话框，创建模具工件，如图 1-99 所示。

图 1-97 【公式编辑器：CorCavS】对话框

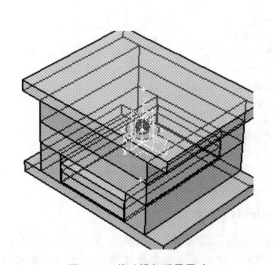

图 1-98 修改模架重叠尺寸

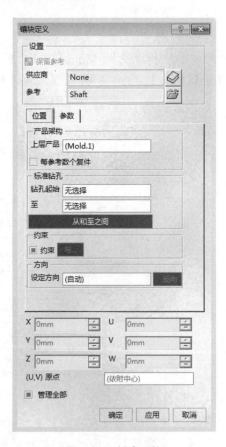

图 1-99 创建工件

step 11 单击【镶块定义】对话框中的【目录浏览器】按钮 ◎，弹出【目录浏览器】对话框，依
次双击 Shaft | Shaft 选项，单击【确定】按钮，加载镶块，如图 1-100 所示。

step 12 在模具平面，选择放置面，放置镶块，如图 1-101 所示。

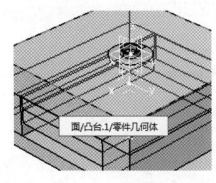

图 1-100　选择镶块尺寸　　　　　　　　图 1-101　选择放置面

step 13　在【镶块定义】对话框中设置这个镶块的参数，如图 1-102 所示，然后单击【确定】按钮。

step 14　创建完成的镶块如图 1-103 所示。

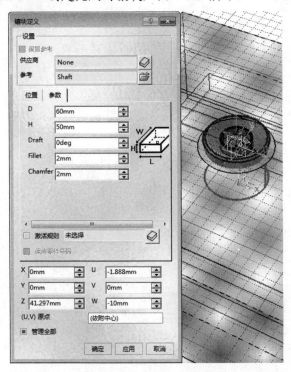

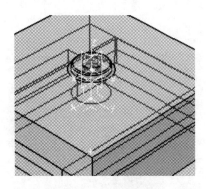

图 1-102　设置镶块参数　　　　　　　　图 1-103　创建的镶块

step 15　在特征树中，右击 Insert_2(Insert_2.1)节点，在弹出的快捷菜单中选择【Insert_2.1 对象】|【分割部件】命令，如图 1-104 所示。

step 16　在弹出的【切割定义】对话框中，选取型芯分型面作为分割曲面，单击工件上的箭头，使其方向向下，如图 1-105 所示，单击【确定】按钮。

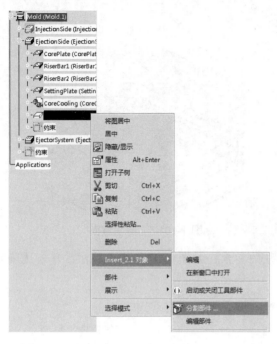

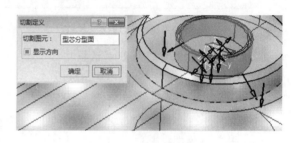

图 1-104　分割部件　　　　　　　　　　图 1-105　切割镶块

step 17 分割后的镶块如图 1-106 所示。

step 18 选择【工具】|【钻部件】命令，系统弹出【定义钻头部件】对话框。分别单击【欲钻部件】和【钻头部件】右侧的选择框，选取动模板作为打孔对象，选取镶块作为孔特征，单击【确定】按钮，完成腔体的创建，如图 1-107 所示。

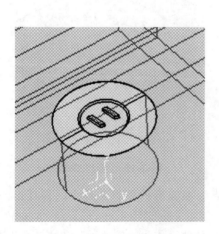

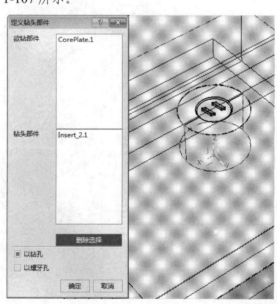

图 1-106　分割后的镶块　　　　　　　图 1-107　完成腔体

step 19 完成的工件和动模板如图 1-108 所示。

step 20 完成的模架如图 1-109 所示。

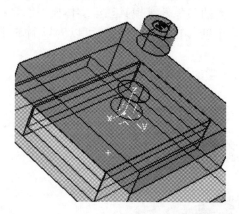

图 1-108　完成的工件和动模板

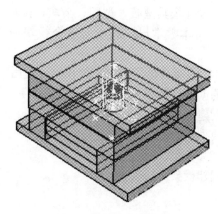

图 1-109　完成的模架

step 21 选择【文件】|【全部保存】命令，弹出【全部保存】对话框，单击【确定】按钮，保存所有文件，如图 1-110 所示。

图 1-110　【全部保存】对话框

> **机械设计实践**：结构件，即复杂模具的滑块、斜顶、直顶块等。结构件的设计非常关键，关系到模具的寿命、加工周期、成本、产品质量等，因此设计复杂模具的核心结构对设计者的综合能力要求较高，应尽可能追求更简便、更耐用、更经济的设计方案。如图 1-111 所示是模具的分解状态。

图 1-111　模具分解

阶段进阶练习

本教学日主要介绍了注塑模具的一些基本知识，包括模具成型工艺的基本介绍、模具结构和类别、模具设计的基本程序，以及型腔设计的基本方法，有关更详细的设计方法读者还可以参考一些模具设计和加工类的书目。

注塑模向导是 CATIA V5 软件中设计注塑模具的专业模块，它以模具三维实体零件参数全相关技术，提供了设计模具型芯、型腔、滑块、推杆、镶块、侧抽芯零件等模具三维实体模型的高级建模工具。通过学习本教学日，读者对这个模块应该会有一个初步的认识，同时可以为以后的学习打下基础。

如图 1-112 所示是一个上壳体模型，使用本教学日所学的知识创建零件并设计模具。

一般的创建步骤和方法如下。

(1) 创建零件。

(2) 模型初始化。

(3) 产品分型。

(4) 创建模架。

图 1-112　上壳体模型

第 2 教学日

　　注塑模工具包括创建方块、分割工具、修补破孔和曲面工具等。修补破孔对于模具设计来说非常重要，即使分型面做得再好，如果破孔补不好就没办法做出前后模。在修补破孔和分型的过程中，还有很多需要使用的注塑模工具，如方块工具和分割工具等，这些工具也很实用。

　　CATIA V5 提供了非常方便、实用的模具设计工具。本教学日就来讲解模具分型的设计流程和初始化设置的基本方法，其次介绍创建模具分型线和分型面的方法。最后介绍分型和创建型芯/型腔区域。希望通过本教学日的学习，读者能够清楚地了解模具设计的一般流程及简单操作方法，并理解其中的原理。

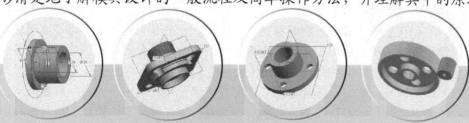

第1课 [1课时] 设计师职业知识——模具分型概述

本课首先介绍分型面设计的功能和选取原则。

1. 注塑模向导模块分型面设计

所谓分型面，就是模具上用以取出塑件和浇注系统凝料的可分离的接触表面，也叫合模面。分型面的功能就是创建修剪型芯、型腔的分型片体。

注塑模向导模块提供了创建分型面的多种方式，创建分型面过程的最后一步为缝合曲面，可以手动创建片体。分型面的类型、形状及位置选择得是否恰当，设计得是否合理，在模具的结构设计中非常重要。它们不仅直接关系到模具结构的复杂程度，而且对制品的成型质量、生产操作等方面都有很大的影响，如图 2-1 所示就是一个产品的分型面。

2. 分型面选取原则

在选择分型面时，我们要遵循以下一些基本原则。

(1) 分型面应选择在塑件外形的最大轮廓处。塑件外形的最大轮廓处，也就是通过该方向上的塑件的截面最大，否则塑件无法从型腔中脱出。如图 2-2 所示，在 A 截面能顺利脱模，而选在 B 截面则不能取出塑件。

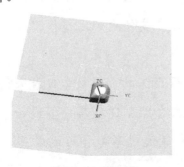

图 2-1　分型面

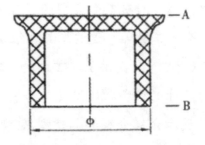

图 2-2　分型面放在尺寸最大处

(2) 分型面的选择应有利于塑件成型后能顺利脱模。通常，分型面的选择应尽可能使塑件在开模后留在动模一侧，以便通过设置在动模内的推出机构将塑件推出模外；否则，若塑件留在定模，脱模会很困难。通常在定模内设置推出机构推出塑件，会使模具结构非常复杂。在图 2-3 所示的模具中，从分模面开模后，2 的部分为模具的定模部分。模具的定模部分开模后固定不动。一般情况下，定模部分没有推出机构。从分模面开模后，1 的部分为模具的动模部分。模具的动模部分在开模时由注射机的连杆机构带动模具的动模移动，打开模具。动模部分设有推出机构，由注射机上的液压系统推动模具上的推出机构使塑件从动模中推出模外，实现塑件自动脱模的过程。

实际模具中，因为动模有型芯，塑件成型后，会朝中心收缩，使得型芯上的开模力大于定模上型腔的开模力，塑件可以留在动模一侧，再由推出机构将塑件从动模上推出。

(3) 分型面的选择应有利于塑件的精度要求，比如同心度、同轴度、平行度等。因而，希望在模具的制造过程中尽可能地控制位置精度，使合模时的错位尽可能小。如图 2-4 所示的模具，A—A 分型面满足把型腔放在模具同一侧时，双联齿轮的同轴度要求。

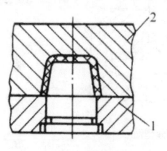

图 2-3　有利于脱模的分型面

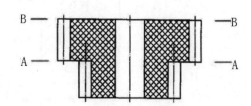

图 2-4　满足同轴度的分型面

(4) 分型面的选择应满足塑件的外观质量要求，如图 2-5 所示。

(5) 分型面的选择应有利于排气。在分型面上与浇口相对的位置处可以开排气槽，以排除型腔中以及熔体在成型过程中释放出来的气体，如图 2-6 所示。这些气体在成型过程中若不能及时排出，将会返回到熔体中，冷却后在塑件内部形成气泡，出现疏松等缺陷，从而影响塑件的机械性能，给产品带来质量问题。

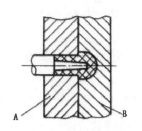

图 2-5　分型面在圆弧顶端

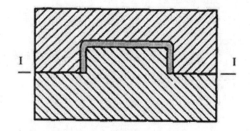

图 2-6　利于排气的分型面

(6) 分型面的选择应尽量使成型零件便于加工。这一点是针对模具零件的加工问题提出来的。在选择分型面时我们必须要考虑模具零件的制作加工方面的问题，尽可能使模具的成型零件在加工制作过程中既方便又可靠，如图 2-7 所示，左边斜分型面的型腔部分比右边平直分型面的型腔更容易加工。

(7) 分型面的选择应有利于侧向分型与抽芯。这一点是针对产品零件有侧孔和侧凹的情况提出来的。侧向滑块型芯应当放在动模一侧，这样模具结构会比较简单，如图 2-8 所示。

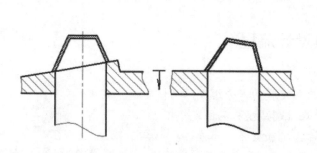

图 2-7　合理的斜分型面

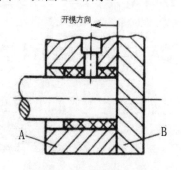

图 2-8　侧向抽芯位置

(8) 分型面的选择应尽量减少塑件在分型面上的投影面积，如图 2-9 所示的右图中投影面积较小。

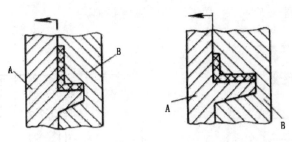

图 2-9　减少投影面积的分型面

(9) 分型面的选择应尽可能减少由于脱模斜度造成塑件的大小端尺寸的差异。

3. 模具分型原则

一般来说，模具都由两大部分组成，即动模和定模(或者公模和母模)，分型面是指两者在闭合状态时能接触的部分，也是将工件或模具零件分割成模具体积块的分割面，具有更广泛的意义。

分型面的设计直接影响着产品质量、模具结构和操作的难易程度，是模具设计成败的关键因素之一。确定分型面时应遵循以下原则。

(1) 应使模具结构尽量简单。如避免或减少侧向分型，采用异型分型面减少动、定模的修配以降低加工难度等。

(2) 有利于塑件的顺利脱模。如开模后尽量使塑件留在动模边以利用注塑机上的顶出机构，避免侧向长距离抽芯以减小模具尺寸等。

(3) 保证产品的尺寸精度。如尽量把有尺寸精度要求的部分设在同一模块上以减小制造和装配误差等。

(4) 不影响产品的外观质量。在分型面处不可避免地出现飞边，因此应避免在外观光滑面上设计分型面。

(5) 保证型腔的顺利排气。如分型面尽可能与最后充填满的型腔表壁重合，以利于型腔排气。

第2课 1课时 模具设计流程和初始化

2.2.1　CATIA V5-6 R2014 模具设计流程

行业知识链接：塑料模具一般由动模和定模两部分组成，动模安装在注射成型机的移动模板上，定模安装在注射成型机的固定模板上。在注射成型时，动模与定模闭合构成浇注系统和型腔，开模时动模和定模分离以便取出塑料制品。如图 2-10 所示是动模和定模的组合状态。

图 2-10　动模和定模的组合状态

CATIA V5-6 R2014 模具设计的一般流程如图 2-11 所示。

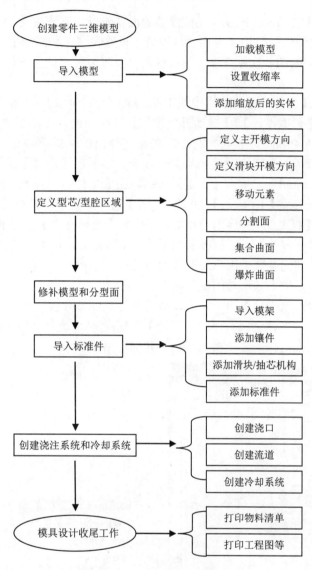

图 2-11　模具设计流程

2.2.2　模具初始化

行业知识链接：塑料注射(塑)模具主要是热塑性塑料件产品生产中应用最为普遍的一种成型模具，塑料注射模具对应的加工设备是塑料注射成型机。塑料首先在注射机底加热料筒内受热熔融，然后在注射机的螺杆或柱塞推动下，经注射机喷嘴和模具的浇注系统进入模具型腔，塑料冷却硬化成型，脱模得到制品。如图 2-12 所示是塑料模具的拆分状态。

图 2-12　塑料模具的拆分状态

1. 加载模型

输入模具零件是 CATIA V5-6 R2014 设计模具的准备阶段，其作用是把产品模型导入模具模块，在整个模具设计中起着关键性的作用，包括加载模型、设置收缩率和添加缩放后的实体三个过程。

首先将 CATIA V5-6 R2014 软件打开，然后进入"型芯型腔设计"工作台，接下来导入模型，其一般操作过程如下。

(1) 新建一个 Product 文件，在特征树中双击 Product 节点，此时系统激活产品。

(2) 选择【开始】|【机械设计】|【自动拆模设计】命令，进入"型芯/型腔设计"工作台。

(3) 在特征树中选择 Product 节点并右击，在系统弹出的快捷菜单中选择【属性】命令，打开【属性】对话框。在该对话框中切换到【产品】选项卡，然后在【产品】选项组的【零件编号】文本框中输入"clock_surface_mold"，单击【确定】按钮，完成文件名的修改，如图 2-13 所示。

(4) 选择【插入】|【模型】|【输入】命令，弹出【输入模具零件】对话框，如图 2-14 所示，在【模型】选项组中单击【打开】按钮📂，此时系统弹出【选择文件】对话框；选择文件后单击【打开】按钮，此时【输入模具零件】对话框改名为【输入 clock_surface.CATPart】对话框，如图 2-15 所示；选择要开模的实体，其他参数采用系统默认的设置值。

【输入模具零件】对话框中各选项的说明如下。

(1) 【模型】选项组：该选项组用于定义模型的路径及需要开模的特征。

● 【参考】选项：单击该选项右侧的【打开】按钮📂，系统会弹出【选择文件】对话框，用户可以通过该对话框选择需要开模的产品，并确定路径。

图 2-13　修改文件名

图 2-14　【输入模具零件】对话框

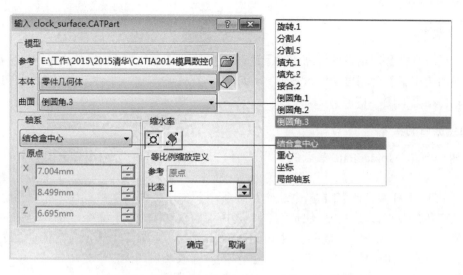

图 2-15　【输入 clock_surface.CATPart】对话框

- 【本体】选项：在该下拉列表框中显示参考文件的元素。如果导入的是一个实体特征，则在该下拉列表框中就会显示【零件几何体】选项；如果要导入一组曲面，应先单击【实体】按钮 🛢️，此时会显示导入一组曲面的【曲面】按钮 ◇，再选择文件。

- 【曲面】：若【本体】右侧显示的是【曲面】按钮 ◇，则【曲面】以列表形式显示几何集中的特征，在系统默认的状态下显示几何集中的最后一个曲面(即最完整的曲面)。

(2) 【轴系】选项组：该选项组用于定义模型的原点及其他坐标系。

- 【结合盒中心】选项：选择该选项后，将模型的虚拟边框中心定义为原点。

- 【重心】选项：选择该选项后，将模型的重力中心定义为原点。

- 【坐标】选项：选择该选项后【原点】区域的 X、Y 和 Z 坐标会处于显示状态，用户可以在此文本框中输入数值来定义原点的坐标。

- 【局部轴系】选项：选择该选项后，系统将导入的模型的默认坐标系原点定义为原点。

(3) 【缩水率】选项组：该选项组可通过两种方法来设置模型的收缩率，如图 2-16 所示。

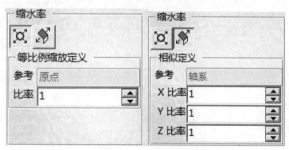

图 2-16　两种收缩率

- 【等比率缩放】按钮 🔲：单击该按钮后，可以在【比率】微调框中输入收缩值，缩放的参考点是用户前面设置的坐标原点，系统默认的收缩值为"1"。

- 【相似性等比率缩放】按钮 ◈：单击该按钮后，相应的选项会显示出来，可根据在给定 3 个坐标轴的【X 比率】、【Y 比率】和【Z 比率】微调框中设定比率，系统默认数值为"1"。

2. 设置收缩率

在【输入模具零件】对话框的【缩水率】选项组中单击【等比率缩放】按钮。在【等比例缩放定义】选项组的【比率】微调框中输入数值"1.006"。在【输入模具零件】对话框中单击【确定】按钮，打开的零件结果如图 2-17 所示。

3. 添加缩放后的实体

在特征树中单击 MoldedPart 节点的 "+"号，显示出【零件几何体的结果】节点，如图 2-18 所示。

选择【开始】|【机械设计】|【零件设计】命令，系统切换至"零件设计"工作台。在特征树中右击【零件几何体】节点，在弹出的快捷菜单中选择【定义工作对象】命令，将其定义为工作对象。

选择【插入】|【基于曲面的特征】|【封闭曲面】命令，系统弹出【定义封闭曲面】对话框，如图 2-19 所示。在特征树中单击【零件几何体】节点，选取要封闭的曲面，单击【确定】按钮，完成封闭曲面的创建。完成封闭曲面创建后的特征树如图 2-20 所示。

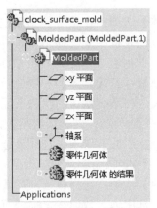

图 2-17　零件　　　　　　　　　　图 2-18　添加【封闭曲面】节点前的特征树

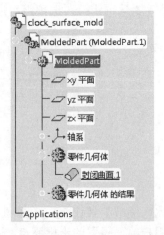

图 2-19　【定义封闭曲面】对话框　　　图 2-20　添加【封闭曲面】节点后的特征树

选择【开始】|【机械设计】|【自动拆模设计】命令，系统切换至"型芯/型腔设计"工作台。在

特征树中右击【零件几何体的结果】节点，在弹出的快捷菜单中选择【定义工作对象】命令，将其定义为工作对象。在特征树中右击【封闭曲面.1】节点，在弹出的快捷菜单中选择【隐藏/显示】命令，产品模型即隐藏起来。

> **提示**：这里将产品模型隐藏起来，是为了便于后面的操作。

2 课时 创建分型线

分型线是将产品分为定模成型和动模成型的分界线。将分型线向动模、定模四周延伸或扫描就可得到模具的分型面。分型线设计得是否合理直接决定了分型面是否合理。

2.3.1 创建边界曲线

> **行业知识链接**：压塑模具主要由型腔、加料腔、导向机构、推出部件、加热系统等组成。压注模具广泛用于封装电气元件方面。压塑模具制造所用材质与注射模具基本相同。如图 2-21 所示是模具的透明边界线。
>
>
> **图 2-21 模具的透明边界线**

边界曲线可通过完整边界、点连续、切线连续和无拓展四种方式来创建，下面将通过模型对这四种方法分别介绍。

1. 完整边界

完整边界是指选择的边线沿整个曲面边界进行传播。

打开零件模型，选择【插入】|【操作】|【边界】命令，系统弹出【边界定义】对话框，如图 2-22 所示。在该对话框的【拓展类型】下拉列表框中选择【完整边界】选项。

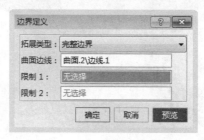

图 2-22 【边界定义】对话框

在模型中选取图 2-23 所示的边线，单击【确定】按钮。在系统弹出的【多重结果管理】对话框中单击【确定】按钮，然后在【边界定义】对话框中单击【取消】按钮，结果如图 2-24 所示。选择【文件】|【保存】命令，即可保存产品模型。

图2-23　选择边线

图2-24　创建的完整边界分型线

2. 点连续

点连续是指选择的边线沿着曲面边界传播，直至遇到不连续的点为止。

打开零件模型，选择【插入】|【操作】|【边界】命令，系统弹出【边界定义】对话框。在该对话框的【拓展类型】下拉列表框中选择【点连续】选项，如图2-25所示。

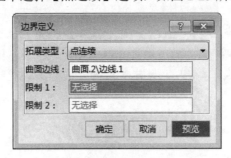
图2-25　选择【点连续】选项

在模型中选取图2-26所示的边线，单击【确定】按钮，结果如图2-27所示。选择【文件】|【保存】命令，即可保存产品模型。

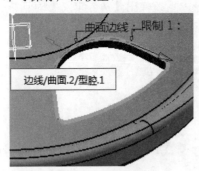
图2-26　选取边界线

图2-27　创建点连续分型线

提示：在创建边界曲面后，还可以在边界上选择点来进行边界曲线的限制。

3. 切线连续

切线连续是指选择的边线沿着曲面边界传播，直至遇到不相切的线为止。

打开零件模型，选择【插入】|【操作】|【边界】命令，系统弹出【边界定义】对话框。在该对话框的【拓展类型】下拉列表框中选择【切线连续】选项，如图 2-28 所示。

在模型中选取图 2-29 所示的边线，单击【确定】按钮，结果如图 2-30 所示。选择【文件】|【保存】命令，即可保存产品模型。

4. 无拓展

无拓展是指选择的边线不会沿着曲面边界传播，只是影响选取的边线。

打开零件模型，选择【插入】|【操作】|【边界】命令，系统弹出【边界定义】对话框。在该对话框的【拓展类型】下拉列表框中选择【无拓展】选项，如图 2-31 所示。

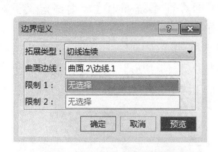

图 2-28 选择【切线连续】选项

图 2-29 选取边界线

图 2-30 创建的切线连续分型线

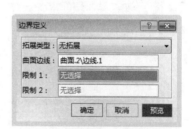

图 2-31 选择【无拓展】选项

在模型中选取图 2-32 所示的边线，单击【确定】按钮，结果如图 2-33 所示。选择【文件】|【保存】命令，即可保存产品模型。

图 2-32 选取边界线

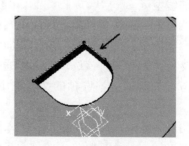

图 2-33 创建无拓展分型线

2.3.2　创建反射曲线

行业知识链接：塑料压塑模具包括压缩成型和压注成型两种结构。它们是主要用来成型热固性塑料的一类模具，其所对应的设备是压力成型机。压缩成型方法根据塑料特性，将模具加热至成型温度(一般为 103～108℃)，然后将计量好的压塑粉放入模具型腔和加料室，闭合模具，塑料在高热、高压作用下呈软化黏流，经一定时间后固化定型，成为所需制品形状。如图 2-34 所示是漏出流道和浇口的压塑模具。

图 2-34　压塑模具

　　反射曲线主要用于创建产品模型上的最大轮廓曲线，即最大分型线。下面讲述创建反射曲线的一般操作过程。

　　打开零件模型，选择【插入】|【线框】|【反射线】命令，系统弹出【反射线定义】对话框。在该对话框的【类型】选项组中选中【圆柱】单选按钮，如图 2-35 所示。

　　在特征树中选择支持曲面。右击【反射线定义】对话框的【方向】选择框，在弹出的快捷菜单中选择【Z 部件】选项。在该对话框的【角度】微调框中输入数值"90"，在【角度参考】选项组中选中【法线】单选按钮。在该对话框中单击【确定】按钮，结果如图 2-36 所示。选择【文件】|【保存】命令，即可保存产品模型。

图 2-35　【反射线定义】对话框

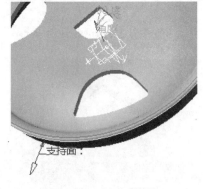

图 2-36　创建反射线

　　【反射线定义】对话框中各选项的说明如下。

　　(1)　【类型】选项组：该选项组中包括【圆柱】和【二次曲线】两个选项，分别表示支持面为圆柱形和二次曲线型。

　　●　【圆柱】单选按钮：若支持面为圆柱形，需选择该选项。

　　●　【二次曲线】单选按钮：若支持面为二次曲线型，需选择该选项。

　　(2)　【支持面】选项：该选项的文本框中显示选取的支持面。

　　(3)　【方向】选项：该选项的文本框中显示选取的方向，同样也可以选取一个平面作为反射的方向。

　　(4)　【角度】选项：可在微调框中输入反射线与方向的夹角。

　　(5)　【角度参考】选项组：该选项组中包括【法线】和【切线】两个单选按钮，分别表示反射线的法线和切线方向与选取方向产生的夹角。

● 【法线】单选按钮：若选中该单选按钮，表示反射线的法线方向与选取的方向将会产生夹角。

● 【切线】单选按钮：若选中该单选按钮，表示反射线的切线方向与选取的方向将会产生夹角。

(6) 【确定后重复对象】复选框：选中该复选框可以对创建的反射线进行复制。若选中该复选框，然后再单击【反射线定义】对话框中的【确定】按钮，系统会弹出【复制对象】对话框，可在该对话框的【实例】微调框中输入复制的个数，如图 2-37 所示。

图 2-37 【复制对象】对话框

课后练习

案例文件：ywj\02\01\01.CATPart 及其模具文件

视频文件：光盘→视频课堂→第 2 教学日→2.3

本节课后练习创建一个法兰零件。法兰一般在工业设备中用于零件的固定，如图 2-38 所示是完成的法兰及其分型面模型。

本节范例主要练习 CATIA 分型中边界线的知识，首先创建零件模型，之后创建边界曲线，最后创建分型面。如图 2-39 所示是法兰零件的创建思路和步骤。

图 2-38 完成的法兰及分型面

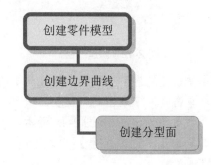

图 2-39 法兰零件的创建思路和步骤

练习案例操作步骤如下。

step 01 首先创建零件模型。选择【开始】|【机械设计】|【零件设计】命令，弹出【新建零件】对话框，如图 2-40 所示，设置零件名称为"01"，单击【确定】按钮。

step 02 选择 xy 平面作为草绘平面，单击【草图编辑器】工具栏中的【草图】按钮，单击

【轮廓】工具栏中的【圆】按钮⊙，绘制直径为 80 的圆形，如图 2-41 所示。

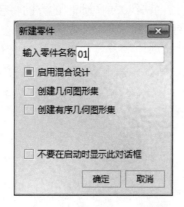

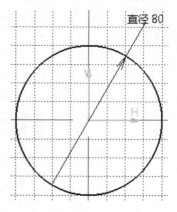

图 2-40　【新建零件】对话框　　　　　　　图 2-41　绘制直径为 80 的圆形

step 03　单击【基于草图的特征】工具栏中的【凸台】按钮⌐⃗，弹出【定义凸台】对话框，设置
　　　　　【长度】为"10"，如图 2-42 所示，单击【确定】按钮，创建圆形凸台。

step 04　单击【草图编辑器】工具栏中的【草图】按钮⬚，选择如图 2-43 所示的平面作为草
　　　　　绘平面。

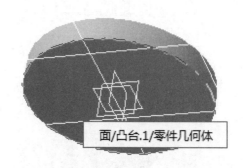

图 2-42　创建凸台　　　　　　　　　　　图 2-43　选择草绘平面

step 05　单击【轮廓】工具栏中的【圆】按钮⊙，绘制直径为 60 的圆形，如图 2-44 所示。

step 06　单击【基于草图的特征】工具栏中的【凹槽】按钮▣，弹出【定义凹槽】对话框，设置
　　　　　【深度】为"6"，如图 2-45 所示，单击【确定】按钮，创建凹槽。

step 07　单击【草图编辑器】工具栏中的【草图】按钮⬚，选择如图 2-46 所示的平面作为草
　　　　　绘平面。

step 08　单击【轮廓】工具栏中的【圆】按钮⊙，绘制直径为 40 的圆形，如图 2-47 所示。

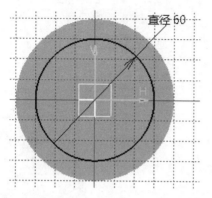

图 2-44　绘制直径为 60 的圆形

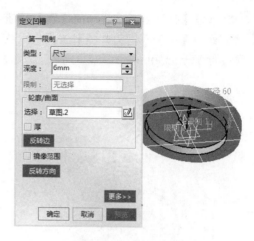

图 2-45　创建凹槽

图 2-46　选择草绘平面

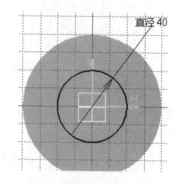

图 2-47　绘制直径为 40 的圆形

step 09　单击【基于草图的特征】工具栏中的【凸台】按钮，弹出【定义凸台】对话框，设置【长度】为"4"，如图 2-48 所示，单击【确定】按钮，创建圆形凸台。

step 10　单击【草图编辑器】工具栏中的【草图】按钮，选择如图 2-49 所示的平面作为草绘平面。

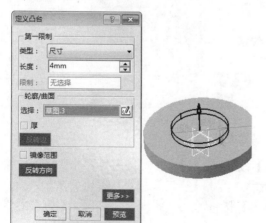

图 2-48　创建圆形凸台

图 2-49　选择草绘平面

step 11 ▶ 单击【轮廓】工具栏中的【圆】按钮⊙，绘制直径为 38 的圆形，如图 2-50 所示。

step 12 ▶ 单击【基于草图的特征】工具栏中的【凸台】按钮，弹出【定义凸台】对话框，设置【长度】为"30"，如图 2-51 所示，单击【确定】按钮，创建拉伸凸台。

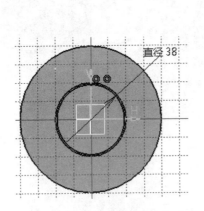

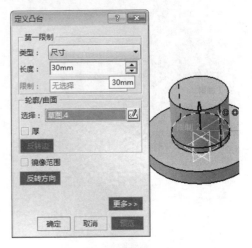

图 2-50　绘制直径为 38 的圆形　　　　图 2-51　创建拉伸凸台

step 13 ▶ 单击【修饰特征】工具栏中的【拔模斜度】按钮，弹出【定义拔模】对话框，设置【角度】为"1"，选择拔模面和中性面，如图 2-52 所示，单击【确定】按钮，创建拔模特征。

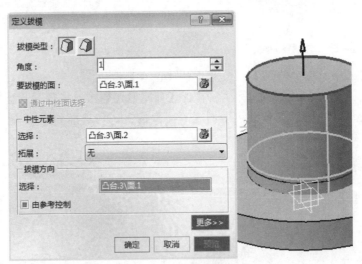

图 2-52　创建拔模

step 14 ▶ 单击【修饰特征】工具栏中的【倒角】按钮，弹出【定义倒角】对话框，设置【长度 1】为"2"，选择目标边线，如图 2-53 所示，单击【确定】按钮，创建倒角。

step 15 ▶ 单击【草图编辑器】工具栏中的【草图】按钮，选择如图 2-54 所示的平面作为草绘平面。

step 16 ▶ 单击【轮廓】工具栏中的【圆】按钮⊙，绘制直径为 30 的圆形，如图 2-55 所示。

图 2-53　创建倒角

图 2-54　选择草绘平面

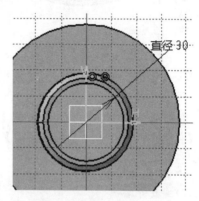

图 2-55　绘制直径为 30 的圆形

step 17　单击【基于草图的特征】工具栏中的【凹槽】按钮，弹出【定义凹槽】对话框，设置【类型】为【直到最后】，如图 2-56 所示，单击【确定】按钮，创建凹槽。

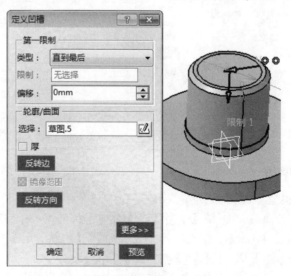

图 2-56　创建凹槽

step 18　单击【草图编辑器】工具栏中的【草图】按钮，选择如图 2-57 所示的平面作为草绘平面。

step 19 单击【轮廓】工具栏中的【圆】按钮⊙，绘制直径为 8 的圆形，如图 2-58 所示。

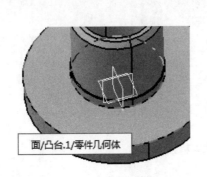

图 2-57　选择草绘平面　　　　　　　　　图 2-58　绘制直径为 8 的圆形

step 20 单击【基于草图的特征】工具栏中的【凹槽】按钮⬚，弹出【定义凹槽】对话框，设置
【类型】为【直到最后】，如图 2-59 所示，单击【确定】按钮，创建凹槽。

step 21 单击【变换特征】工具栏中的【圆形阵列】按钮✿，弹出【定义圆形阵列】对话框，设
置【实例】为"4"，【角度间距】为"90"，选择参考边线，如图 2-60 所示，单击【确
定】按钮，创建阵列。

图 2-59　创建凹槽　　　　　　　　　　　　图 2-60　阵列凹槽

step 22 完成的法兰模型如图 2-61 所示。

step 23 接着创建边界曲线。选择【文件】|【新建】菜单命令，弹出【新建】对话框，双击
Product 选项，双击 Product1 节点，选择【开始】|【机械设计】|【自动拆模设计】命令，特
征树如图 2-62 所示，进入"型芯/型腔"工作台。

step 24 右击特征树中的 Product1 节点，在弹出的快捷菜单中选择【属性】命令，在弹出的【属
性】对话框中设置【零件编号】为"falan"，修改产品名称，单击【确定】按钮，如图 2-63
所示。

step 25 选择【插入】|【模型】|【输入】命令，弹出【输入模具零件】对话框，单击【打开】
按钮■，选择"01"零件，在弹出的【输入 01.CATPart】对话框中设置【比率】为
"1.006"，如图 2-64 所示，单击【确定】按钮。

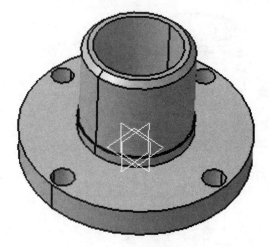

图 2-61　完成的法兰

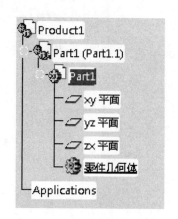

图 2-62　模具零件特征树

图 2-63　设置产品名称

图 2-64　输入模型

step 26 打开的模型和特征树如图 2-65 所示。

step 27 右击特征树中的【零件几何体】节点，在弹出的快捷菜单中选择【定义工作对象】命
令，进入"零件设计"工作台，选择【插入】|【基于曲面的特征】|【封闭曲面】命令，弹
出【定义封闭曲面】对话框，选择零件模型，单击【确定】按钮，创建封闭曲面，如图 2-66

所示。

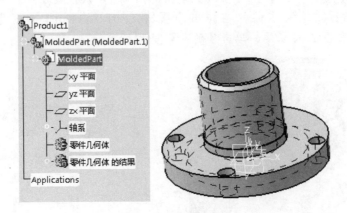

图 2-65　打开的模型

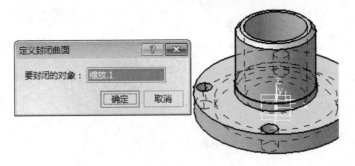

图 2-66　创建封闭曲面

step 28　右击特征树中的【零件几何体结果】节点，在弹出的快捷菜单中选择【定义工作对象】
命令，进入"型芯/型腔"工作台，选择【插入】|【脱模方向】|【脱模方向】命令，系统弹
出【主要脱模方向定义】对话框，选择模型，单击【确定】按钮，定义脱模方向，如图 2-67
所示。

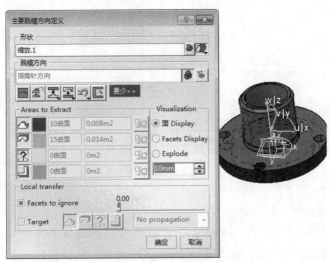

图 2-67　定义脱模方向

step 29 选择【插入】|【脱模方向】|【变换】命令，系统弹出【变换图元】对话框，选择【型芯.1】作为【目标地】，依次选择型芯区域，单击【确定】按钮，重新定义型芯面，如图 2-68 所示。

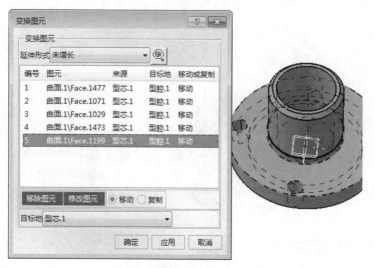

图 2-68　设置型芯区域

step 30 选择【插入】|【曲面】|【填充】命令，系统弹出【填充曲面定义】对话框，选择两条边线，单击【确定】按钮，完成填充面创建，如图 2-69 所示。

step 31 选择【插入】|【曲面】|【填充】命令，填充其他的孔洞，如图 2-70 所示。

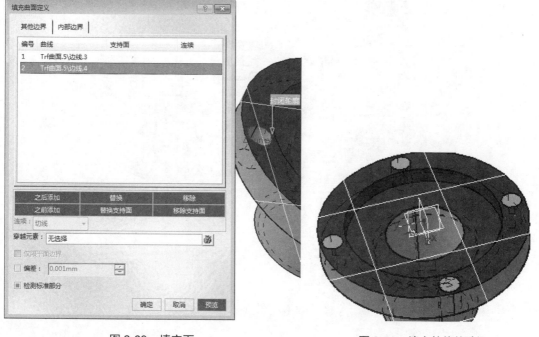

图 2-69　填充面　　　　　　　　　图 2-70　填充其他的孔洞

step 32 单击【操作】工具栏中的【边界】按钮，弹出【边界定义】对话框，选择零件边界线，如图 2-71 所示，单击【确定】按钮，完成边界线创建。

step 33　最后创建分型面。选择【插入】|【脱模方向】|【聚集模具区域】命令，系统弹出【聚集曲面】对话框，选择【型腔.1】选项，单击【确定】按钮，聚集曲面，如图 2-72 所示。

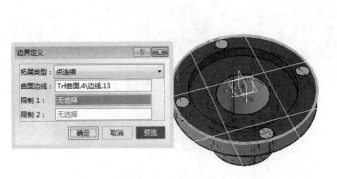

图 2-71　创建边界线　　　　　　　　　　图 2-72　聚集曲面

step 34　单击【曲面】工具栏中的【扫掠】按钮，弹出【扫掠曲面定义】对话框，选择边界线和 xy 参考曲面，设置【长度 1】为 "40"，如图 2-73 所示，单击【确定】按钮，创建扫掠面。

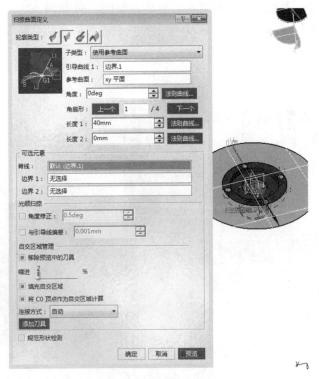

图 2-73　创建扫掠面

step 35　完成的零件及分型面如图 2-74 所示。

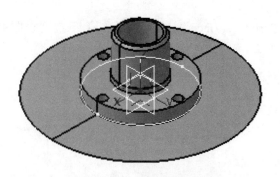

图 2-74　完成的零件分型面

机械设计实践: 模具的精度要求,主要包括避卡、精定位、导柱、定位销等折线部分。定位系统关系到制品外观质量、模具质量与寿命,根据模具结构不同,可选择不同的定位方式。定位精度控制主要依靠定位孔来控制设计定位孔时要避开模具内腔。如图 2-75 所示是模具的定位销,要求具有较高精度。

图 2-75　模具定位销

第 ④ 课　2 课时　创建和编辑分型面

在设计分型面时一般可以使用填充、延伸、多截面、扫掠和接合曲面等方法来完成。分型面的创建是在分型线的基础上完成的,并且分型线的形状直接决定分型面创建的难易程度,通过创建出的分型面可以将工件分割成型腔和型芯零件的设计。

2.4.1　创建分型面

行业知识链接: 塑料吹塑模具是用于成型塑料容器类中空制品(如饮料瓶、日化用品等各种包装容器)的一种模具,吹塑成型的形式按工艺原理主要有挤出吹塑中空成型、注射吹塑中空成型、注射延伸吹塑中空成型(俗称"注拉吹")、多层吹塑中空成型、片材吹塑中空成型等。如图 2-76 所示是模具的分开状态,便于观察分型面。

图 2-76　模具分开状态

1. 创建填充曲面

填充曲面主要用于修补产品模型上存在的破孔洞,以使后续的分型工作能够正确进行。下面讲解填充曲面的一般创建过程。

打开零件模型,在特征树中双击 MoldedPart(MoldedPart.1)节点下的 MoldedPart,进入"型芯/型腔设计"工作台。选择【插入】|【几何图形集】命令,系统弹出【插入几何图形集】对话框,在【名

称】文本框中输入文件名"Parting_surface",选择【父级】下拉列表框中的 MoldedPart 默认选项,然后单击【确定】按钮,如图 2-77 所示。

图 2-77 【插入几何图形集】对话框

选择【插入】|【操作】|【边界】命令,系统弹出【边界定义】对话框。在模型中选取如图 2-78 所示的边界线,单击【确定】按钮。选择【插入】|【曲面】|【填充】命令,系统弹出【填充曲面定义】对话框,选取图 2-78 所示的边界线;在【填充曲面定义】对话框中单击【确定】按钮,创建结果如图 2-79 所示。

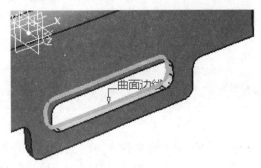

图 2-78 选取边界线

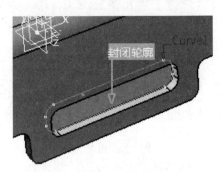

图 2-79 创建填充曲面 1

选择【插入】|【操作】|【边界】命令,系统弹出【边界定义】对话框。在模型中选取如图 2-80 所示的边界线,单击【确定】按钮。选择【插入】|【曲面】|【填充】命令,系统弹出【填充曲面定义】对话框,选取图 2-80 所示的边界线;在【填充曲面定义】对话框中单击【确定】按钮,创建结果如图 2-81 所示。

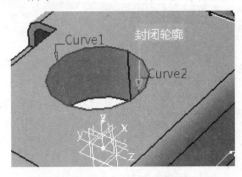

图 2-80 选取边界线

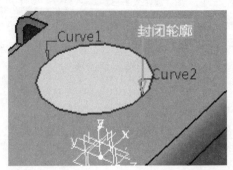

图 2-81 创建填充曲面 2

2. 创建拉伸曲面

下面介绍拉伸曲面的一般创建过程。

选择【插入】|【曲面】|【分模面】命令，系统弹出【分模面定义】对话框，如图 2-82 所示。【分模面定义】对话框中部分选项的说明如下。

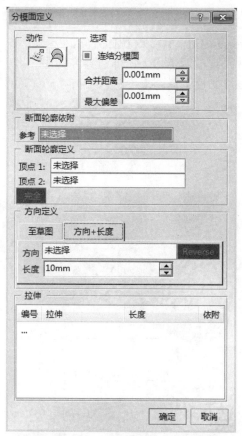

图 2-82　【分模面定义】对话框

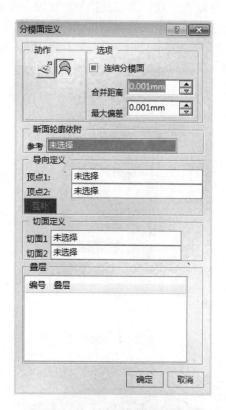

图 2-83　选择【放样】按钮

(1) 【动作】选项组：该选项组中包括【拉伸】和【放样】两个按钮。单击【放样】按钮 后，系统会弹出另一个对话框，如图 2-83 所示，可进行放样操作。

(2) 【选项】选项组：该选项组中包括【连结分模面】、【合并距离】和【最大偏差】三个选项。

- 【连结分模面】复选框：选中该复选框，可将创建的拉伸分型面自动合并。
- 【合并距离】微调框：在该微调框中输入数值可以定义合并的间距。
- 【最大偏差】微调框：在该微调框中输入数值可以定义偏离的最大值。

(3) 【断面轮廓依附】选项组：该选项组的【参考】选择框中显示选取的要拉伸的对象。

(4) 【断面轮廓定义】选项组：该选项组中包括三个选项，用于定义轮廓线。

- 【顶点 1】：在其选择框中显示选取的轮廓顶点 1。
- 【顶点 2】：在其选择框中显示选取的轮廓顶点 2。
- 【完全】：单击该按钮，可以增加轮廓顶点。

(5) 【方向定义】选项组：该选项组中包括【至草图】和【方向+长度】两个选项卡，用于定义拉伸的方向和距离。

- 【至草图】：切换到该选项卡后，可选取草图的一条边线作为拉伸终止对象。但首先应绘制如图 2-84 所示的草图(在 xy 平面绘制)，选取如图 2-85 所示的边界点，然后选取草图终止线，结果如图 2-86 所示。
- 【方向+长度】：切换到该选项卡后，应选取一个轴作为拉伸方向，然后在【长度】微调框中输入一数值来定义拉伸的长度。单击 Reverse 按钮，可更改拉伸方向。

打开【分模面定义】对话框后，在零件模型中分别选取两点作为拉伸边界，如图 2-87 所示。切换到【方向+长度】选项卡，如图 2-88 所示，然后在【长度】微调框中输入数值"50"，【方向】选择模型的一条侧边线，结果如图 2-89 所示。

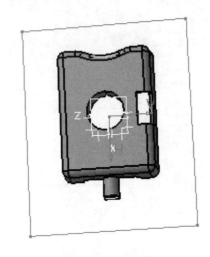

图 2-84　绘制草图

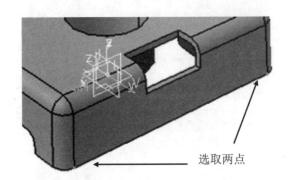

图 2-85　选取边界点

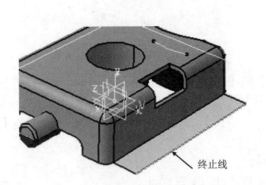

图 2-86　选取终止线及拉伸结果

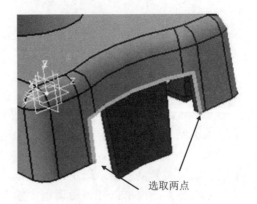

图 2-87　选取延伸边界点

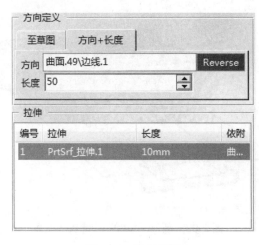

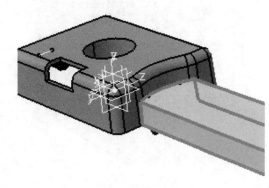

图 2-88　设置长度　　　　　　　　　　图 2-89　创建拉伸曲面 1

继续在【顶点】选择框中单击，在连接模型中分别选取两点作为拉伸边界点，如图 2-90 所示。切换到【方向+长度】选项卡，然后选择模型的一条侧边线作为方向，在【长度】文本框中输入数值"50"，在【分模面定义】对话框中单击【确定】按钮，完成拉伸曲面 2 的创建，结果如图 2-91 所示。

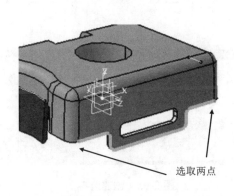

选取两点

图 2-90　选取拉伸边界点

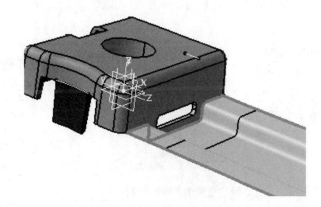

图 2-91　创建拉伸曲面 2

3. 创建滑块分型面

在系统中创建的滑块分型面主要通过【拉伸】命令来完成。下面介绍滑块分型面的一般创建过程。

选择【插入】|【操作】|【边界】命令，弹出【边界定义】对话框。在模型中选取如图 2-92 所示的边界线，单击【确定】按钮。选择【插入】|【曲面】|【拉伸】命令，系统弹出【拉伸曲面定义】对话框，选取如图 2-92 所示的边界线；拉伸方向选择模型的侧边线；在【拉伸曲面定义】对话框的【拉伸限制】选项组的【尺寸】文本框中输入数值"50"，单击【确定】按钮，创建结果如图 2-93 所示。

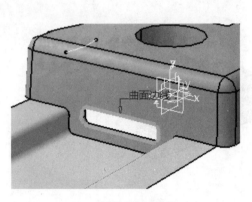

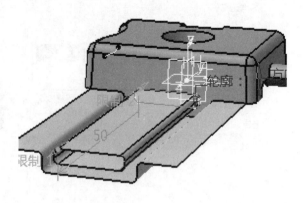

图 2-92　选取边界线　　　　　　　　　图 2-93　创建"拉伸"的滑块分型面

4. 创建多截面曲面

下面介绍多截面曲面的一般创建过程。

选择【插入】|【操作】|【边界】命令，弹出【边界定义】对话框。在模型中选取如图 2-94 所示的边线，并在模型中分别选取限制点，单击【确定】按钮。

单击【边界定义】对话框中的【限制 2】选择框，依次选择边线，创建边界 2，结果如图 2-95 所示。

图 2-94　选取边界线和限制点　　　　　　　图 2-95　创建边界 2

选择【插入】|【曲面】|【多截面曲面】命令，弹出【多截面曲面定义】对话框，分别选取前面创建的边界 1 和边界 2 作为截面，在【引导线】选项卡中单击使其激活，然后选取如图 2-96 所示的引导线。

在【多截面曲面定义】对话框中单击【确定】按钮，完成多截面曲面的创建，结果如图 2-97 所示。

5. 创建扫掠曲面

下面介绍扫掠曲面的一般创建过程。

选择【插入】|【操作】|【接合】命令，弹出【接合定义】对话框。在模型中选取如图 2-98 所示的边界 1 和边界 2，接受系统默认的合并距离值(即公差值)，单击【确定】按钮，完成接合 1 的创建。

选择【插入】|【曲面】|【扫掠】命令，弹出【扫掠曲面定义】对话框，在模型中选取接合 1，再选取引导线，在【扫掠曲面定义】对话框中单击【确定】按钮，完成扫掠曲面的创建，结果如图 2-99

所示。

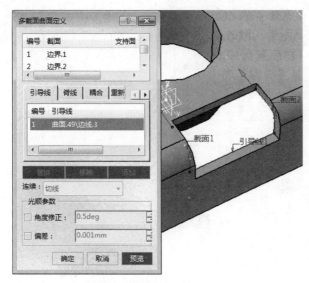

图 2-96　选取引导线和截面

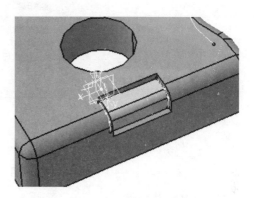

图 2-97　创建多截面曲面

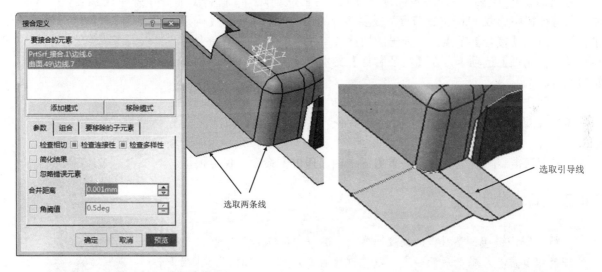

图 2-98　选取边界线

图 2-99　创建扫掠曲面

6. 创建接合曲面

下面介绍接合曲面的一般创建过程。

1)　创建型芯分型面

将坐标系和一些边界线隐藏，选择【插入】|【操作】|【接合】命令，弹出【接合定义】对话框。在特征树中选取 Core.1 节点下需要接合的曲面对象，单击【确定】按钮，完成型芯分型面的创建。最后右击【接合】节点，在弹出的快捷菜单中选择【属性】命令，在弹出的【属性】对话框中切换到【特征属性】选项卡，在【特征名称】文本框中输入文件名，单击【确定】按钮，完成型芯分型面的重命名，如图 2-100 所示。

图 2-100　【属性】对话框

2)　创建型腔分型面

将坐标系和一些边界线隐藏，选择【插入】|【操作】|【接合】命令，弹出【接合定义】对话框。在特征树中选取 Cavity.1 节点下需要接合的曲面对象，单击【确定】按钮，完成型芯分型面的创建。最后右击【接合】节点，在弹出的快捷菜单中选择【属性】命令，在弹出的【属性】对话框中切换到【特征属性】选项卡，在【特征名称】文本框中输入文件名，单击【确定】按钮，完成型腔分型面的重命名。

3)　创建滑块分型面

选择【插入】|【操作】|【接合】命令，系统弹出【接合定义】对话框。在特征树中选取 Slider/Lifter.1 和【分模面】节点下的曲面，单击【确定】按钮，完成滑块分型面的创建，并重命名。在特征树中双击装配模型节点，选择【文件】|【保存】命令，保存模型。

2.4.2　编辑分型面

行业知识链接： 塑料模的硬度通常在 50～60HRC 以下，经过热处理的模具应有足够的表面硬度，以保证模具有足够的刚度。模具在工作中由于塑料的填充和流动要承受较大的压应力和摩擦力，因此要求模具保持形状精度和尺寸精度的稳定性，以保证模具有足够的使用寿命。如图 2-101 所示是模具的分型面结构。

图 2-101　模具的分型面结构

分型面创建后，还可以返回进行编辑，以满足后期的参数修改。在特征树中，右击需要编辑的分型面节点，在弹出的快捷菜单中选择【**对象】|【定义】命令，如图 2-102 所示，返回分型面的属性对话框修改参数。

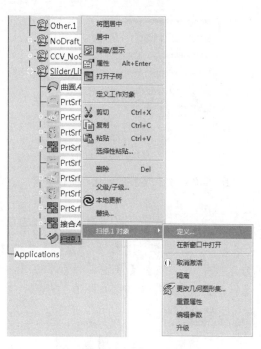

图 2-102　编辑分型面命令

课后练习

案例文件：ywj \02\02\02.CATPart 及其模具文件

视频文件：光盘→视频课堂→第 2 教学日→2.4

　　本节课后练习创建盒体零件。盒体一般是空心的，有的具有孔洞。如图 2-103 所示是完成的盒体模型及其分型面。

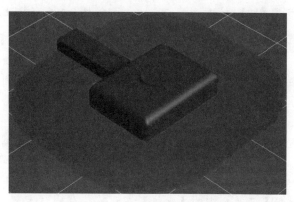

图 2-103　完成的盒体及分型面

　　本节范例主要练习 CATIA 分型面的创建过程，首先创建零件模型，之后创建边界曲线，最后创建分型面。如图 2-104 所示是盒体零件操作的创建思路和步骤。

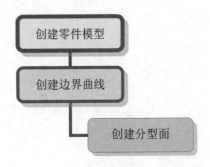

图 2-104　盒体零件的创建思路和步骤

练习案例操作步骤如下。

step 01　首先创建零件模型。选择【开始】|【机械设计】|【零件设计】命令，弹出【新建零件】对话框，如图 2-105 所示，设置零件名称为 "02"，单击【确定】按钮。

step 02　选择 xy 平面作为草绘平面，单击【草图编辑器】工具栏中的【草图】按钮，单击【轮廓】工具栏中的【矩形】按钮，绘制 80×60 的矩形，如图 2-106 所示。

图 2-105　【新建零件】对话框　　　　图 2-106　绘制 80×60 的矩形

step 03　单击【基于草图的特征】工具栏中的【凸台】按钮，弹出【定义凸台】对话框，设置【长度】为 "20"，如图 2-107 所示，单击【确定】按钮，创建矩形凸台。

step 04　单击【修饰特征】工具栏中的【倒圆角】按钮，弹出【倒圆角定义】对话框，设置【半径】为 "5"，选择目标边线，如图 2-108 所示，单击【确定】按钮，分别创建 4 个倒圆角。

step 05　单击【修饰特征】工具栏中的【倒圆角】按钮，弹出【倒圆角定义】对话框，设置【半径】为 "8"，选择目标边线，如图 2-109 所示，单击【确定】按钮，创建 1 个倒圆角。

step 06　单击【修饰特征】工具栏中的【盒体】按钮，弹出【定义盒体】对话框，设置【默认内侧厚度】为 "2"，选择要移除的面，如图 2-110 所示，单击【确定】按钮，创建盒体特征。

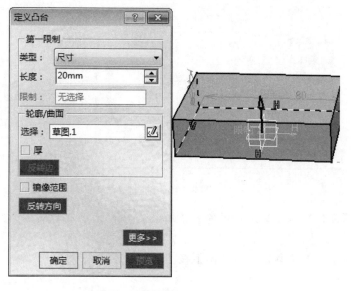

图 2-107 创建矩形凸台

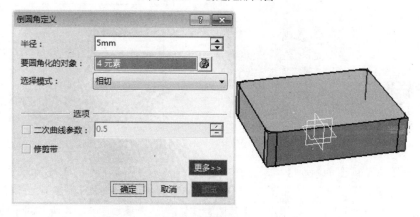

图 2-108 创建半径为 5 的倒圆角

图 2-109 创建半径为 8 的倒圆角

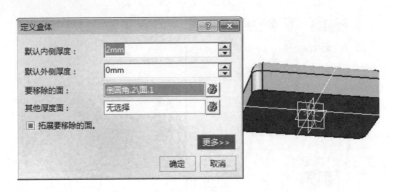

图 2-110　创建盒体

step 07　单击【草图编辑器】工具栏中的【草图】按钮🖉，选择如图 2-111 所示的平面作为草绘平面。

step 08　单击【轮廓】工具栏中的【圆】按钮⊙，绘制直径为 20 的圆形，如图 2-112 所示。

图 2-111　选择草绘平面

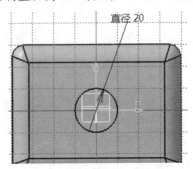

图 2-112　绘制直径为 20 的圆形

step 09　单击【基于草图的特征】工具栏中的【凹槽】按钮🖻，弹出【定义凹槽】对话框，设置【类型】为【直到最后】，如图 2-113 所示，单击【确定】按钮，创建凹槽。

step 10　单击【草图编辑器】工具栏中的【草图】按钮🖉，选择如图 2-114 所示的平面作为草绘平面。

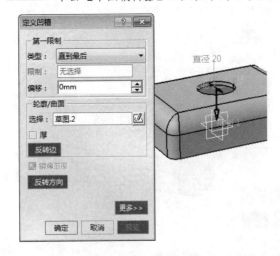

图 2-113　创建凹槽

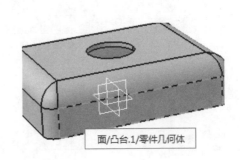

图 2-114　选择草绘平面

step 11 单击【轮廓】工具栏中的【矩形】按钮□，绘制 20×10 的矩形，如图 2-115 所示。

step 12 单击【基于草图的特征】工具栏中的【凹槽】按钮□，弹出【定义凹槽】对话框，设置【深度】为 "10"，如图 2-116 所示，单击【确定】按钮，创建凹槽。

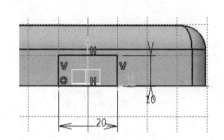

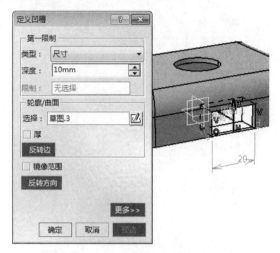

图 2-115 绘制 20×10 的矩形　　　　　　　　图 2-116 创建凹槽

step 13 完成的盒体模型如图 2-117 所示。

step 14 接着创建边界曲线。选择【文件】|【新建】命令，弹出【新建】对话框，双击 Product 选项，双击 Product1 节点，选择【开始】|【机械设计】|【自动拆模设计】菜单命令，进入 "型芯/型腔" 工作台，特征树如图 2-118 所示。

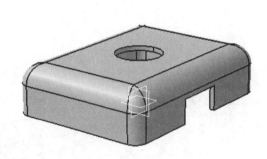

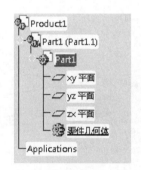

图 2-117 完成的盒体模型　　　　　　　　图 2-118 模具零件特征树

step 15 右击特征树中的 Product1 节点，在弹出的快捷菜单中选择【属性】命令，在弹出的【属性】对话框中，设置【零件编号】为 "heti"，修改产品名称，如图 2-119 所示，单击【确定】按钮。

step 16 选择【插入】|【模型】|【输入】命令，弹出【输入模具零件】对话框，单击【打开】按钮□，选择 "02" 零件，在弹出的【输入 02.CATPart】对话框中设置【比率】为 "1.006"，如图 2-120 所示，单击【确定】按钮。

step 17 打开的模型和特征树如图 2-121 所示。

step 18 右击特征树中的【零件几何体】节点，在弹出的快捷菜单中选择【定义工作对象】命令，进入 "零件设计" 工作台，选择【插入】|【基于曲面的特征】|【封闭曲面】命令，弹

出【定义封闭曲面】对话框，选择零件模型，单击【确定】按钮，创建封闭曲面，如图 2-122 所示。

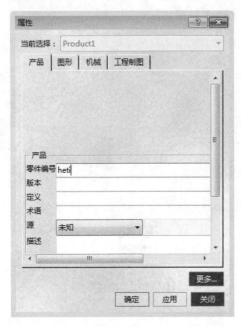

图 2-119　设置产品名称

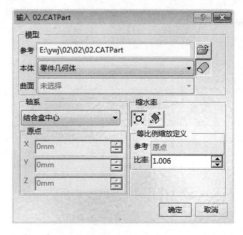

图 2-120　输入模型

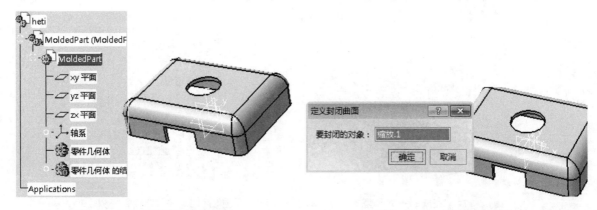

图 2-121　打开的模型和特征树

图 2-122　创建封闭曲面

step 19 右击特征树中的【零件几何体结果】节点，在弹出的快捷菜单中选择【定义工作对象】命令，进入"型芯/型腔"工作台。选择【插入】|【脱模方向】|【脱模方向】命令，系统弹出【主要脱模方向定义】对话框，选择模型，单击【确定】按钮，定义脱模方向，如图 2-123 所示。

step 20 选择【插入】|【脱模方向】|【变换】命令，系统弹出【变换图元】对话框，选择【型芯.1】为【目标地】，依次选择型芯区域，单击【确定】按钮，重新定义型芯面，如图 2-124 所示。

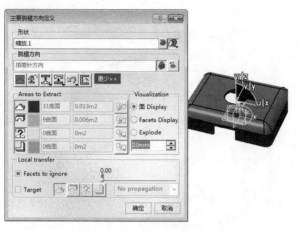

图 2-123　定义脱模方向

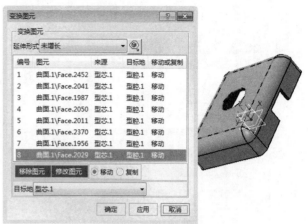

图 2-124　设置型芯区域

step 21 选择【插入】|【曲面】|【填充】命令，系统弹出【填充曲面定义】对话框，选择两条圆弧边线，单击【确定】按钮，完成填充面创建，如图 2-125 所示。

step 22 单击【操作】工具栏中的【边界】按钮，弹出【边界定义】对话框，选择零件边界线，依次选择两个限制点，如图 2-126 所示，单击【确定】按钮，完成边界线的创建。

图 2-125　创建填充面

图 2-126　创建边界线

step 23 最后创建分型面。选择【插入】|【操作】|【接合】命令，系统弹出【接合定义】对话框，选择三条边线，单击【确定】按钮，创建接合曲线，如图 2-127 所示。

step 24 选择【插入】|【曲面】|【拉伸】命令，系统弹出【拉伸曲面定义】对话框，选择接合曲线和方向边线，单击【确定】按钮，创建拉伸曲面，如图 2-128 所示。

图 2-127 创建接合曲线

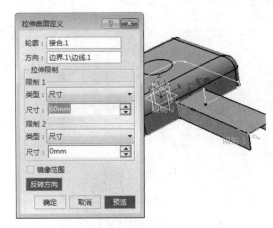

图 2-128 创建拉伸曲面

step 25 单击【曲面】工具栏中的【扫掠】按钮，弹出【扫掠曲面定义】对话框，选择边界线
和 xy 参考曲面，设置【长度 1】为 "60"，如图 2-129 所示，单击【确定】按钮，创建扫
掠面。

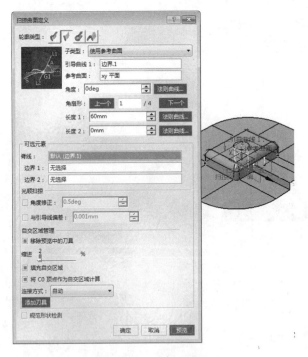

图 2-129 创建扫掠面

step 26 选择【插入】|【操作】|【接合】命令，系统弹出【接合定义】对话框，选择所有型腔
组成面，单击【确定】按钮，创建型腔面，如图 2-130 所示。

step 27 选择【插入】|【操作】|【接合】命令，系统弹出【接合定义】对话框，选择所有型芯
组成面，单击【确定】按钮，创建型芯面，如图 2-131 所示。

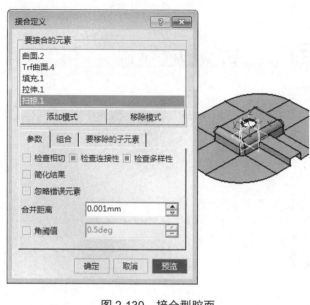

图 2-130　接合型腔面

图 2-131　接合型芯面

step 28 完成的盒体零件及分型面如图 2-132 所示。

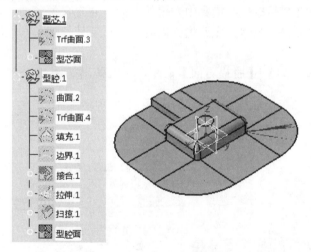

图 2-132　完成的零件分型面

　　机械设计实践：浇注系统，即由注塑机喷嘴至型腔之间的进料通道，包括主流道、分流道、浇口和冷料穴。浇口位置的选定应有利于熔融塑料在良好流动状态下充满型腔，附在制品上的固态流道和浇口冷料在开模时应易于从模具内顶出并予以清除(热流道模除外)。如图 2-133 所示是模具的多腔模部分，便于提高生产效率。

图 2-133　多腔模

第5课 2课时 **分型和定义型芯/型腔区域**

定义型芯/型腔区域主要包括定义主开模方向、定义滑块开模方向、移动元素、分割模型区域、集合曲面和爆炸曲面这些内容。

2.5.1 分型准备

> **行业知识链接：** 大多数塑料成型模具，除 EMD 加工外还需进行一定的切削加工和钳工修配。为延长切削刀具的使用寿命，提高切削性能，减少表面粗糙度，塑料模具用钢的硬度必须适当。如图 2-134 所示是整套模具的拆分状态。
>
> **图 2-134　拆分模具**

1. 定义主开模方向

定义主开模方向是定义产品模型在模具中开模的方向，并定义型芯面、型腔面、其他面及无拔模角度的面在产品模型上的位置。当修改主开模方向时，需重新计算型芯和型腔等部分。下面将介绍定义主开模方向的一般操作过程。

选择【插入】|【脱模方向】|【脱模方向】命令，系统弹出如图 2-135 所示的【主要脱模方向定义】对话框。

图 2-135　一般情况下和单击【更多】按钮后的【主要脱模方向定义】对话框

打开【主要脱模方向定义】对话框后，接受系统默认的开模方向，单击【锁定】按钮，在界面中选取零件几何体，结果如图 2-136 所示。

在 Visualization 选项组中选中 Explode 单选按钮，然后在下面的微调框中输入数值"50"，结果如图 2-137 所示。

图 2-136　选择零件　　　　　　　　图 2-137　分解区域视图

> 提示：通过分解区域视图，可以清楚地看到产品模型上存在的型芯面、型腔面、其他面及无拔模角度的面，为后面的定义做好准备。

在【主要脱模方向定义】对话框中单击【确定】按钮，此时【主体拔模 Direction】对话框进程条开始显示计算的过程，如图 2-138 所示，计算完成后在特征树中将增加型芯和型腔节点，如图 2-139 所示。

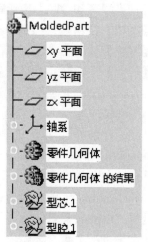

图 2-138　【主体拔模 Direction】对话框　　　　　图 2-139　新增节点

【主要脱模方向定义】对话框中各选项的说明如下。

(1) 【形状】选项组：该选项组中包含模型选择框、【选择形状】按钮、【提取颜色】按钮和【颜色】按钮，分别用于选择产品模型、提取型芯和型腔区域和设置颜色。单击 Selected Shapes 按钮，弹出【图元】对话框，进行模型的选择，如图 2-140 所示。

(2) 【脱模方向】选项组：该选项组用于确定开模的方向。

● 【方向】选择框：用于显示模型的脱模方向。

● 【锁定】按钮：锁定当前的脱模方向。

● 【飞行分析(Fly Analysis)】按钮：将光标移动到曲面上，将显示曲面与拔模之间的夹角，如图 2-141 所示。

图 2-140 【图元】对话框

图 2-141 曲面与拔模的夹角

● 【快速分离】按钮：按照系统自动计算的脱模方向快速分离型芯和型腔。

● 【指南针方向】按钮：按照指南针方向分离型芯和型腔。

● 【其他转换为型芯】按钮：将其他部分转换为型芯。

● 【其他转换为型腔】按钮：将其他部分转换为型腔。

● 【减少转移】按钮：不进行型芯、型腔、其他部分之间的转换。

● 【无脱模方向转换为其他】按钮：将无脱膜方向的部分转换为其他部分。

● 【优化转换】按钮：按照系统最优化的方法进行转换。

● 【切换型芯和型腔】按钮：在型芯和型腔之间进行转换。

● 【撤销】按钮：撤销所有进行的脱模方法操作。

● 【复位】按钮：对撤销的脱模方法操作复位。

● 【计算】按钮：按照计算的脱模线分离型芯和型腔。

(3) Areas to Extract(抽取面积)选项组：该选项组用于显示模型各个区域的颜色及曲面面积。

● Core(型芯)：型芯区显示为红色。

● Cavity(型腔)：型腔区显示为绿色。

● Other(其他)：既不属于型芯区也不属于型腔区的区域，显示为青绿色。

● No Draft(非拔模面)：垂直于开模面的非拔模面区显示为粉红色，具有 0°的脱模斜度。

(4) Visualization(可见性)选项组：该选项组用于设置曲面的显示颜色。

● 【面 Display(显示曲面)】单选按钮：系统默认选中此单选按钮，当用户选取一个曲面后，各个曲面的颜色就会显示出来。

● Facets Display(显示小曲面)单选按钮：当曲面上有一个小平面不能确定是型芯还是型腔区域时，系统就会自动将这一区域定义到其他面区域，此时可选中此单选按钮，系统会将其他面定义到型腔或型芯区域。

- Explode(分解)单选按钮：选中此单选按钮后，可在下面的微调框中输入一个数值来定义型芯与型腔区域的间距。

(5) Local transfer(局部转换)选项组

- Facets to ignore(可忽略的小平面)复选框：只有当选中 Explode 复选框后，才会加亮显示，选中后系统可将此区域面定义到型芯或型腔区域，还可移动此复选框后的滑块来调节百分率。
- Target(目标)复选框：只有单击【锁定】按钮 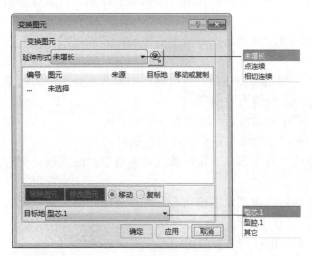 后，此复选框才会显示出来，选中后可通过右侧的按钮选择型芯面、型腔面、其他面和非拔模面来定义目标面，另外可在最右侧的下拉列表框中选择 No propagation(无拓展)、Point continuity(点连续)、No draft faces(非拔模面)和 By area(面区域)选项来定义选择面的方式。
- Core(型芯) ：单击该按钮后，其他面会转为型芯面。
- Cavity(型腔)】 ：单击该按钮后，其他面会转为型腔面。
- Other(其他)】 ：单击该按钮后，其他面会转为型腔或型芯面。
- No Draft(非拔模面)】 ：单击该按钮后，型腔或型芯面会进行分割，将分割后的某些面转为其他面。

2. 移动元素

移动元素是指从一个区域向另一个区域转移元素，但在零件上至少要定义一个主开模方向。下面讲述移动元素的一般操作过程。

选择【插入】|【脱模方向】|【变换】命令，系统弹出如图 2-142 所示的【变换图元】对话框。

图 2-142　【变换图元】对话框

在【变换图元】对话框的【目标地】下拉列表框中选择【型腔.1】选项，然后选取 3 个曲面，结果如图 2-143 所示。

在【变换图元】对话框中单击【确定】按钮，完成型芯和型腔区域的设定。移动元素后的特征树如图 2-144 所示。

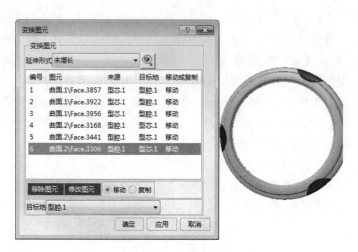

图 2-143　选取型腔区域　　　　图 2-144　特征树变化

【变换图元】对话框中各选项的说明如下。

(1)　【延伸形式】下拉列表框：该下拉列表框中包括三个选项。

● 【未增长】选项：选择此选项，可在模型中对单个曲面进行选取。

● 【点连续】选项：选择此选项，选取一个曲面后，系统可选取所有与选取的曲面相连的同种颜色区域。

● 【相切连续】：选择此选项，选取一个曲面后，系统可选取所有与选取曲面相切的同种颜色区域。

● 【框选】按钮：单击该按钮后，可在模型中框选所要选取的区域。

其下的列表框，显示所选择的图元信息。

(2)　【移除图元】：单击该按钮后，可删除选取的曲面。

● 【修改图元】按钮：单击该按钮后，可修改选取的曲面。

● 【移动】单选按钮：选中该单选按钮后，可将选取的曲面指定到定义的区域，系统默认选中此单选按钮。

● 【复制】单选按钮：选中该单选按钮后，可将选取的曲面指定到定义的区域，同时对选取的曲面进行复制。

(3)　【目标地】下拉列表框：该下拉列表中包括三个选项。

● 【型芯.1】选项：选择此选项，可将选取的曲面定义到型芯区域。

● 【型腔.1】选项：选择此选项，可将选取的曲面定义到型腔区域。

● 【其他】：选择此选项，可将选取的曲面定义到其他区域。

在【变换图元】对话框的【目标地】下拉列表框中选择【型芯.1】选项，然后在【延伸形式】下拉列表框中选择【未增长】选项，再选取 3 个曲面，结果如图 2-145 所示。

3. 集合曲面

如果将"其他区域"和"非拔模区域"中的面定义到型芯或型腔中，型芯和型腔区域就由很多小面构成，不利于后面的操作。因此，可以通过 CATIA 提供的【聚集模具区域】命令来将这些小面连接成整体，以提高操作效率。下面讲述集合曲面的一般操作过程。

1) 集合型芯曲面

选择【插入】|【脱模方向】|【聚集模具区域】命令，系统弹出如图 2-146 所示的【聚集曲面】对话框。

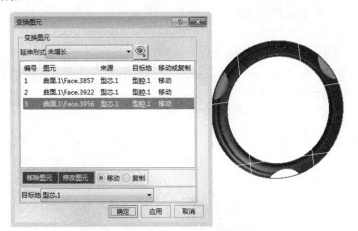

图 2-145 定义型芯区域

图 2-146 【聚集曲面】对话框

【聚集曲面】对话框中各选项的说明如下。

- 【选择模具区域】选项组：该选项组的下拉列表框中包括三个选项。
    - 【未选择】选项：选择此选项，表示没有集合的曲面。
    - 【型芯.1】选项：选择此选项，表示型芯区域集合的曲面。
    - 【型腔.1】选项：选择此选项，表示型腔区域集合的曲面。
- 【曲面清单】选项组：该选项组的列表框中显示要集合的曲面。
- 【创建连结基准】复选框：选中该复选框，可在集合的区域中创建一个曲面或连接，并且原来的曲面被删除。

在【聚集曲面】对话框的【选择模具区域】下拉列表框中选择【型芯.1】选项，此时系统会自动在【曲面清单】列表框中显示要集合的曲面。在【聚集曲面】对话框中选中【创建连结基准】复选框，单击【确定】按钮，可以完成型芯曲面的集合，操作前后的特征树显示如图 2-147 所示。

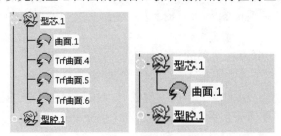

图 2-147 聚集型芯曲面

2) 集合型腔曲面

选择【插入】|【模型】|【聚集模具区域】命令，在【聚集曲面】对话框的【选择模具区域】下拉列表框中选择【型腔.1】选项，此时系统会自动在【曲面清单】列表框中显示要集合的曲面。在【聚集曲面】对话框中选中【创建连结基准】复选框，单击【确定】按钮，可以完成型腔曲面的集合。

4. 创建曲面分解视图

在完成型芯面与型腔面的定义后，需要通过【分解视图】命令来观察定义后的型芯面与型腔面是否正确，将检查零件表面上可能存在的问题直观地反映出来。下面介绍创建曲面分解视图的一般操作过程。

选择【插入】|【脱模方向】|【分解视图】命令，系统弹出如图 2-148 所示的【分解视图】对话框。在【分解数值】微调框中输入数值"10"，按 Enter 键，结果如图 2-149 所示。在【分解视图】对话框中单击【取消】按钮，完成曲面分解视图的创建。

图 2-148　【分解视图】对话框　　　　　　图 2-149　分解效果

> 提示：此模型中只有一个主方向，系统会自动选取移动方向，爆炸效果显示的型芯面与型腔面完全分开，没有多余的面，说明前面移动元素没有错误。

5. 创建修补面

在进行模具分型前，有些产品体上有开放的凹槽或孔，此时就要对产品模型进行修补，否则无法完成模具的分型操作。下面介绍模型修补的一般操作过程。

选择【插入】|【几何图形集】命令，系统弹出如图 2-150 所示的【插入几何图形集】对话框。在【名称】文本框中输入"Repair_surface"，选择【父级】下拉列表框中的 MoldedPart 默认选项，然后单击【确定】按钮。

【插入几何图形集】对话框中各选项的说明如下。

(1)　【名称】文本框：可在该文本框中输入几何图形集的名称。

(2)　【父级】下拉列表框：用于定义当前创建的几何图形集位于某个图形集内部。

选择【插入】|【曲面】|【填充】命令，系统弹出【填充曲面定义】对话框，如图 2-151 所示，选取边线 1 和边线 2，然后单击【确定】按钮，创建结果如图 2-152 所示。

图 2-150 【插入几何图形集】对话框

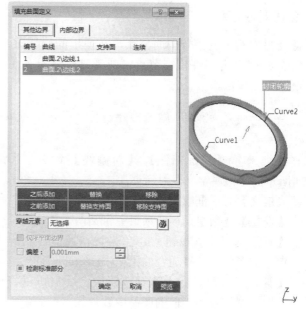

图 2-151 选取边界线

图 2-152 创建的修补面

2.5.2 模具分型

行业知识链接：塑料吸塑模具是以塑料板、片材为原料成型某些较简单塑料制品的一种模具，其原理是利用抽真空的方法或压缩空气成型方法使固定在凹模或凸模上的塑料板、片，在加热软化的情况下变形而贴在模具的型腔上得到所需成型产品，主要用于一些日用品、食品、玩具类包装制品生产方面。如图 2-153 所示是模具内部的腔模布局。

图 2-153 模具内部的腔模布局

完成模具分型面的创建后，需要利用该分型面来分割工件，生成型芯与型腔。在 CATIA 中创建模具工件主要通过下拉菜单中的【新镶块】命令来完成。

1. 创建型芯工件

在特征树中右击型腔分型面节点，在弹出的快捷菜单中选择【隐藏/显示】命令，隐藏型腔分型面。在特征树中双击零件模型节点，或者选择【开始】|【机械设计】|【模架设计】命令，切换到"模架设计"工作台。

> 提示：若激活产品后，是在"模架设计"工作台中，则不需要切换工作台。

选择【插入】|【模板部件】|【新镶块】命令，系统弹出如图 2-154 所示的【镶块定义】对话框。

【镶块定义】对话框中部分选项的说明如下。

(1) 【设置】选项组：该选项组中包括两个按钮。

- 【目录浏览器】按钮◎：单击该按钮后，用户可在软件自带的工件中选择适合的类型(矩形或圆形)。
- 【打开】按钮☞：单击该按钮后，用户可以将自定义的工件类型加载到当前的产品中并使用。

(2) 【位置】选项卡：在此选项卡中包括四个选项组。

- 【产品架构】选项组：该选项组包括两个选项。
  - ◆ 【上层产品】：显示添加工件的对象。
  - ◆ 【每参考数个复件】：选中该复选框后可以将几个独立的对象看成一个参照对象。
- 【标准钻孔】选项组：该选项组中包括【钻孔起始】和【至】两个选择框。
  - ◆ 【钻孔起始】选择框：在模架中若选取某块板作为钻孔的起始对象，则此选择框中会显示选取对象的名称。
  - ◆ 【至】选择框：在模架中若选取某块板作为钻孔的终止对象，则此选择框中会显示选取对象的名称。

图 2-154 【镶块定义】对话框

- 【约束】选项组：该选项组包括【约束】复选框和【与】按钮。
  - ◆ 【约束】复选框：系统在添加的工件上添加约束，将工件约束到选定的 xy 平面上。当选中此复选框时，后面的【与】按钮才被激活。
  - ◆ 【与】按钮：单击此按钮可以为添加的工件重新选择约束对象。
- 【方向】选项组：该选项组中包括【设定方向】选择框和【反向】按钮。
  - ◆ 【设定方向】选择框：单击该选择框将其激活，然后在图形区域选择作为方向参考的特征。选择后，该特征名称会显示在此选择框中。
  - ◆ 【反向】按钮：单击该按钮，可更改当前加载零件的方向。

(3) 【参数】选项卡：切换到该选项卡后，系统会弹出有关尺寸参数设置的界面，可在对应的微调框中输入相应的参数对当前的工件尺寸进行设置。这些微调框中显示加载工件的参数尺寸。

在特征树中选取【xy 平面】作为放置平面。在型芯分型面上单击任意位置，然后在【镶块定义】对话框的 X 微调框中输入数值"0"，在 Y 微调框中输入数值"0"，在 Z 微调框中输入数值"30"。

> 提示：当在 X、Y、Z 微调框中输入数值后，系统在 U、V、W 微调框中的数值也会发生相应的变化。

在【镶块定义】对话框中单击【目录浏览器】按钮 ◇，然后在系统弹出的【目录浏览器】对话框中双击 Shaft 类型，如图 2-155 所示。切换到【参数】选项卡，然后在 D 微调框中输入数值"300"，在 H 微调框中输入数值"80"，在 Draft 微调框中输入数值"0"，如图 2-156 所示。

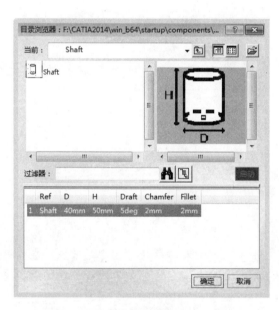

图 2-155　【目录浏览器】对话框

图 2-156　【镶块定义】对话框

在【镶块定义】对话框中切换到【位置】选项卡，单击【钻孔起始】选择框，使其显示为【无选择】，单击【确定】按钮，创建镶件结果如图 2-157 所示。

在特征树中右击 Insert_2(Insert_2.1)节点，在弹出的快捷菜单中选择【Insert_2.1 对象】|【分割部件】命令，系统弹出如图 2-158 所示的【切割定义】对话框。选取图 2-159 所示的型芯分型面，然后单击箭头，使箭头方向朝下，最后单击【确定】按钮。

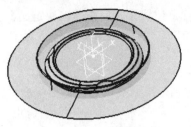

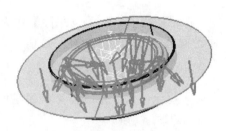

图 2-157　创建镶件　　　　图 2-158　【切割定义】对话框　　　　图 2-159　选取分型面

【切割定义】对话框中各选项的说明如下。

(1)　【切割图元】选择框：该选择框中显示选取的分割对象。

(2)　【显示方向】复选框：选中该复选框后，箭头指向的方向为分割保留的部分，系统默认的情况下为选中状态。

在特征树中右击型芯分型面节点，在弹出的快捷菜单中选择【隐藏/显示】命令，将型芯分型面隐藏，结果如图 2-160 所示。在特征树中用右击 Insert_2 节点，在弹出的快捷菜单中选择【属性】命令，在弹出的【属性】对话框中切换到【产品】选项卡，分别在【部件】选项组的【实例名称】文本框和【产品】选项组的【零件编号】文本框中输入文件名"Core_part"，单击【确定】按钮，此时系统弹出 Warning 对话框，单击【是】按钮，完成型芯工件的重命名，如图 2-161 所示。

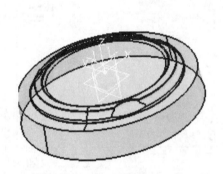

图 2-160　型芯工件　　　　　　　　图 2-161　Warning 对话框

提示：为了便于观察，可更改型芯透明度，用户可在特征树中依次右击型芯节点，在弹出的快捷菜单中选择【属性】命令，在弹出的【属性】对话框中切换到【图形】选项卡，然后在【透明度】区域中通过移动滑块来调节型芯的透明度。

2. 创建型腔工件

下面继续讲述创建型腔工件的一般操作过程。

在特征树中右击型腔分型面节点，在弹出的快捷菜单中选择【隐藏/显示】命令，显示型腔分型面。选择【插入】|【模板部件】|【新镶块】命令，弹出【镶块定义】对话框。

在特征树中选取【xy 平面】作为放置平面。在型腔分型面上单击任意位置，然后在【镶块定义】对话框的 X 微调框中输入数值"0"，在 Y 微调框中输入数值"0"，在 Z 微调框中输入数值

"30"。在【镶块定义】对话框中单击【目录浏览器】按钮 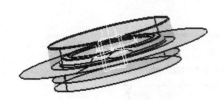，然后在弹出的【目录浏览器】对话框中双击 Shaft 类型。切换到【参数】选项卡，然后在 D 微调框中输入数值"300"，在 H 微调框中输入数值"80"，在 Draft 微调框中输入数值"0"，单击【确定】按钮，完成工件的加载，如图 2-162 所示。

在特征树中右击 Insert_1(Insert_1.1)节点，在弹出的快捷菜单中选择【Insert_1.1 对象】|【分割部件】命令，弹出【切割定义】对话框。选取图 2-163 所示的型腔分型面，单击【确定】按钮，结果如图 2-164 所示。

图 2-162　加载工件

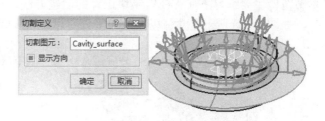

图 2-163　选取分型面

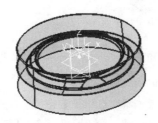

图 2-164　创建的型腔工件

3. 创建模具分解视图

通过创建模具分解视图，可以模拟模具的开启过程，还可以进一步观察模具结构设计是否合理。下面讲述开模的一般操作方法和步骤。

在特征树中，将型芯型腔工件显示出来。选择【开始】|【机械设计】|【装配设计】命令。选择【编辑】|【移动】|【操作】命令，弹出【操作参数】对话框，如图 2-165 所示。在【操作参数】对话框中单击【沿 Z 轴拖动】按钮 ，然后在模具中沿 Z 轴方向移动型腔，结果如图 2-166 所示。选择【文件】|【保存】命令，即可保存模型。

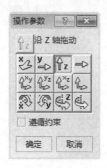

图 2-165　【操作参数】对话框

图 2-166　模具分解视图

课后练习

📝 案例文件：ywj\02\02\02.CATPart 及其模具文件

🎬 视频文件：光盘→视频课堂→第 2 教学日→2.5

本节课后练习创建盒体零件的镶块工件部分，镶块与工件直接接触，直接关系零件精度，如图 2-167 所示是完成的盒体模架和工件。

本节范例主要练习了 CATIA 镶块工件的创建方法，首先打开文件，之后编辑模架，最后创建镶块工件。如图 2-168 所示是盒体模架操作的创建思路和步骤。

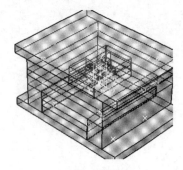

图 2-167　完成的盒体模架和工件

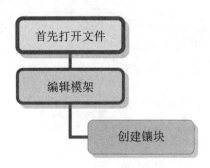

图 2-168　创建盒体模架的思路和步骤

练习案例操作步骤如下。

step 01 首先打开文件。选择【文件】|【打开】命令，如图 2-169 所示，打开盒体模型，进入"模具设计"模块。选择【开始】|【机械设计】|【模架设计】命令，如图 2-169 所示，进入"模架设计"模块。

step 02 接着编辑模架。在【模板部件】工具条中，单击【创建新模架】按钮 📋，弹出如图 2-170 所示的【创建新模架...】对话框，创建新模架。

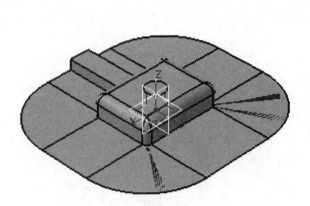

图 2-169　打开模型

图 2-170　创建新模架

step 03 单击【创建新模架…】对话框中的【目录浏览器】按钮 ◇，打开【目录浏览器】对话框，依次双击 Futaba | Normal-S | SC 选项，在系统弹出的【模架尺寸】列表中选择 MDC SC 3030X-MN 选项，单击【确定】按钮，如图 2-171 所示。

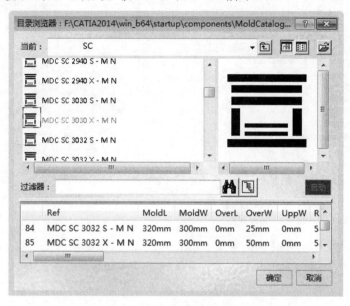

图 2-171　设置模架尺寸

step 04 单击【创建新模架…】对话框中的【设计表配置】按钮 ▦，此时系统弹出如图 2-172 所示的【Plate Choice，配置行：1398】对话框，在该对话框选择定模板厚度。

图 2-172　选择定模板参数

step 05 单击【创建新模架…】对话框的【动模板】中的【设计表配置】按钮 ▦，此时系统弹出如图 2-173 所示的【Plate Choice，配置行：1398】对话框，在该对话框中选择动模板厚度。

step 06 完成编辑的模架如图 2-174 所示。

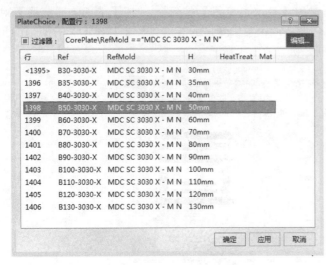

图 2-173　选择动模板参数

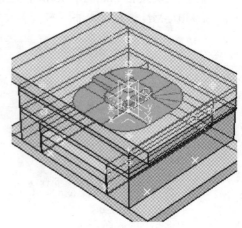

图 2-174　完成的模架

step 07　最后创建镶块。在特征树中选择 Mold(Mold.1)节点并右击，在弹出的快捷菜单中选择 【Mold.1 对象】|【编辑模具】命令，系统弹出【模架编辑】对话框，如图 2-175 所示。

step 08　单击【定模/动模重叠量】文本框右侧的【公式编辑器】按钮 $f_{(x)}$，系统弹出如图 2-176 所示的【公式编辑器：CorCavS】对话框，单击右上角的【清除文本字段】按钮，单击【确定】按钮，返回到【模架编辑】对话框，在【定模/动模重叠量】文本框中输入数值"0"，单击【确定】按钮。

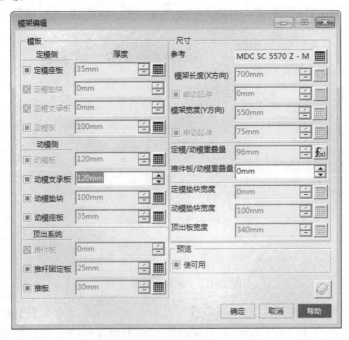

图 2-175　【模架编辑】对话框

图 2-176　【公式编辑器：CorCavS】对话框

step 09　完成型腔板和型芯板重叠尺寸的修改，结果如图 2-177 所示。

step 10　隐藏定模板。选择【插入】|【模板部件】|【新镶块】命令，系统弹出【镶块定义】对话框，创建模具工件，如图 2-178 所示。

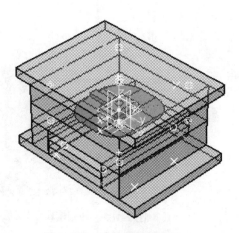

图 2-177　修改模架重叠尺寸

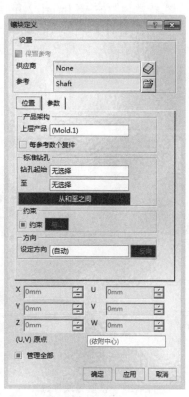

图 2-178　创建模具工件

step 11　单击【镶块定义】对话框中的【目录浏览器】按钮，弹出【目录浏览器】对话框，依次双击 Pad_with_chamfer | Pad 选项，单击【确定】按钮，设置镶块参数，如图 2-179 所示。

step 12　在模具平面单击放置镶块，如图 2-180 所示。

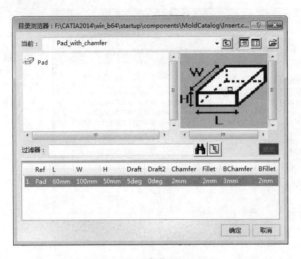

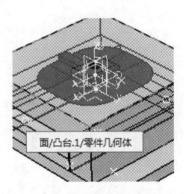

面/凸台.1/零件几何体

图 2-179　选择镶块尺寸　　　　　　　　图 2-180　选择放置面

step 13　在【镶块定义】对话框中设置镶块的参数，单击【确定】按钮，如图 2-181 所示。

step 14　在特征树中右击 Insert_2(Insert_2.1)节点，在系统弹出的快捷菜单中选择【Insert_2.1 对象】|【分割部件】命令，系统弹出【切割定义】对话框。选取型芯分型面作为分割曲面，单击工件上的箭头，使其方向向下，如图 2-182 所示，单击【确定】按钮。

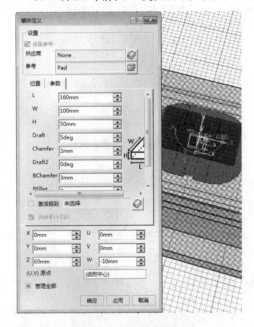

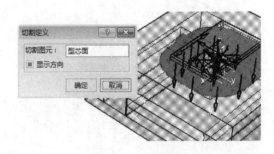

图 2-181　设置镶块参数　　　　　　　　图 2-182　切割镶块

step 15　分割后的镶块如图 2-183 所示。

step 16　选择【工具】|【钻部件】命令，系统弹出【定义钻头部件】对话框。分别单击【欲钻部件】和【钻头部件】选择框，选取动模板作为打孔对象，选取镶块作为孔特征，单击【确定】按钮，完成腔体的创建，如图 2-184 所示。

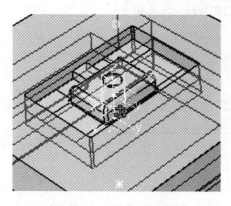

图 2-183　分割后的镶块

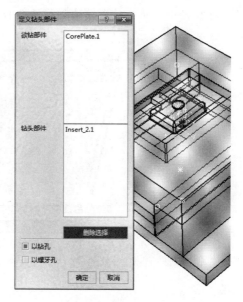

图 2-184　完成型芯腔体

step 17　选择【插入】|【模板部件】|【新镶块】命令，系统弹出【镶块定义】对话框，创建模具型腔工件，如图 2-185 所示。

step 18　单击【镶块定义】对话框中的【目录浏览器】按钮，弹出【目录浏览器】对话框，依次双击 D、H 数值框，在其中修改参数，单击【确定】按钮，如图 2-186 所示，设置镶块参数。

图 2-185　创建型腔工件

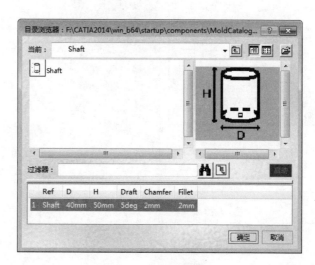

图 2-186　选择镶块尺寸

step 19 在模具平面单击放置镶块，如图 2-187 所示。

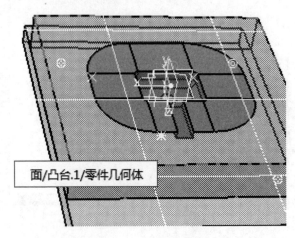

图 2-187　选择放置面

step 20 在【镶块定义】对话框中设置镶块的参数，单击【确定】按钮，如图 2-188 所示。

step 21 在特征树中右击 Insert_2(Insert_2.1)节点，在弹出的快捷菜单中选择【Insert_2.1 对象】|【分割部件】命令，弹出【切割定义】对话框，选取型腔分型面作为分割曲面，单击工件上的箭头，使其方向向下，如图 2-189 所示，最后单击【确定】按钮。

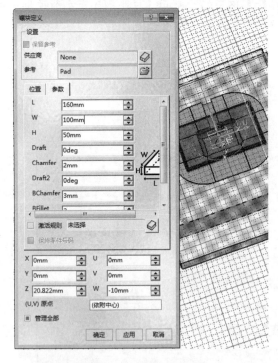

图 2-188　设置镶块参数

图 2-189　切割镶块

step 22 分割后的镶块如图 2-190 所示。

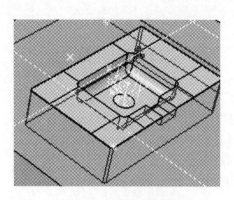

图 2-190　分割后的镶块

step 23　选择【工具】|【钻部件】命令，系统弹出【定义钻头部件】对话框。分别单击【欲钻部件】和【钻头部件】选择框，选取定模板作为打孔对象，选取镶块作为孔特征，单击【确定】按钮，完成型芯腔体的创建，如图 4-191 所示。

step 24　选择【文件】|【全部保存】命令，完成的盒体模架如图 2-192 所示。

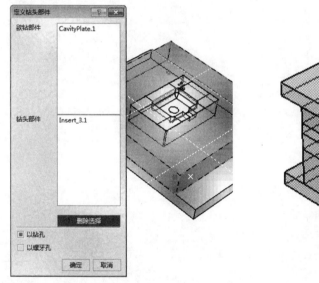

图 2-191　完成型芯腔体

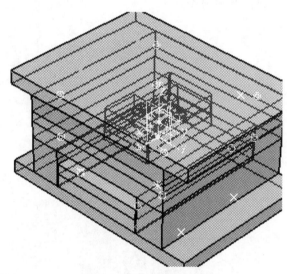

图 2-192　完成盒体模架

机械设计实践：塑料收缩率影响制品尺寸精度的各项因素，有模具制造和装配误差、模具磨损等。此外，设计压塑模和注塑模时，还应考虑成型机的工艺和结构参数的匹配。如图 2-193 所示是脱出模具的塑料制品，比实际模具腔体体积小。

图 2-193　塑料制品

阶段进阶练习

本教学日首先讲解了在模具模块中载入产品，接着进行收缩率的设置、坐标系的调整以及工件的添加，再讲解模具的分型，最后讲解在 CATIA 的模具设计中必须用到的破孔的填补与模具工具的使用，这些内容都是难点。

如图 2-194 所示是一个塑料盖板，使用本教学日学过的知识创建零件并创建其多腔模模具。

练习步骤和方法如下。

(1) 创建盖板模型。

(2) 模型初始化。

(3) 创建多腔模。

(4) 修补面。

(5) 模具分型。

图 2-194　塑料盖板

第 ③ 教学日

在模具设计过程中，塑件上常常会出现较深、较薄的孔，凸台和倒扣等特征。当塑件上出现较深和较薄的特征时，为了加工方便以及损坏时能及时更换，可以将其拆分成镶件；当出现孔、凸台和倒扣等特征时，为了使模具顺利脱模常设计出滑块机构和斜销机构。

本教学日将针对 CATIA V5-6 R2014 中的模架和模具的镶件、滑块和斜销机构设计进行详细的讲解，同时通过实际的范例来介绍其具体操作步骤，包括模架结构的选择、模架尺寸的定义以及定位圈、浇口套、顶杆和拉料杆的选用与添加。在学过本教学日之后，读者能够熟练掌握模架的选用和镶件、滑块、斜销机构的添加。

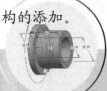

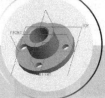

第1课 1课时 设计师职业知识——冲压模具及原理

冲压模具,是在冷冲压加工中,将材料(金属或非金属)加工成零件(或半成品)的一种特殊工艺装备,称为冷冲压模具(俗称冷冲模)。冲压,是在室温下,利用安装在压力机上的模具对材料施加压力,使其产生分离或塑性变形,从而获得所需零件的一种压力加工方法。如图 3-1 所示是典型冲压模具的截面图。

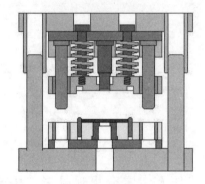

图 3-1 冲压模具

1. 制造技术

模具制造技术现代化是模具工业发展的基础。随着科学技术的发展,计算机技术、信息技术、自动化技术等先进技术正不断向传统制造技术渗透、交叉、融合,对其实施改造,形成先进制造技术。现在不少冲压厂家为了降低成本,大量使用新型冲压模内攻牙技术。

模具先进制造技术的发展主要体现在以下方面。

1) 高速铣削加工

普通铣削加工采用低的进给速度和大的切削参数,而高速铣削加工则采用高的进给速度和小的切削参数,高速铣削加工相对于普通铣削加工具有如下特点。

● 高效:高速铣削的主轴转速一般为 15 000~40 000 r/min,最高可达 100 000 r/min。在切削钢时,其切削速度约为 400 m/min,比传统的铣削加工高 5~10 倍;在加工模具型腔时与传统的加工方法(传统铣削、电火花成形加工等)相比其效率提高 4~5 倍。

● 高精度:高速铣削加工精度一般为 10μm,有的精度还要高。

● 高的表面质量:由于高速铣削时工件温升小(约为 3℃),故表面没有变质层及微裂纹,热变形也小。最好的表面粗糙度 Ra 小于 1μm,减少了后续磨削及抛光工作量。

● 可加工高硬材料:可铣削 50~54 HRC 的钢材,铣削的最高硬度可达 60 HRC。

鉴于高速加工具备上述优点,所以高速加工在模具制造中正得到广泛应用,并逐步替代部分磨削加工和电加工。

2) 电火花铣削加工

电火花铣削加工(又称为电火花创成加工)是电火花加工技术的重大发展,这是一种替代传统用成型电极加工模具型腔的新技术。像数控铣削加工一样，电火花铣削加工采用高速旋转的杆状电极对工件进行二维或三维轮廓加工，无须制造复杂、昂贵的成型电极。日本三菱公司推出的 EDSCAN8E 电火花创成加工机床，配置有电极损耗自动补偿系统、CAD/CAM 集成系统、在线自动测量系统和动态仿真系统，体现了当今电火花创成加工机床的水平。

3) 慢走丝线切割技术

数控慢走丝线切割技术发展水平已相当高，功能相当完善，自动化程度已达到无人看管运行的程度。最大切割速度已达 300 mm^2/min，加工精度可达到±1.5μm，加工表面粗糙度 Ra 为 0.1～0.2μm。直径为 0.03～0.1mm 的细丝线切割技术的开发，可实现凹凸模的一次切割完成，并可进行 0.04 mm 的窄槽及半径为 0.02 mm 的内圆角的切割加工。锥度切割技术已能进行 30°以上锥度的精密加工。

4) 磨削及抛光加工技术

磨削及抛光加工由于精度高、表面质量好、表面粗糙度值低等特点，在精密模具加工中广泛应用。精密模具制造广泛使用数控成形磨床、数控光学曲线磨床、数控连续轨迹坐标磨床及自动抛光机等先进设备和技术。

2. 数控测量

产品结构的复杂，必然导致模具零件形状的复杂。传统的几何检测手段已无法适应模具的生产。现代模具制造已广泛使用三坐标数控测量机进行模具零件的几何量的测量，模具加工过程的检测手段也取得了很大进展。三坐标数控测量机除了能高精度地测量复杂曲面的数据外，其良好的温度补偿装置、可靠的抗震保护能力、严密的除尘措施以及简便的操作步骤，使得现场自动化检测成为可能。

模具先进制造技术的应用改变了传统制模技术模具质量依赖于人为因素，不易控制的状况，使得模具质量依赖于物化因素，整体水平容易控制，模具再现能力强。

3. 模具 CAD/CAM 技术

计算机技术、机械设计与制造技术的迅速发展和有机结合，形成了计算机辅助设计与计算机辅助制造(CAD/CAM)这一新型技术。

CAD/CAM 是改造传统模具生产方式的关键技术，是一项高科技、高效益的系统工程，它以计算机软件的形式为用户提供一种有效的辅助工具，使工程技术人员能借助计算机对产品、模具结构、成形工艺、数控加工及成本等进行设计和优化。模具 CAD/CAM 能显著缩短模具设计及制造周期、降低生产成本、提高产品质量已成为人们的共识。

随着功能强大的专业软件和高效集成制造设备的出现，以三维造型为基础、基于并行工程(CE)的模具 CAD/CAM 技术正成为发展方向，它能实现面向制造和装配的设计，实现成形过程的模拟和数控加工过程的仿真，使设计、制造一体化。

为了适应工业生产中多品种、小批量生产的需要，加快模具的制造速度，降低模具生产成本，开发和应用快速经济制模技术越来越受到人们的重视。快速经济制模技术主要有低熔点合金制模技术、锌基合金制模技术、环氧树脂制模技术、喷涂成形制模技术、叠层钢板制模技术等。应用快速经济制模技术制造模具，能简化模具制造工艺、缩短制造周期(比普通钢模制造周期缩短 70%～90%)、降低模具生产成本(比普通钢模制造成本降低 60%～80%)，在工业生产中取得了显著的经济效益，对提高新产品的开发速度，促进生产的发展有着非常重要的作用。

4. 发展现状及技术趋势

改革开放以来，随着国民经济的高速发展，市场对模具的需求量不断增长。模具工业一直以 15% 左右的增长速度快速发展，模具工业企业的所有制成分也发生了巨大变化，除了国有专业模具厂外，集体、合资、独资和私营也得到了快速发展。浙江宁波和黄岩地区的"模具之乡"；广东一些大集团公司和迅速崛起的乡镇企业，科龙、美的、康佳等集团纷纷建立了自己的模具制造中心；中外合资和外商独资的模具企业现已有几千家。随着与国际接轨的脚步不断加快、市场竞争的日益加剧，人们已经越来越认识到产品质量、成本和新产品的开发能力的重要性。而模具制造是整个链条中最基础的要素之一。许多模具企业加大了用于技术进步的投资力度，将技术进步视为企业发展的重要动力。一些国内模具企业已普及了二维 CAD，并陆续开始使用 Pro/E、PDX、UG NX、NX Progressive Die Design、I-DEAS、Euclid-IS、Logopress3、3DQuickPress、MoldWorks 和 Topsolid Progress 等国际通用软件，个别厂家还引进了 Moldflow、C-Flow、DYNAFORM、Optris 和 MAGMASOFT 等 CAE 软件，并成功应用于冲压模的设计中。

以汽车覆盖件模具为代表的大型冲压模具的制造技术已取得很大进步，东风汽车公司模具厂、一汽模具中心等模具厂家已能生产部分轿车覆盖件模具。此外，许多研究机构和大专院校也进行了模具技术的研究和开发。经过多年的努力，他们在模具 CAD/CAE/CAM 技术方面取得了显著进步，在提高模具质量和缩短模具设计制造周期等方面做出了贡献。

模具技术的发展应该为适应模具产品"交货期短""精度高""质量好""价格低"的要求服务。

1) 全面推广 CAD/CAM/CAE 技术

模具 CAD/CAM/CAE 技术是模具设计制造的发展方向。随着微机软件的发展和进步，普及 CAD/CAM/CAE 技术的条件已基本成熟，各企业将加大 CAD/CAM 技术培训和技术服务的力度，进一步扩大 CAE 技术的应用范围。计算机和网络的发展正使 CAD/CAM/CAE 技术跨地区、跨企业、跨院所地在整个行业中推广成为可能，实现技术资源的重新整合，使虚拟制造成为可能。

2) 高速铣削加工

国外发展的高速铣削加工，大幅度提高了加工效率，并可获得极高的表面光洁度。另外，还可加工高硬度模块，还具有温升低、热变形小等优点。高速铣削加工技术的发展，为汽车、家电行业中大型型腔模具制造注入了新的活力。它已向更高的敏捷化、智能化、集成化方向发展。

3) 模具扫描及数字化系统

高速扫描机和模具扫描系统提供了从模型或实物扫描到加工出期望的模型所需的诸多功能，大大缩短了模具的再研制制造周期。有些快速扫描系统，可快速安装在已有的数控铣床及加工中心上，实现快速数据采集，自动生成各种不同数控系统的加工程序、不同格式的 CAD 数据，用于模具制造业的"逆向工程"。模具扫描系统已在汽车、摩托车、家电等行业得到成功应用，相信在"十五"期间将发挥更大的作用。

4) 电火花铣削加工

电火花铣削加工技术也称为电火花创成加工技术，这是一种替代传统的用成形电极加工型腔的新技术，它是由高速旋转的简单的管状电极作三维或二维轮廓加工(像数控铣一样)，因此不再需要制造复杂的成形电极，这显然是电火花成形加工领域的重大发展。国外已有使用这种技术的机床在模具加工中应用。预计这一技术将得到发展。

5) 提高模具标准化程度

我国模具标准化程度正在不断提高，估计目前我国模具标准件使用覆盖率已达到 30%左右。国外发达国家一般为 80%左右。

6) 优质材料及先进表面处理技术

选用优质钢材和应用相应的表面处理技术来提高模具的寿命显得十分必要。模具热处理和表面处理技术，决定了是否能充分发挥模具钢的材料性能。模具热处理的发展方向是采用真空热处理。模具表面处理的发展方向是气相沉积(TiN、TiC 等)和等离子喷涂等技术。

7) 模具研磨抛光将自动化、智能化

模具表面的质量对模具使用寿命、制件外观质量等方面均有较大的影响，研究自动化、智能化的研磨与抛光方法替代现有手工操作，以提高模具表面质量是重要的发展趋势。

8) 模具自动加工系统的发展

这是我国长远发展的目标。模具自动加工系统应有多台机床合理组合；配有随行定位夹具或定位盘；有完整的机具、刀具数控库；有完整的数控柔性同步系统；有质量监测控制系统。

第 2 课 2课时 模架设计

3.2.1 模架的作用和结构

> **行业知识链接**：塑料模具的工作条件与冷冲模不同， 一般须在150～200℃下进行工作，除了受到一定压力作用外，还要承受温度影响。同一种模具会有多种失效形式，即使在同一个模具上也可能出现多种损伤。从塑料模的失效形式可知，合理地选用塑料模具材料和热处理是十分重要的，因为它们直接关系到模具的使用寿命。如图 3-2所示是塑料衣架模架的多重分型结构。

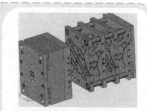

图 3-2　模架分型结构

1. 模架的作用

模架(Moldbase)是模具的基座，其作用如下。
(1) 引导熔融塑料从注射机喷嘴流入模具型腔。
(2) 固定模具的塑件成型元件(上模型腔、下模型腔和滑块等)。
(3) 将整个模具可靠地安装在注射机上。
(4) 调节模具温度。
(5) 将注射件从模具中顶出。

2. 模架的结构

如图 3-3 所示是一个塑件的完整模具，它包括模具型腔零件和模架。模架中的主要元件(或结构要素)的作用说明如下。

图 3-3 塑件模具

(1) 定模座板：该元件用于固定定模板。

(2) 定模座板螺钉：通过该螺钉将定模座板和定模板紧固在一起。

(3) 浇口套：注射浇口位于定模座板上，它是熔融塑料进入模具的入口。由于浇口与熔融塑料和注射机喷嘴反复接触、碰撞，在实际模具设计中，一般浇口不直接开设在定模座板上，而是将其制成可拆卸的浇口套，用螺钉固定在定模座板上。

(4) 定模板：该元件用于固定型腔。

(5) 导套：该元件固定在定模板上，是与导柱配合，保证模具合模导向的零件。

(6) 动模板：该元件用于固定型芯。如果冷却水道(水线)设计在型芯上，则动模板上应设有冷却水道的进出孔。

(7) 导柱：该元件安装在动模板上，在开模后复位时，该元件起导向定位的作用。

(8) 动模座板：该元件用于固定动模板。

(9) 动模座板螺钉：通过该螺钉将动模座板、垫块和动模板紧固在一起。

(10) 顶出板螺钉：通过该螺钉将推板和推板固定板紧固在一起。

(11) 复位弹簧：该元件的作用是使复位杆和顶杆复位，为下一次注射做准备。在实际的模架中，复位杆上套有复位弹簧。在塑件落下后，当顶出孔处的注射机顶杆撤销后，在弹簧的弹力作用下，推板固定板将带着顶杆下移，直至复位。

(12) 推杆：该元件用于把塑件从模具型芯中顶出。

3.2.2 模架的设计

行业知识链接： 随着高速成形机械的出现，塑料制品运行速度加快。由于成形温度为 200～350 ℃，如果塑料流动性不好，成形速度又快，会使模具部分成形表面温度在极短时间内超过 400 ℃。为保证模具在使用时的精度及变形微小，模具钢应有较高的耐热性能。如图 3-4 所示是一种高速成型模具。

图 3-4 高速成型模具

模架是模具组成的基本部件，是用来承载型芯和型腔并帮助开模的机构，模架被固定在注射机上，注塑机每完成一次注射后通过推出机构帮助开模，同时顶出系统完成产品的出模。

在实际的模具设计领域存在一些最常用的模架结构，这些结构的模架能够解决大多数产品的分模问题，并且实际中一些复杂结构的模架也是由基本的模架衍生而来，在设计过程中如有合适的模架可以选用是最为方便的。

模具的正常运作除了有承载型芯和型腔的模架外，同时还需要借助标准件(滑块、螺钉、定位圈、导柱和顶杆等)来完成。标准件在很大程度上可以互换，为提高工作效率提供了有力保障。标准件一般由专业厂家大批量生产和供应。使用标准件可以提高专业化生产水平、缩短模具生产周期、提高模具制造质量和使用性能，并且可以使模具设计者摆脱大量重复的一般性设计，以便将更多的精力用于改进模具设计、解决模具关键技术问题等。

通过"模架设计"工作台来进行模具设计可以简化模具的设计过程，减少不必要的重复性工作，提高设计效率。在 CATIA V5-6 R2014 中提供的模架和标准件可供用户直接选择和添加，但有些基本尺寸还需用户自行设置，以满足使用要求。

模架一般分为二板式注射模架(单分型面注射模架)和三板式注射模架(双分型面注射模架)，这两种模架是实际生产中最为常用的。

二板式注射模架是最简单的一种注射模架，它仅由动模和定模两部分构成，用户也可根据实际塑件的要求增加其他部件，如定模垫板、动模垫板和活动型芯等。所以在生产中这种类型的模架常被演变成各种复杂的模架来使用，实际生产中二板式注射模多被设计成一模多穴模。

三板式注射模架是流道和分型面不在同一个平面上，当模具打开时，流道凝料能够和塑件一起被顶出并与模具分离。三板式注射模架一般由定模板、中间板和动模板构成。它与二板式注射模架相比多了一块中间板，浇注系统常在定模板和中间板之间，塑件常在中间板和动模板之间。

1. 模架的加载和编辑

模架作为模具的基础机构，在整个模具的使用过程中起着十分重要的作用。模架选用得合适与否将直接影响模具的使用，所以模架的选用在模具设计过程中不可忽视。本节将讲解 CATIA V5-6 R2014 中模架的加载和编辑的一般操作。

在【模板部件】工具条中单击【创建新模架】按钮 **≣**，系统弹出如图 3-5 所示的【创建新模架…】对话框。

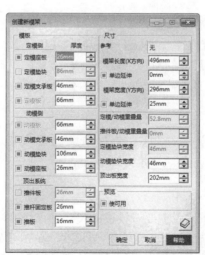

图 3-5 【创建新模架…】对话框

1) 非标准模架的定义

在标准模架不能满足使用要求的情况下，必须通过自定义的方式来创建合适的非标准模架。其模架的尺寸定义是通过修改【创建新模架…】对话框中的【模板】选项组和【尺寸】选项组的参数来完成的。

2) 标准模架的定义

(1) 标准模架的目录和类型。

CATIA 中的标准模架都由 Dme、Futaba、Hasco 及 LKM 等供应商提供。单击【创建新模架…】对话框中的【目录浏览器】按钮，系统弹出【目录浏览器】对话框，在此对话框中显示出提供标准模架的供应商，如图 3-6 所示。

图 3-6　【目录浏览器】对话框

(2) 标准模架尺寸的选择。

当定义完模架的类型后，还需要确定模架的尺寸，这就要从产品特点和生产成本等方面综合考虑，最后来确定模架的尺寸。在【目录浏览器】对话框的【模架】列表中，如图 3-7 所示，选择适合产品特点和模具结构的模架尺寸(尺寸的命名是以 X、Y 方向的基础尺寸为参照，前一部分是模架的宽度，后一部分是模架的长度)，此时在【模架尺寸】列表中就会出现组成所选择模架的各个模板的相关尺寸。

> 提示：如果系统给定的尺寸不够理想还可以修改。选取模架尺寸为"1113"的模架，则说明选用的模具主长度为 130 mm，模具主宽度为 110 mm。

(3) 标准模架尺寸的修改。

完成模架尺寸的选定后，接下来就需要对模板的尺寸进行修改。

在【目录浏览器】对话框中选定一个合适的模架尺寸，单击【确定】按钮，系统返回【创建新模架…】对话框，如图 3-8 所示，单击对话框中的【设计表配置】按钮，此时系统弹出如图 3-9 所示的【PlateChoice，配置行：1】对话框，通过该对话框可以完成型腔模板厚度的定义。

图 3-7 【模架尺寸】列表

图 3-8 【创建新模架...】对话框

图 3-9 【PlateChoice，配置行：1】对话框

2. 添加模架的一般过程

下面将介绍添加模架的详细操作过程。

1) 确定模架类型和尺寸

打开模型文件。

> 提示：在打开模型后，请确认软件界面是在"模具设计"工作台中，若不在"模具设计"工作台中，则需要通过选择【开始】|【机械设计】|【模架设计】命令，将系统切换到"模具设计"工作台。

在【模板部件】工具条中单击【创建新模架】按钮🗂，系统弹出【创建新模架...】对话框。在此对话框中单击【目录浏览器】按钮◈，系统弹出【目录浏览器】对话框，在其中依次双击 Futaba | Normal-S | SC 选项，在系统弹出的【模架尺寸】列表中选择 MDC SC 5070 S-MN 选项，如图 3-10 所示，单击【确定】按钮，系统返回至【创建新模架...】对话框。

2) 修改模板尺寸

在【创建新模架...】对话框中单击【定模板】后的【设计表配置】按钮▦，系统弹出 Plate Choice...对话框，在对话框中选择 A100-5570-Z MDC SC 5570 Z-MN 100mm 选项，单击【确定】按钮，完成定模板尺寸的修改。

在【创建新模架...】对话框中单击【动模板】后的【设计表配置】按钮▦，系统弹出 Plate Choice...对话框，在对话框中选择 B120-5570-Z MDC SC 5570 Z-MN 120mm 选项，单击【确定】按钮，完成型腔动模板尺寸的修改，结果如图 3-11 所示。

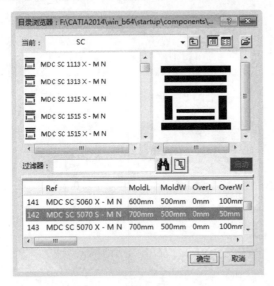

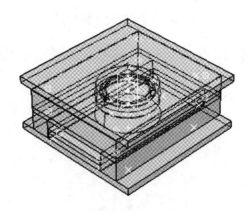

图 3-10　【目录浏览器】对话框　　　　　图 3-11　加载的模架

3) 添加动模支撑板

选择【插入】|【模板部件】|【新模具平板】命令，系统弹出如图 3-12 所示的【增加模板...】对话框，在【设置】选项组的【形式】下拉列表框中选择【动模支撑板】选项，在【定义】选项组的【厚度】文本框中输入数值"120"，其他参数采用系统默认的设置值。单击【确定】按钮，完成动模支撑板的添加，结果如图 3-13 所示。

4) 修改型腔板和型芯板的重叠尺寸

在特征树中选择 Mold(Mold.1)节点并右击，在系统弹出的快捷菜单中选择【Mold.1 对象】|【编辑模具】命令，弹出【模架编辑】对话框，如图 3-14 所示。单击【定模/动模重叠量】微调框后的【公式编辑器】按钮f(x)，弹出如图 3-15 所示的【公式编辑器：CorCavS】对话框，单击右上角的【清除文本字段】按钮✐。单击【确定】按钮，返回到【模架编辑】对话框，在【定模/动模重叠量】微调框中输入数值"0"，单击【确定】按钮，完成型腔板和型芯板重叠尺寸的修改，结果如图 3-16 所示。

图 3-12 【增加模板…】对话框

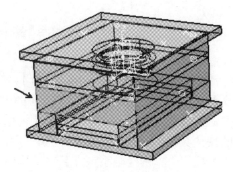

图 3-13 添加动模支撑板后

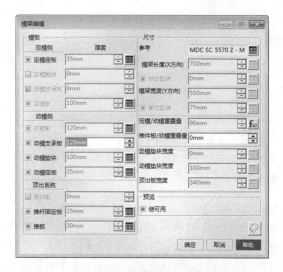

图 3-14 【模架编辑】对话框

图 3-15 【公式编辑器：CorCavS】对话框

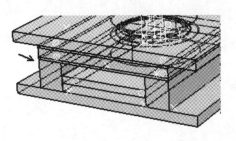
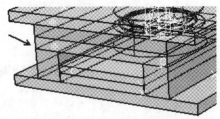

图 3-16 修改模架重叠尺寸前后

5) 重定义装配约束

在特征树中双击 MoldPart.1(MoldPart.1)节点下的 MoldPart，此时系统激活该零件。在特征树中选择【轴系】下的【主要脱模方向.1】节点并右击，在弹出的快捷菜单中选择【主要脱模方向.1 对象】|【定义】命令，弹出如图 3-17 所示的【轴系定义】对话框。在该对话框的【原点】文本框中右击，在弹出的快捷菜单中选择【坐标】命令，系统弹出【原点】对话框，输入参数，如图 3-18 所示，单击【关闭】按钮。单击【轴系定义】对话框中的【确定】按钮，完成模型坐标系的修改。

图 3-17 【轴系定义】对话框

图 3-18 【原点】对话框

在特征树中依次单击 Mold(Mold.1)、EjectionSide(EjectionSide.1)、CorePlate(CorePlate.1)节点前的"+"号，然后双击 CorePlate 节点，此时系统激活该零件；在特征树中选择【轴系】节点下的【轴系.1】并右击，在弹出的快捷菜单中选择【轴系.1 对象】|【定义】命令，弹出【轴系定义】对话框，在该对话框的【原点】文本框右击，在弹出的快捷菜单中选择【坐标】命令，系统弹出【原点】对话框，并在 Z 微调框中输入数值"30"；单击对话框中的【关闭】按钮，单击【轴系定义】对话框中的【确定】按钮，完成模架坐标系的修改。在【工具】工具栏中单击【全部更新】按钮，完成产品的更新。

> 提示：若图形区没有【工具】工具栏，可在图形区右侧的任意工具栏上右击，在弹出的快捷菜单中选择【工具】命令，此时图形区即显示出【工具】工具栏。

在特征树中选择最外层的【约束】节点下的"固定.1(Mold.1)"节点并右击，在弹出的快捷菜单中选择【删除】命令。在【移动】工具栏中单击【操作】按钮，选取如图 3-19 所示的点，完成模架的移动。

选择【开始】|【机械设计】|【装配设计】命令，系统切换到"装配设计"工作台，选择【插

入】|【固定】命令，在特征树中选择 Mold.1(Mold.1)节点，完成固定约束的添加。选择【开始】|【机械设计】|【模架设计】命令，系统切换到"模架设计"工作台。

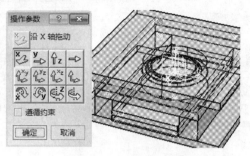

图 3-19   定义约束点

3. 动模板与定模板的修改

模架加载完成后还要对动模板和定模板进行必要的修改，用于固定型芯及型腔，也为模具能够正常使用提供必要的基础条件。下面讲解修改动、定模板的操作过程。

1)   修改动模板

(1)   创建型芯固定凸台。

在特征树中双击 core_part(core_part)节点下的 core_part 零件，此时系统激活该零件，进入"零件设计"工作台，如图 3-20 所示。选择【插入】|【基于草图的特征】|【凸台】命令，系统弹出【定义凸台】对话框。在【定义凸台】对话框中，单击【草图】按钮选取如图 3-21 所示的平面为草图绘制平面，在图形区绘制如图 3-22 所示的截面草图，退出草绘工作台。系统返回到【定义凸台】对话框，在【第一限制】选项组的【长度】微调框中输入数值"10"，拉伸方向为 Z 轴正方向，其他参数采用系统默认的设置值；单击【确定】按钮，完成平台的创建。

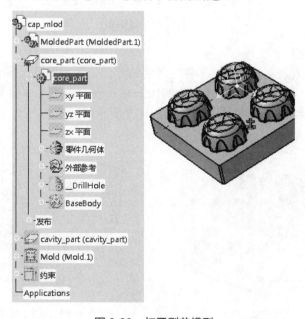

图 3-20   打开型芯模型

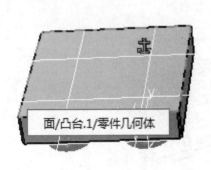

图 3-21 选择草绘平面

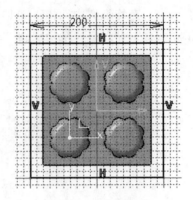

图 3-22 截面草图

选择【插入】|【修饰特征】|【倒角】命令，系统弹出【定义倒角】对话框。选取如图 3-23 所示的 4 条边线为倒角对象，设置倒角【长度 1】为 2，倒角【角度】为 45°，单击【确定】按钮，完成倒角的创建。

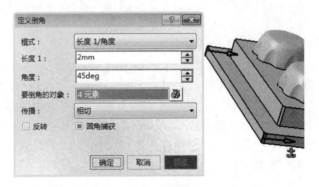

图 3-23 创建倒角

(2) 创建固定型芯凹槽。

在特征树模架节点中双击 CorePlate 零件，激活该零件，并隐藏其他零件。选择【插入】|【基于草图的特征】|【凹槽】命令，系统弹出【定义凹槽】对话框，单击【草图】按钮 ，选择如图 3-24 所示的平面为草绘平面，绘制矩形草图，创建如图 3-25 所示的凹槽 1。

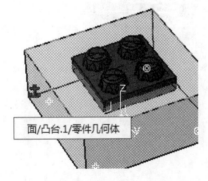

图 3-24 选择草绘平面

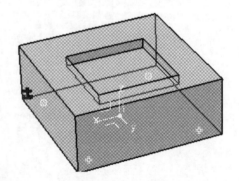

图 3-25 创建凹槽 1

选择【插入】|【修饰特征】|【倒角】命令，创建倒角，选取如图 3-26 所示的边线为倒角对象，

设置倒角半径为 2，配合结果如图 3-27 所示。

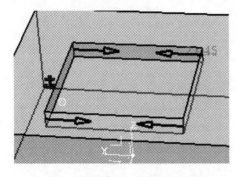

图 3-26　倒角

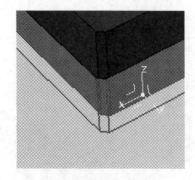

图 3-27　配合结果

2)　修改定模板

在特征树中双击 CavityPlate 节点，激活该零件。选择【插入】|【基于草图的特征】|【凹槽】命令，创建深度为"40"的定模板凹槽，如图 3-28 所示。在特征树中双击总节点，完成产品的激活。最后的配合情况，如图 3-29 所示。

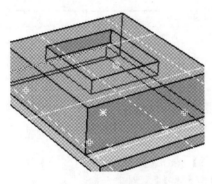

图 3-28　创建凹槽

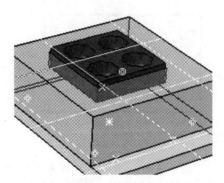

图 3-29　配合结果

课后练习

案例文件：ywj \03\01.CATPart 及其模具文件

视频文件：光盘→视频课堂→第 3 教学日→3.2

练习案例分析如下。

本节课后练习创建的零件是一个面板零件，面板是塑料零件，分型面创建在最大直径处，如图 3-30 所示是完成的面板模具。

本节范例主要练习 CATIA 模架的创建过程，首先创建零件模型，之后进行分型，最后创建模架。如图 3-31 所示是面板模具制作的思路和步骤。

练习案例操作步骤如下。

step 01　首先创建零件，并设置零件名称为"01"。选择 xy 平面作为草绘平面，单击【草图编辑器】工具栏中的【草图】按钮，单击【轮廓】工具栏中的【矩形】按钮，绘制 100×60 的矩形，如图 3-32 所示。

step 02　单击【轮廓】工具栏中的【起始受限的三点弧】按钮，绘制半径为 50 的圆弧，如图 3-33 所示。

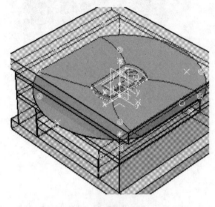

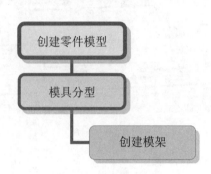

图 3-30　完成的面板模具　　　　图 3-31　面板模具的制作步骤

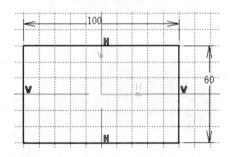

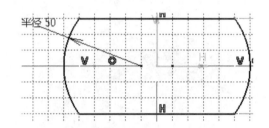

图 3-32　绘制 100×60 的矩形　　　　图 3-33　绘制半径为 50 的圆弧

step 03　单击【基于草图的特征】工具栏中的【凸台】按钮，弹出【定义凸台】对话框，设置【长度】为"10"，如图 3-34 所示，单击【确定】按钮，创建凸台。

图 3-34　创建凸台

step 04　单击【修饰特征】工具栏中的【倒圆角】按钮，弹出【倒圆角定义】对话框，设置

【半径】为"2",选择目标边线,如图3-35所示。单击【确定】按钮,创建倒圆角。

step 05 单击【草图编辑器】工具栏中的【草图】按钮✏,选择如图 3-36 所示的平面作为草绘平面。

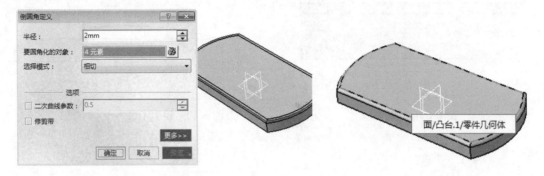

图 3-35　创建倒圆角　　　　　　　　　　　图 3-36　选择草绘平面

step 06 单击【轮廓】工具栏中的【圆】按钮⊙,绘制直径为 8 的 3 个圆形,如图3-37所示。

step 07 单击【基于草图的特征】工具栏中的【凹槽】按钮▣,弹出【定义凹槽】对话框,设置【深度】为"4",如图 3-38 所示,单击【确定】按钮,创建凹槽。

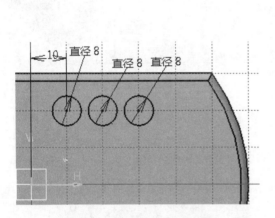

图 3-37　绘制直径为 8 的圆形

图 3-38　创建凹槽

step 08 选择 ZX 面为草绘平面,单击【草图编辑器】工具栏中的【草图】按钮✏,单击【轮廓】工具栏中的【直线】按钮╱,绘制长为 9 的直线,如图3-39所示。

step 09 单击【轮廓】工具栏中的【起始受限的三点弧】按钮⟲,绘制半径为 30 的圆弧,如图3-40所示。

step 10 单击【基于草图的特征】工具栏中的【旋转体】按钮,弹出【定义旋转体】对话框,选择轮廓,旋转360°,如图3-41所示,单击【确定】按钮,完成旋转体创建。

step 11 单击【修饰特征】工具栏中的【盒体】按钮,弹出【定义盒体】对话框,设置【默认内侧厚度】为"2",选择要移除的面,如图 3-42 所示,单击【确定】按钮,创建盒体特征。

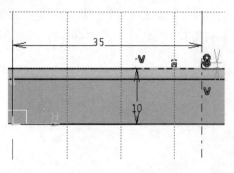

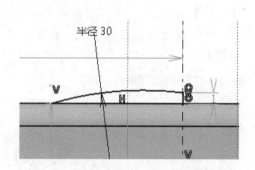

图 3-39　绘制直线　　　　　　　图 3-40　绘制半径为 30 的圆弧

图 3-41　创建旋转体

图 3-42　创建盒体

step 12　单击【草图编辑器】工具栏中的【草图】按钮，选择如图 3-43 所示平面作为草绘平面。

step 13　单击【轮廓】工具栏中的【矩形】按钮，绘制 50×20 的矩形，如图 3-44 所示。

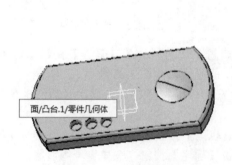

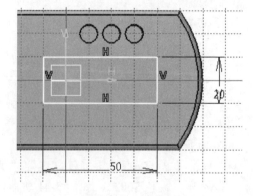

图 3-43　选择草绘平面　　　　　　图 3-44　绘制矩形

step 14　单击【基于草图的特征】工具栏中的【凹槽】按钮，弹出【定义凹槽】对话框，设置【类型】为【直到最后】，如图 3-45 所示，单击【确定】按钮，创建凹槽。

step 15　完成的面板模型如图 3-46 所示。

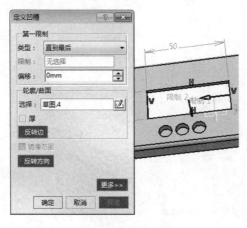
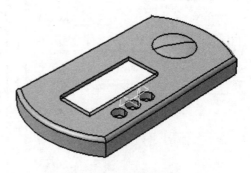

图 3-45 创建凹槽 　　　　图 3-46 完成的面板

step 16 　接着进行分型。选择【文件】|【新建】命令，弹出【新建】对话框，双击 Product 选项，双击 Product1 节点，选择【开始】|【机械设计】|【自动拆模设计】命令，特征树如图 3-47 所示，进入型芯/型腔工作台。

step 17 　右击特征树中的 Product1 节点，在弹出的快捷菜单中选择【属性】命令，弹出【属性】对话框，设置【零件编号】为"mianban"，修改产品名称，单击【确定】按钮，如图 3-48 所示。

图 3-47 模具零件特征树

图 3-48 设置产品名称

step 18 　选择【插入】|【模型】|【输入】命令，弹出【输入模具零件】对话框，单击【打开】按钮，选择"01"零件，在弹出的【输入 01.CATPart】对话框，设置【比率】为"1.006"，单击【确定】按钮，如图 3-49 所示。

step 19 　打开的模型和特征树如图 3-50 所示。

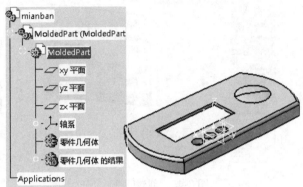

图 3-49　输入模型　　　　　　　　　　图 3-50　打开的模型和特征树

step 20　右击特征树中的【零件几何体】节点，在弹出的快捷菜单中选择【定义工作对象】命令，进入"零件设计"工作台。选择【插入】|【基于曲面的特征】|【封闭曲面】命令，弹出【定义封闭曲面】对话框，选择零件模型，单击【确定】按钮，创建封闭曲面，如图 3-51所示。

step 21　右击特征树中的【零件几何体的结果】节点，在弹出的快捷菜单中选择【定义工作对象】命令，进入"型芯/型腔"工作台。选择【插入】|【脱模方向】|【脱模方向】命令，系统弹出【主要脱模方向定义】对话框，选择模型，单击【确定】按钮，定义脱模方向，如图 3-52 所示。

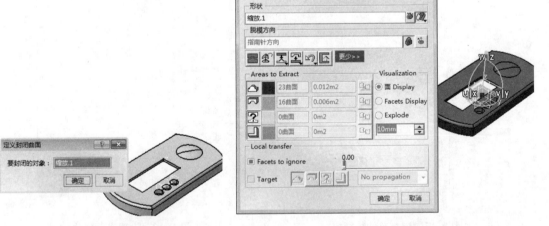

图 3-51　创建封闭曲面　　　　　　　　图 3-52　定义脱模方向

step 22　选择【插入】|【脱模方向】|【变换】命令，系统弹出【变换图元】对话框，选择【目标地】为【型芯.1】，依次选择型芯区域，单击【确定】按钮，重新定义型芯面，如图 3-53所示。

step 23　选择【插入】|【曲面】|【填充】命令，系统弹出【填充曲面定义】对话框，选择 4 条

边线，单击【确定】按钮，完成填充面的创建，如图 3-54 所示。

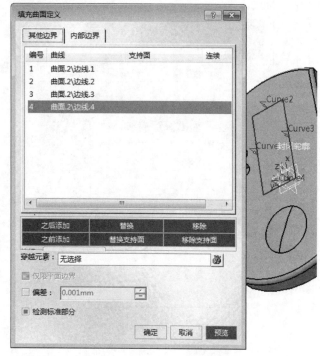

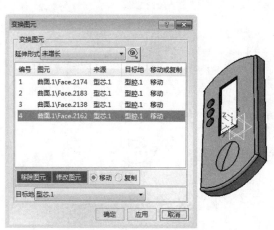

图 3-53　设置型芯区域　　　　　　　　　　图 3-54　创建填充面

step 24　单击【操作】工具栏中的【边界】按钮，弹出【边界定义】对话框，选择零件边界线，如图 3-55 所示，单击【确定】按钮，创建边界线。

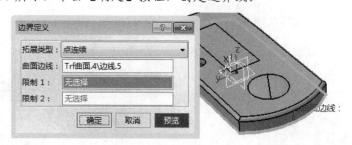

图 3-55　创建边界线

step 25　单击【曲面】工具栏中的【扫掠】按钮，弹出【扫掠曲面定义】对话框，选择边界线和 xy 参考曲面，设置【长度 1】为"120"，如图 3-56 所示，单击【确定】按钮，创建扫掠面。

step 26　选择【插入】|【操作】|【接合】命令，弹出【接合定义】对话框，选择所有型腔组成面，单击【确定】按钮，创建型腔面，如图 3-57 所示。

step 27　选择【插入】|【操作】|【接合】命令，系统弹出【接合定义】对话框，选择所有型芯组成面，单击【确定】按钮，创建型芯面，如图 3-58 所示。

step 28　完成的面板零件及分型面如图 3-59 所示。

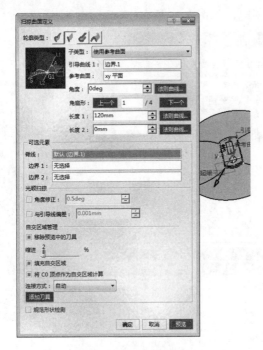

图 3-56　创建扫掠面

图 3-57　创建型腔面

图 3-58　创建型芯面

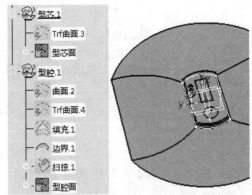

图 3-59　完成的零件分型面

step 29 最后创建模架。在【模板部件】工具条中单击【创建新模架】按钮🗐，弹出如图 3-60 所示的【创建新模架…】对话框，创建新模架。

step 30 单击【创建新模架…】对话框中的【目录浏览器】按钮◎，系统弹出【目录浏览器: F:\CATIA　2014\win_b64\startup\components\MoldCatalog…】对话框，依次双击 Futaba ｜ Normal-S ｜ SC 选项，在弹出的【模架尺寸】列表中选择 MDC SC 3030X-MN 选项，单击

【确定】按钮，如图 3-61 所示。

图 3-60　创建新模架

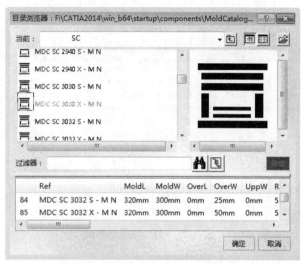

图 3-61　设置模架尺寸

step 31 单击【创建新模架...】对话框【定模板】中的【设计表配置】按钮，此时系统弹出如图 3-62 所示的【PlateChoice，配置行：1398】对话框，在该对话框中选择定模板厚度。

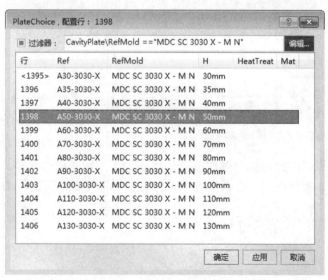

图 3-62　选择定模板参数

step 32 单击【创建新模架...】对话框的【动模板】中的【设计表配置】按钮，此时系统弹出如图 3-63 所示的【PlateChoice，配置行：1398】对话框，在该对话框中选择动模板厚度。

step 33 创建完成的面板零件的模架如图 3-64 所示。

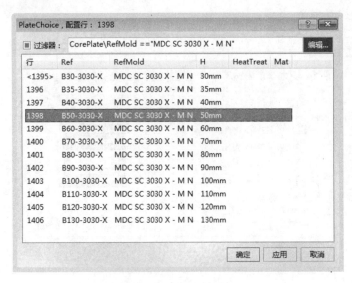

图 3-63 选择动模板参数

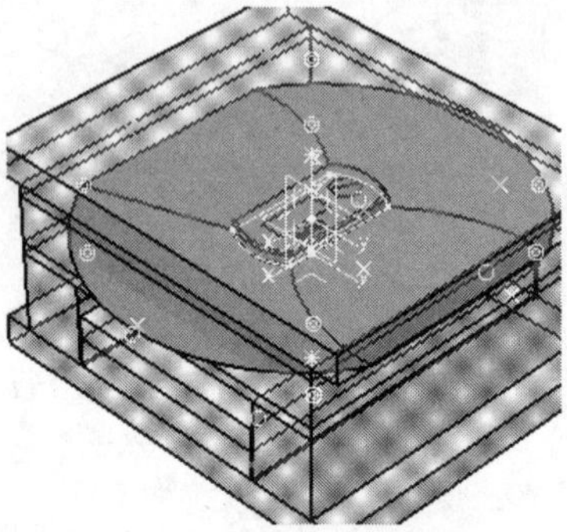

图 3-64 创建的模架

机械设计实践：模架是模具之半制成品，由各种不同的钢板配合零件组成，可以说是整套模具的骨架。由于模架及模具所涉及的加工有很大差异，模具制造商会选择向模架制造商订购模架，利用双方的生产优势，来提高整体生产质量及效率。如图 3-65 所示是一种标准模架。

图 3-65 标准模架

第3课 [2课时] 模具镶件设计

镶件是模具的重要组成部分，拆分镶件可降低模具加工的困难程度。镶件是否需要拆分，一般由模具的疏气位置、加工的难易程度、易损位置和重要配合位置等多方面因素来决定。

3.3.1 创建型腔上的镶件零件

行业知识链接：细水口模具是流道及浇口不在分模线上，一般直接在产品上，所以要设计多一组水口分模线，设计较为复杂，加工较困难，一般要视产品要求而选用细水口系统。如图 3-66 所示的模具是水路出口部分，有的就是镶块。

图 3-66 模具水路出口

在 CATIA V5-6 R2014 中，常常采用【拉伸】和【移出】等命令创建镶件。其一般操作步骤如下。

1. 导入模型

1) 加载模型

新建一个"Product"文件，并激活该产品，选择【开始】|【机械设计】|【自动拆模设计】命令，系统切换至"型芯/型腔设计"工作台。在特征树的 Product1 节点上右击，在系统弹出的快捷菜单中选择【属性】命令，弹出【属性】对话框。切换到【产品】选项卡，在【产品】选项组的【零件编号】文本框中输入文件名"base_down_cover_mold"，单击【确定】按钮，完成文件名的修改。

选择【插入】|【模型】|【输入】命令，系统弹出【输入模具零件】对话框。在对话框的 Model 选项组中单击【开启模具零件】按钮 📂，此时系统弹出【选择文件】对话框，选择要开模的实体，单击【打开】按钮。

2) 设置收缩率

在弹出的【输入 base_down_cover.CATPart】对话框的【缩水率】选项组中单击【等比率缩放】按钮 ⚙，在【等比例缩放定义】选项组的【比率】微调框中输入数值"1.006"，其他参数采用系统默认的设置值，如图 3-67 所示。单击【确定】按钮，完成零件几何体的收缩，结果如图 3-68 所示。

图 3-67 【输入 base_down_cover.CATPart】对话框 　　　　　图 3-68 加载的模型

3) 添加缩放后的实体

选择【开始】|【机械设计】|【零件设计】命令，切换至"零件设计"工作台。在特征树中打开零件节点，右击【零件几何体】节点，在弹出的快捷菜单中选择【定义工作对象】命令，将其定义为工作对象。

选择【插入】|【基于曲面的特征】|【封闭曲面】命令，弹出【定义封闭曲面】对话框，选取零件，然后单击【确定】按钮。

右击特征树中【零件几何体】节点下的【封闭曲面.1】，在弹出的快捷菜单中选择【隐藏/显示】命令，为了便于后面的操作，将产品模型隐藏。选择【开始】|【机械设计】|【自动拆模设计】命令，切换至"型腔/型芯设计"工作台。在特征树中右击零件节点，在弹出的快捷菜单中选择【定义工作对象】命令，将其定义为工作对象。

2. 定义主开模方向

选择【插入】|【脱模方向】|【脱模方向】命令，弹出【主要脱模方向定义】对话框。在该对话框的【脱模方向】选项组中单击【锁定】按钮 🔒，在图形区中选取加载的零件几何体，单击【确定】按钮，计算完成后在特征树中即增加了 4 个几何图形集，同时在零件几何体上也会显示出不同的颜色，如图 3-69 所示。

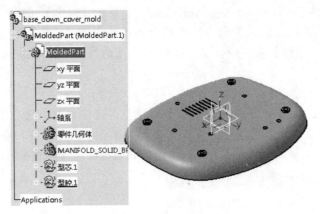

图 3-69　定义开模方向

> **提示**：模型中没有将所有的区域颜色显示出来，而是指出了四种区域的颜色，以便于观察。

3. 移动元素

选择【插入】|【脱模方向】|【变换】命令，弹出【变换图元】对话框，如图 3-70 所示。在该对话框的【目标地】下拉列表框中选择【型芯.1】选项，然后选取如图 3-71 所示区域的面。在【变换图元】对话框中单击【确定】按钮，完成元素的移动。

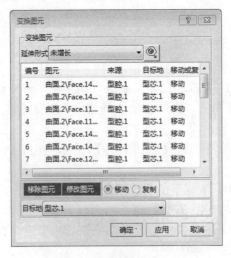

图 3-70　【变换图元】对话框

图 3-71　定义型芯区域

4. 创建爆炸视图

选择【插入】|【脱模方向】|【分解视图】命令，弹出【分解视图】对话框。在【分解数值】微调框中输入数值"100"，结果如图 3-72 所示，按 Enter 键。在【分解视图】对话框中单击【取消】按钮，完成爆炸视图的创建，如图 3-73 所示。

图 3-72　【分解视图】对话框　　　　　　　　图 3-73　爆炸视图

> **提示：**此模型中只有一个主方向，在创建爆炸视图时，系统将自动判断其移动方向。在爆炸图中，只有型芯与型腔完全分开，没有多余的区域，说明移动元素没有错误。

5. 集合曲面

选择【插入】|【脱模方向】|【聚集模具区域】命令，弹出【聚集曲面】对话框，在【选择模具区域】下拉列表框中选择【型芯.1】选项，此时系统会自动在【曲面清单】列表框中显示要集合的曲面；在对话框中选中【创建连结基准】复选框，单击【确定】按钮，完成型芯曲面的集合，特征树显示如图 3-74 所示。

6. 模型修补

选择【插入】|【几何图形集】命令，弹出【插入几何图形集】对话框，在【名称】文本框中输入文件名"Repair_surface"，选择【父级】下拉列表框中的默认选项，然后单击【确定】按钮。

选择【插入】|【曲面】|【填充】命令，弹出【填充曲面定义】对话框，选取如图 3-75 所示的边界线，单击【确定】按钮。

图 3-74 集合曲面后的特征树

图 3-75 选取边界线

采用同样的方法在其他型芯与型腔交界的圆柱上创建其他的填充曲面，如图 3-76 所示。

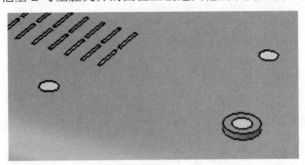

图 3-76 创建其他填充曲面

选择【插入】|【线框】|【连接曲线】命令，弹出【连接曲线定义】对话框。在【第一曲线】选项组的【点】选择框中单击使其激活，选取点 1，然后在【曲线】选择框中单击使其激活，选取曲线 1，在【第二曲线】选项组的【点】选择框中单击使其激活，选取点 2，然后在【曲线】选择框中单击使其激活，选取曲线 2，如图 3-77 所示。在该对话框中单击【确定】按钮，完成连接曲线 1 的创建，结果如图 3-78 所示。

> 提示：要保证两箭头的方向一致，并且两箭头的方向要从起始点 1 指向终止点 2。

选择【插入】|【操作】|【接合】命令，弹出【接合定义】对话框，选取如图 3-79 所示的直线，单击【确定】钮，完成接合线 1 的创建。

选择【插入】|【曲面】|【填充】命令，弹出【填充曲面定义】对话框，选取如图 3-80 所示的接合线作为边界线，单击【确定】按钮，完成曲面。

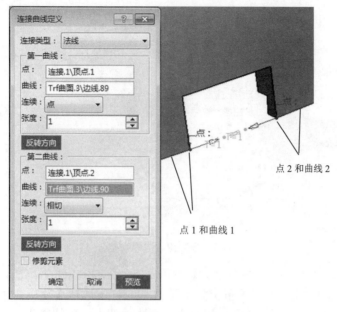

图 3-77 选取连接对象

点 2 和曲线 2

点 1 和曲线 1

图 3-78 创建连接曲线 1

图 3-79 选取结合对象

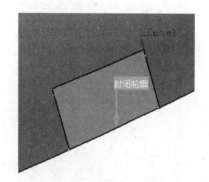

图 3-80 创建多截面曲面

7. 创建分型面

选择【插入】|【几何图形集】命令,弹出【插入几何图形集】对话框,在【名称】文本框中输入文件名"Parting_surface",选择【父级】下拉列表框中的默认选项,然后单击【确定】按钮。

选择【插入】|【操作】|【边界】命令,弹出【边界定义】对话框,在模型中选取模型的最长边线,在模型中分别选取如图 3-81 所示的限制点,然后单击【确定】按钮,完成边界线 1 的创建。

选择【插入】|【操作】|【接合】命令,弹出【接合定义】对话框,选取如图 3-82 所示的两条边界线,单击【确定】按钮,完成接合线的创建。

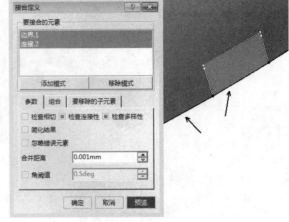

图 3-81　选取边界线和限制点　　　　　　　图 3-82　边界线接合

选择【插入】|【曲面】|【扫掠】命令，弹出【扫掠曲面定义】对话框，如图 3-83 所示。在该对话框的【轮廓类型】选项组中单击【直线】按钮，在【子类型】下拉列表框中选择【使用参考曲面】选项；在模型中选取创建的接合线，在特征树中选取【xy 平面】，单击边线上向外的箭头；在该对话框的【长度 1】微调框中输入数值"260"；单击【确定】按钮，完成扫掠曲面 1 的创建，结果如图 3-84 所示。

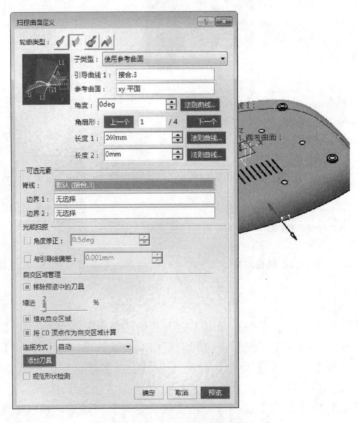

图 3-83　【扫掠曲面定义】对话框

选择【工具】|【隐藏】|【所有曲线】命令，再选择【插入】|【操作】|【接合】命令，弹出【接合定义】对话框。在特征树中分别在【型芯.1】、Repair_surface、Parting_surface 节点下选取要接合的曲面，单击【确定】按钮，完成型芯分型面的创建。选择【接合面】节点，右击，在系统弹出的快捷菜单中选择【属性】命令，然后在弹出的【属性】对话框中切换到【特征属性】选项卡，在【特征名称】文本框中输入文件名"Core_surface"，单击【确定】按钮，完成型芯分型面的重命名。

选择【插入】|【操作】|【接合】命令，弹出【接合定义】对话框，分别在特征树的【型腔.1】节点下选择需要接合的曲面，单击【确定】按钮，完成型腔分型面的创建。选择【接合面】节点，右击，在系统弹出的快捷菜单中选择【属性】命令，然后在弹出的【属性】对话框中切换到【特征属性】选项卡，在【特征名称】文本框中输入文件名"Cavity_surface"，单击【确定】按钮，完成型腔分型面的重命名，如图 3-85 所示。

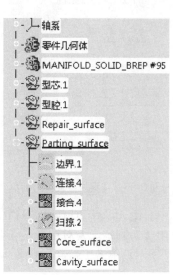

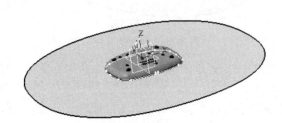

图 3-84　创建的扫掠曲面　　　　　　图 3-85　创建的分型面

8. 模具分型

1)　创建型芯

在特征树中右击 Cavity_surface 节点，在弹出的快捷菜单中选择【隐藏/显示】命令，将型腔分型面隐藏。选择【开始】|【机械设计】|【模架设计】命令，在特征树中双击节点激活产品。

在特征树中双击【工件】节点，选择【插入】|【模板部件】|【新镶块】菜单命令，弹出【镶块定义】对话框，如图 3-86 所示。在特征树中选取【零件模型】节点下的【xy 平面】为放置平面。在型芯分型面上单击任意位置，然后在【镶块定义】对话框的 X 微调框中输入数值"0"，在 Y 微调框中输入数值"0"，在 Z 微调中输入数值"0"。单击【目录浏览器】按钮 ，在【目录浏览器】对话框中依次双击 Pad_with_chamfer | Pad 选项；在【参数】选项卡中依次输入参数，L 微调框中输入"300"，H 微调框中输入"70"，W 微调框中输入"260"，Z 微调框中输入"10"，单击【确定】按钮，创建的工件如图 3-87 所示。

图 3-86 【镶块定义】对话框

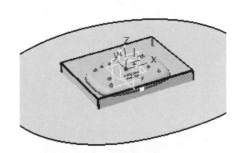

图 3-87 创建的工件

在特征树中右击 Insert_2(Insert_2.1)节点，在弹出的快捷菜单中选择【Insert_2.1 对象】|【分割部件】命令，弹出【切割定义】对话框。选取型芯分型面为分割曲面，单击工件上的箭头，使其方向向下，如图 3-88 所示，单击【确定】按钮。在特征树中隐藏分割特征和型芯分型面隐藏，结果如图 3-89所示。

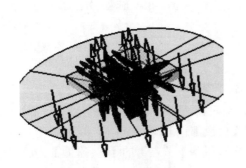

图 3-88 定义分割方向

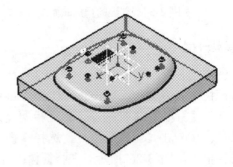

图 3-89 创建的型芯

2) 创建型腔

在特征树中右击 Cavity_surface 节点，在弹出的快捷菜单中选择【隐藏/显示】命令，将型腔分型面显示出来。在特征树中隐藏型芯。

在特征树中双击工件节点，选择【插入】|【模板部件】|【新镶块】命令，弹出【镶块定义】对话框。在特征树中选取【xy 平面】为放置平面。在型腔分型面上单击任意位置，然后在【镶块定义】对话框的 X 微调框中输入数值"0"，在 Y 微调框中输入数值"0"，在 Z 微调框中输入数值"0"。

单击【目录浏览器】按钮，在【目录浏览器】对话框中依次双击 Pad_with_chamfer | Pad 选项；在【参数】选项卡中依次输入参数，L 微调框中输入"300"，H 微调框中输入"70"，W 微调框中输入"260"，Z 微调框中输入"30"，单击【确定】按钮。

在特征树中右击 Insert_2(Insert_2.1)节点，在弹出的快捷菜单中选择【Insert_2.1 对象】|【分割部件】命令，系统弹出【切割定义】对话框，选取型腔分型面为分割曲面，如图 3-90 所示，单击【确定】按钮。在特征树中依次单击选择接合曲面，将分割特征和型腔分型面隐藏，结果如图 3-91 所示。

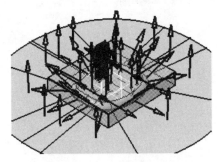

图 3-90　分割部件

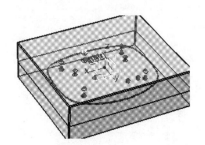

图 3-91　创建的型腔

9. 创建型腔镶件

在特征树中双击总节点，选择【插入】|【新建部件】命令，再双击新建的部件节点，选择【插入】|【新建零件】命令。双击新建的零件节点，选择【开始】|【机械设计】|【零件设计】命令，系统切换至"零件设计"工作台。选择【插入】|【基于草图的特征】|【凸台】命令，系统弹出【定义凸台】对话框，在【定义凸台】对话框中单击【草图】按钮，选取如图 3-92 所示的面为草图平面，绘制草图如图 3-93 所示。退出草绘工作台，设置【尺寸】数值为"60"，完成凸台 1 的创建，如图 3-94 所示。

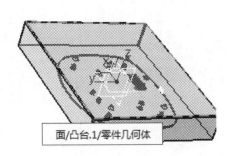

图 3-92　选择草绘面

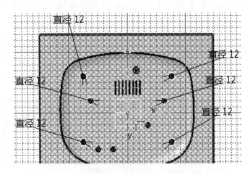

图 3-93　绘制的草图

创建相交特征。选择【插入】|【布尔操作】|【相交】命令，弹出【相交】对话框，分别选取型腔和凸台为相交几何体，单击【确定】按钮，完成相交特征的创建，如图 3-95 所示。

创建凸台 2。选择【插入】|【基于草图的特征】|【凸台】命令，弹出【定义凸台】对话框，在该对话框中选取之前的面为草图平面。在草绘工作台中绘制如图 3-96 所示的截面草图，退出草绘工作台。在【第一限制】选项组的【类型】下拉列表框中选择【尺寸】选项，在【长度】微调框中输入数值"10"，单击【反转方向】按钮，在【定义凸台】对话框中单击【确定】按钮，完成凸台 2 的创

建，如图 3-97 所示。

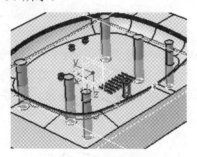

图 3-94 创建凸台 1

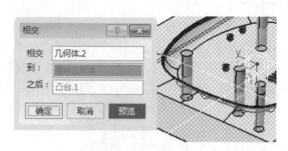

图 3-95 创建相交特征

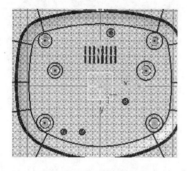

图 3-96 截面草图

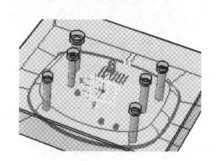

图 3-97 创建凸台 2

最后在型腔中创建镶件特征。将型腔和镶件放入一个部件节点，选择【开始】|【机械设计】|【装配设计】命令，切换至"装配设计"工作台。在特征树中双击合并的部件节点，选择【插入】|【装配特征】|【移除】命令，选择型腔，系统弹出【定义装配特征】对话框，如图 3-98 所示。在【可能受影响的零件】列表框中选择镶件选项，然后单击【下移】按钮⍃，此时系统弹出【移除】对话框，单击【确定】按钮，如图 3-99 所示，完成在型腔中镶件特征的创建。观察结果时，可将镶件隐藏，结果如图 3-100 所示。

图 3-98 【定义装配特征】对话框

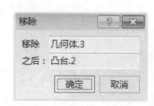

图 3-99 【移除】对话框

图 3-100　创建的镶件腔

3.3.2　创建型芯上的镶件零件

行业知识链接： 热流道系统又称热浇道系统，主要由热浇口套、热浇道板、温控电箱构成。我们常见的热流道系统有单点热浇口和多点热浇口两种形式。单点热浇口是用单一热浇口套直接把熔融塑料射入型腔，它适用单一腔单一浇口的塑料模具；多点热浇口是通过热浇道板，把熔融料分枝到各分热浇口套中再进入到型腔，它适用于单腔多点入料或多腔模具。如图 3-101 所示是单腔模的模具设计结构。

图 3-101　单腔模模具

1. 创建型芯镶件零件

(1) 隐藏型腔。在特征树的【型腔】节点上右击，在弹出的快捷菜单中选择【隐藏/显示】命令，将型腔隐藏。

(2) 显示型芯。在特征树的【型芯】节点上右击，在弹出的快捷菜单中选择【隐藏/显示】命令，将型芯显示。

(3) 新建零件。在特征树中双击总节点，选择【插入】|【新建部件】命令，选择部件节点，选择【插入】|【新建零件】命令，新建零件模型。

(4) 激活零件。在特征树中双击新零件节点，使其激活。

(5) 创建凸台 1。选择【插入】|【基于草图的特征】|【凸台】命令，弹出【定义凸台】对话框，单击【草图】按钮，选取如图 3-102 所示的面为草图平面，绘制草图如图 3-103 所示，退出草绘工作台。在【第一限制】选项组的【类型】下拉列表框中选择【直到平面】选项，选择型芯反面，在【定义凸台】对话框中单击【确定】按钮，完成凸台 1 的创建，如图 3-104 所示。

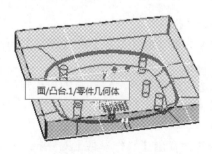

图 3-102　选择草绘面

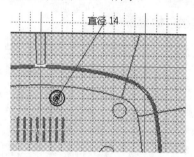

图 3-103　绘制圆形草图

(6) 创建相交特征。选择【插入】|【布尔操作】|【相交】命令，系统弹出【相交】对话框，分别选取型芯和凸台 1 为相交几何体，单击【确定】按钮，完成相交特征的创建，如图 3-105 所示。观察结果时，可将型芯隐藏。

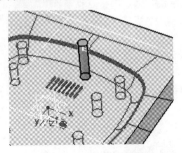
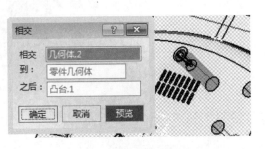

图 3-104　凸台特征　　　　　　　　　图 3-105　创建相交特征

(7) 将型芯节点拖入镶件的部件节点下。在特征树中双击总节点，选择【插入】|【装配特征】|【移除】命令，系统弹出【定义装配特征】对话框，在【可能受影响的零件】列表框中选择非镶件选项，然后单击【下移】按钮，此时系统弹出【移除】对话框。在该对话框中单击【确定】按钮，如图 3-106 所示，完成在型芯中镶件特征的创建，如图 3-107 所示。

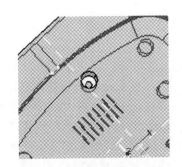

图 3-106　【定义装配特征】对话框　　　　图 3-107　创建的型芯镶件腔

2. 创建模具的分解视图

(1) 显示型腔和型腔镶件。按住 Ctrl 键，在特征树中分别选取【型腔】和【镶件】节点，然后右击，在弹出的快捷菜单中选择【隐藏/显示】命令，将型腔和型腔镶件显示出来。

(2) 显示产品模型。按住 Ctrl 键，在特征树中分别选取模型节点，然后右击，在弹出的快捷菜单中选择【隐藏/显示】命令，将产品模型显示出来，如图 3-108 所示。

(3) 激活产品。在特征树中双击总节点。

(4) 选择命令。选择【编辑】|【移动】|【操作】命令，弹出【操作参数】对话框。

(5) 移动型腔。在【操作参数】对话框中单击【沿 Z 轴拖动】按钮，然后在模具中沿 Z 方向移动型腔，在模具中沿 Z 方向移动产品模型，结果如图 3-109 所示。

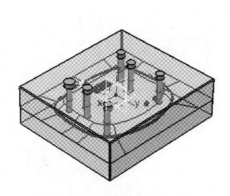

图 3-108　显示部件

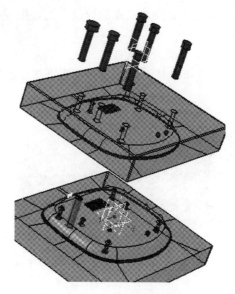

图 3-109　移动型腔后

(6)　移动型芯。在特征树中双击型芯镶件节点使其激活，在模具中沿 Z 方向移动镶件和型芯，结果如图 3-110 所示，单击【确定】按钮。

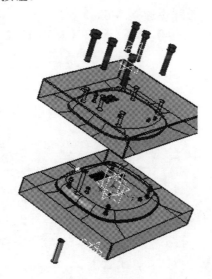

图 3-110　移动型芯镶件

课后练习

案例文件：ywj\03\01.CATPart 及其模具文件

视频文件：光盘→视频课堂→第 3 教学日→3.3

练习案例分析如下。

本节课后练习紧接第二课的模型，创建模具镶块，也就是工件部分，如图 3-111 所示是完成的面板模具。

本节范例主要练习 CATIA 模具中镶块的创建方法，首先打开零件，之后编辑模架，最后创建镶块。如图 3-112 所示是面板模具创建的思路和步骤。

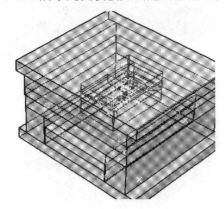

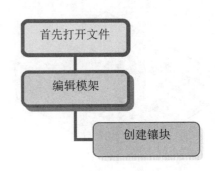

图 3-111　完成的面板模具　　　　　　图 3-112　面板模具的创建步骤

练习案例操作步骤如下。

step 01 首先打开模架文件，隐藏定模板，如图 3-113 所示。

step 02 接着编辑模架。在特征树中选择 Mold(Mold.1)节点并右击，在系统弹出的快捷菜单中选择【Mold.1 对象】|【编辑模具】命令，弹出【模架编辑】对话框，如图 3-114 所示。

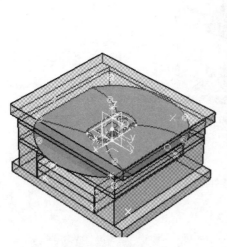

图 3-113　打开模架　　　　　　　　　图 3-114　【模架编辑】对话框

step 03 单击【定模/动模重叠量】微调框后的【公式编辑器】按钮$f_{(x)}$，系统弹出如图 3-115 所示的【公式编辑器：CorCavS】对话框，单击右上角的【清除文本字段】按钮，单击【确定】按钮，返回到【模架编辑】对话框，在【定模/动模重叠量】微调框中输入数值"0"，单击【确定】按钮。

step 04 完成型腔板和型芯板重叠尺寸的修改，模架编辑完成，结果如图3-116所示。

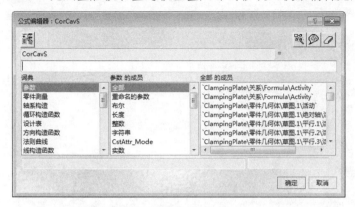

图 3-115　【公式编辑器：CorCavS】对话框

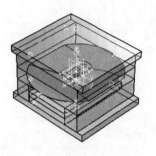

图 3-116　修改模架重叠尺寸

step 05 最后创建镶块，隐藏定模板。选择【插入】|【模板部件】|【新镶块】命令，系统弹出【镶块定义】对话框，创建模具工件，如图3-117所示。

图 3-117　创建模具工件

step 06 单击【镶块定义】对话框中的【目录浏览器】按钮 ⬙ ，弹出【目录浏览器：F:\CATIA2014\ win_b64\startup\components\Moldcatalog\Insert.c...】对话框，依次双击 Pad_with_chamfer | Pad 选项，单击【确定】按钮，设置镶块参数，如图 3-118 所示。

step 07 在模具平面单击放置镶块，如图 3-119 所示。

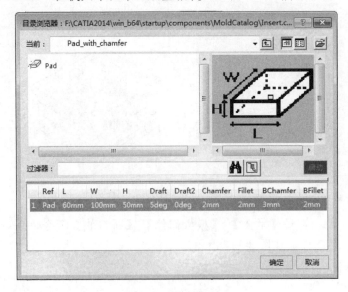

图 3-118　设置镶块参数　　　　　　　　　　图 3-119　选择放置面

step 08 在【镶块定义】对话框中设置镶块的参数，单击【确定】按钮，如图 3-120 所示。

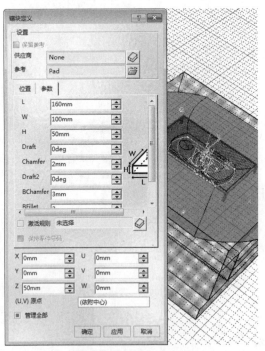

图 3-120　设置镶块参数

step 09 在特征树中右击 Insert_2(Insert_2.1)节点，在弹出的快捷菜单中选择【Insert_2.1 对象】|
【分割部件】命令，系统弹出【切割定义】对话框，选取型芯分型面为分割曲面，单击工件
上的箭头，使其方向向下，如图 3-121 所示，单击【确定】按钮。

step 10 分割后的镶块如图 3-122 所示。

 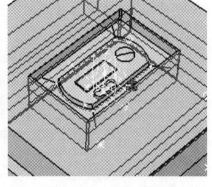

图 3-121　切割镶块　　　　　　　　　　　图 3-122　分割后的镶块

step 11 选择【工具】|【钻部件】命令，弹出【定义钻头部件】对话框。单击【欲钻部件】和
【钻头部件】选择框，选取动模板为打孔对象，选取镶块为孔特征，单击【确定】按钮，完
成型芯腔体的创建，如图 3-123 所示。

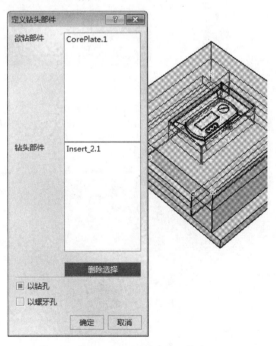

图 3-123　完成型芯腔体

step 12 隐藏定模板，选择【插入】|【模板部件】|【新镶块】命令，弹出【镶块定义】对话
框，创建模具型腔工件，如图 3-124 所示。

step 13 单击【镶块定义】对话框中的【目录浏览器】按钮 ，弹出【目录浏览器：F:\CATIA 2014\win_b64\startup\components\MoldCatalog...】对话框，依次双击 Pad_with_chamfer | Shaft 选项，单击【确定】按钮，设置镶块参数，如图 3-125 所示。

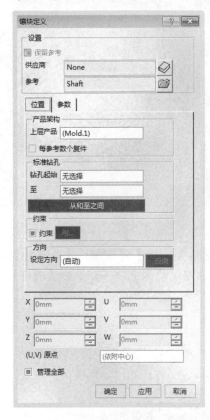

图 3-124　创建型腔工件　　　　　图 3-125　设置镶块参数

step 14 在模具平面单击放置镶块，如图 3-126 所示。

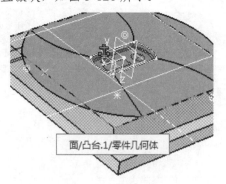

图 3-126　选择放置面

step 15 在【镶块定义】对话框中设置镶块的参数，单击【确定】按钮，如图 3-127 所示。

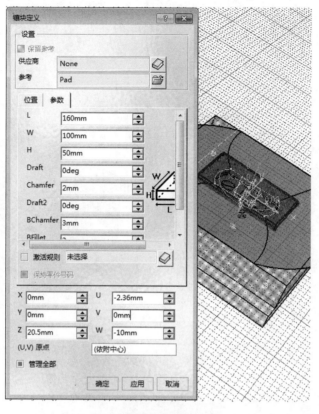

图 3-127　设置镶块参数

step 16　在特征树中右击 Insert_2(Insert_2.1)节点，在弹出的快捷菜单中选择【Insert_2.1 对象】|
【分割部件】命令，弹出【切割定义】对话框，选取型腔分型面为分割曲面，单击工件上的
箭头，使其方向向下，如图 3-128 所示，单击【确定】按钮。

step 17　分割后的镶块如图 3-129 所示。

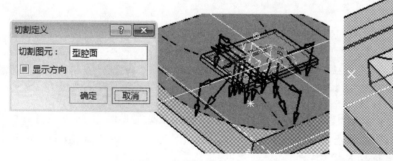

图 3-128　切割镶块

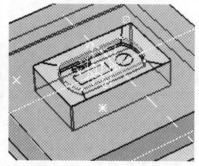

图 3-129　分割后的镶块

step 18　选择【工具】|【钻部件】命令，弹出【定义钻头部件】对话框。单击【欲钻部件】和
【钻头部件】选择框，选取定模板为打孔对象，选取镶块为孔特征，单击【确定】按钮，完
成型腔腔体的创建，如图 3-130 所示。

step 19　选择【文件】|【全部保存】命令，完成面板的模具镶块，如图 3-131 所示。

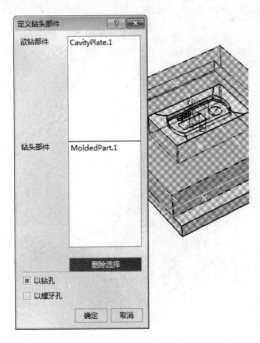

图 3-130 完成型腔腔体

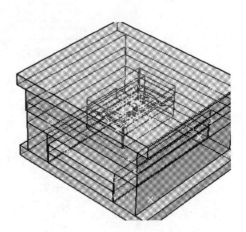

图 3-131 完成的模具镶块

机械设计实践：模具的支撑也叫模架，比如压铸机上将模具各部分按一定规律和位置加以组合和固定，并使模具能安装到压铸机上工作的部分就叫模架，它由推出机构、导向机构、预复位机构模脚垫块、座板组成。如图 3-132 所示是模具中分开模具的推出部分。

图 3-132 模具推出部分

→ 第❹课 [2课时] 滑块机构设计

当注射成型的零件侧壁带有孔、凹穴、凸台等特征时，在模具上成型此特征就必须将其制成可侧向移动的零件，并且在塑件脱模前应先将该零件抽出，否则将无法脱模。零件作侧向移动(抽拔与复位)的整个机构称为滑块机构(又称抽芯机构)。

滑块机构一般可分为机动、液压(液动)、气动以及手动等类型。机动滑块机构能实现力的转换，利用注射机开模力作为动力，通过有关传动零件(如斜导柱)使力作用于侧向成型零件，而将模具侧分型或把活动型芯从塑件中抽出，合模时又靠它使侧向成型零件复位。下面将介绍滑块机构设计的一般过程。

1. 加载组件

(1) 新建产品。新建一个"Product"文件，并激活该产品。

(2) 选择命令。选择【开始】|【机械设计】|【自动拆模设计】命令，系统切换至"型芯/型腔设计"工作台。

(3) 修改文件名。在 Product1 节点上右击，在系统弹出的快捷菜单中选择【属性】命令，弹出【属性】对话框。切换到【产品】选项卡，在【产品】选项组的【零件编号】文本框中输入文件名"pane_mold"，单击【确定】按钮，完成文件名的修改。

(4) 激活产品。在特征树中双击 pane_mold 节点。

(5) 替换组件。在特征树中右击 Part1(Part1.1)节点，在弹出的快捷菜单中选择【部件】|【替换部件】命令，弹出【选择文件】对话框。选择已创建分型面的零件，单击【打开】按钮，此时系统弹出【对替换的影响】对话框，单击【确定】按钮，结果如图 3-133 所示。

2. 添加模架

1) 确定模架类型和尺寸

选择【开始】|【机械设计】|【模架设计】命令，系统切换至"模架设计"工作台。在【模板部件】工具条中单击【创建新模架】按钮 ≡，弹出【创建新模架】对话框。

在【创建新模架】对话框中单击【目录浏览器】按钮 ◇，弹出【目录浏览器：F:\CATIA 2014\win_b64\startup\components\MoldC…】对话框，依次双击 Futaba | Normal-S | SC 选项，在【模架尺寸】列表中选择 MDC SC 2335S 25 25 60 Y-MN 选项，单击【确定】按钮，如图 3-134 所示。系统返回至【创建新模架】对话框。

图 3-133　加载的部件

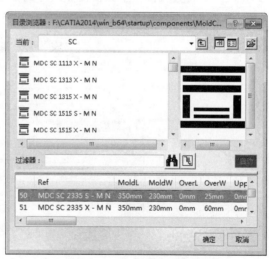

图 3-134　选择模架

2) 修改模板尺寸

在【创建新模架】对话框中单击【定模板】后的【设计表配置】按钮 ▦，此时系统弹出 PlateChoice…对话框，选择 233 A80-2335 MDC SC 2335 S-MN 选项，单击【确定】按钮，完成型腔模板尺寸的修改。

在【创建新模架】对话框中单击【动模板】后的【设计表配置】按钮▦，此时弹出 PlateChoice… 对话框，选择 235 B100-2335-S MDC SC 2335 S-MN 选项，单击【确定】按钮，完成型芯模板尺寸的修改，结果如图 3-135 所示(将分型面隐藏)。

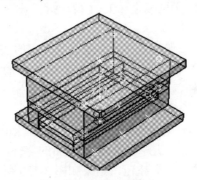

图 3-135　添加的模架

3. 修改型腔板和型芯板的重叠尺寸

在特征树中选取 Mold(Mold.1)节点并右击，在弹出的快捷菜单中选择【Mold.1 对象】|【编辑模具】命令，弹出【模架编辑】对话框。

单击【模架编辑】对话框的【定模/动模重叠量】微调框后的【公式编辑器】按钮𝑓(x)，系统弹出【公式编辑器：CorCavS】对话框，单击右上角的【清除文本字段】按钮⬚，单击【确定】按钮。返回到【模架编辑】对话框，在【定模/动模重叠量】微调框中输入数值"0"，如图 3-136 所示，单击【确定】按钮，完成型腔板和型芯板重叠尺寸的修改。

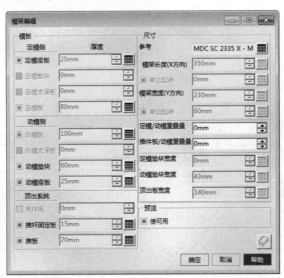

图 3-136　修改重叠尺寸

4. 重定义装配约束

(1) 修改模架坐标系。在特征树中双击 CorePlate 节点，此时系统激活该零件。在特征树中选择【轴系】节点下的【轴系.1】(若隐藏应将其显示出来)，并右击，在弹出的快捷菜单中选择【轴系.1

对象】|【定义】命令，弹出【轴系定义】对话框。在该对话框的【原点】文本框中右击，在系统弹出的快捷菜单中选择【坐标】命令，弹出【原点】对话框，分别在 X 和 Z 微调框中输入数值"–30"和"60"，单击【关闭】按钮。然后单击【轴系定义】对话框中的【确定】按钮，完成模架坐标系的修改。

(2) 激活产品。在特征树中双击 pane_mold 节点，完成产品的激活。

(3) 删除原有约束。在特征树中选取最外层的【约束】节点下的【固定.1(Mold.1)】节点并右击，在弹出的快捷菜单中选择【删除】命令。

(4) 切换工作台。选择【开始】|【机械设计】|【装配设计】命令，系统切换至"装配设计"工作台。

(5) 移动产品模型。选择【编辑】|【移动】|【智能移动】命令，系统弹出【智能移动】对话框。然后选取新坐标系点和旧坐标系点，完成产品模型的移动，单击【确定】按钮，结果如图 3-137 所示。

(6) 添加新约束。选择【开始】|【机械设计】|【装配设计】命令，切换到"装配设计"工作台，选择【插入】|【固定】命令，在特征树中选择 Mold(Mold.1)节点，完成固定约束的添加。

5. 创建镶件

1) 创建型芯

选择【开始】|【机械设计】|【装配件设计】命令，在特征树中右击 Mold(Mold.1)节点下的 InjectionSide(InjectionSide.1)，在弹出的快捷菜单中选择【隐藏/显示】命令，将动模侧组件隐藏，结果如图 3-138 所示。

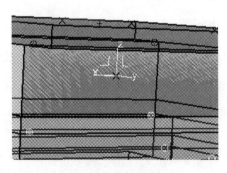

图 3-137 移动坐标系

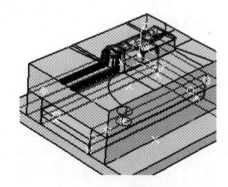

图 3-138 隐藏动模板

在特征树中双击 Mold(Mold.1)节点，选择【插入】|【模板部件】|【新镶块】命令，系统弹出【镶块定义】对话框，选取如图 3-139 所示的面为放置平面，然后在选取的面上单击任意位置。在【镶块定义】对话框的 X 微调框中输入数值"–30"，在 Y 微调框中输入数值"0"，在 Z 微调框中输入数值"0"，单击【目录浏览器】按钮⚪，在弹出的【目录浏览器】对话框中双击 Pad 类型。切换到【参数】选项卡，然后在 L 微调框中输入数值"240"，在 W 微调框中输入数值"140"，在 H 微调框中输入数值"80"，在 Draft 微调框中输入数值"0"，在 Chamfer 微调框中输入数值"5"，在 BChamfer 微调框中输入数值"2"，在 W 微调框中输入数值"–40"，其他参数采用系统默认的设置值，单击【确定】按钮，完成工件的加载，结果如图 3-140 所示。

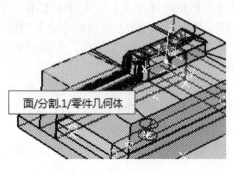

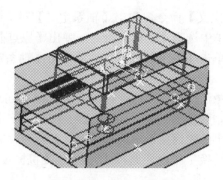

图 3-139　选择放置平面　　　　　　　　　图 3-140　创建的镶块

在特征树中选取 Insert_2(Insert_2.1)节点并右击，在弹出的快捷菜单中选择【Insert_2.1 对象】|【分割部件】命令，系统弹出【切割定义】对话框。在特征树中选取【型芯分型面】节点为分割曲面，采用系统默认的分割方向(此时分割方向应该指向 z 轴负方向，若方向相反，可单击箭头来改变保留部分)，单击【确定】按钮，结果如图 3-141 所示，然后进行更新。

图 3-141　分割镶块

> 提示：为了便于观察，可以更改型芯的透明度，右击节点，在弹出的快捷菜单中选择【属性】命令，设置透明度。

在特征树中右击 Insert_2(Insert_2.1)节点，在弹出的快捷菜单中选择【属性】命令，在弹出的【属性】对话框中切换到【产品】选项卡，分别在【部件】选项组的【实例名称】文本框和【产品】选项组的【零件编号】文本框中输入文件名"Core_part"，单击【确定】按钮。此时系统弹出 Warning 对话框，单击【是】按钮，完成型芯的重命名。

2)　创建型腔

首先隐藏动模侧组件。按住 Ctrl 键，在特征树中选择 EjectionSide(EjectionSide.1)和 EjectiorSystem(EjectiorSystem.1)节点，然后右击，在弹出的快捷菜单中选择【隐藏/显示】命令，将动模侧组件隐藏。接着显示定模侧组件。在特征树中右击 InjectionSide(InjectionSide.1)节点，在弹出的快捷菜单中选择【隐藏/显示】命令，将定模侧组件显示，结果如图 3-142 所示。

在特征树中双击 Mold(Mold.1)节点，选择【插入】|【模板部件】|【新镶块】菜单命令，系统弹出【镶块定义】对话框。选取图 3-143 所示的面为放置平面，在选取的面上单击任意位置，然后在【镶块定义】对话框的 X 微调框中输入数值"-30"，在 Y 微调框中输入数值"0"，在 Z 微调框中输入数值"0"。

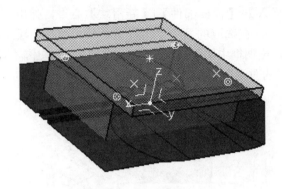

图 3-142　显示定模板

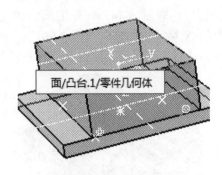

面/凸台.1/零件几何体

图 3-143　选择放置面

定义工件类型和参数。在【镶块定义】对话框中单击【目录浏览器】按钮，在系统弹出的对话框中依次双击 Pad_with_chamfer | Pad 选项。在【镶块定义】对话框中切换到【参数】选项卡，然后在 L 微调框中输入数值"240"，在 W 微调框中输入数值"140"，在 H 微调框中输入数值"80"，在 Draft 微调框中输入数值"0"，在 Chamfer 微调框中输入数值"5"，在 BChamfer 微调框中输入数值"2"，在 W 微调框中输入数值"−20"，其他参数采用系统默认的设置值。在【定义】对话框中单击【确定】按钮，完成工件的加载，结果如图 3-144 所示。

在特征树中右击 Insert_2(Insert_2.1)节点，在弹出的快捷菜单中选择【Insert_2.1 对象】|【分割部件】命令，弹出【切割定义】对话框；在特征树中选取【型腔分型面】节点为分割曲面，然后单击箭头，使其方向朝向定模板，单击【确定】按钮，结果如图 3-145 所示，然后进行更新。

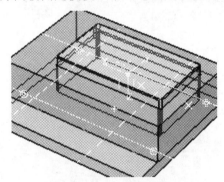

图 3-144　创建的工件

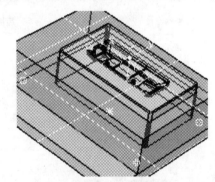

图 3-145　分割工件

在特征树中右击 Insert_2(Insert_2.1)节点，在弹出的快捷菜单中选择【属性】命令。在弹出的【属性】对话框中切换到【产品】选项卡，分别在【部件】选项组的【实例名称】文本框和【产品】选项组的【零部件号】文本框中输入文件名"Cavity_part"，单击【确定】按钮。此时系统弹出 Warning 对话框，单击【是】按钮，完成型腔的重命名。

3)　创建滑块

分别右击特征树中的 EjectionSide(EjectionSide.1)和 EjectiorSystem(EjectiorSystem.1)节点，在弹出的快捷菜单中选择【隐藏/显示】命令，将动模侧组件显示出来。在特征树中右击 InjectiorSide (InjectiorSide.1)节点，在弹出的快捷菜单中选择【隐藏/显示】命令，将定模侧组件隐藏，结果如图 3-146 所示。

在特征树中双击 Mold(Mold.1)节点，选择【插入】|【模板部件】|【新滑块】命令，弹出【定义滑动】对话框。选取图 3-147 所示的面为放置平面，在选取的面上单击任意位置，然后在【定义滑动】对话框的 X 微调框中输入数值"140"，在 Y 微调框中输入数值"0"，在 Z 微调框中输入数值"55"。单击【目录浏览器】按钮◆，在系统弹出的对话框中双击 Slider 类型。

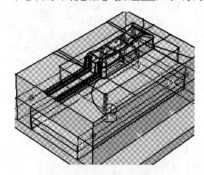

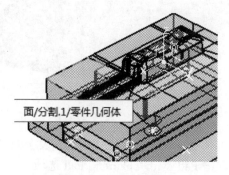

面/分割.1/零件几何体

图 3-146　显示定模板　　　　　　　　图 3-147　选择放置面

定义滑块参数。在【定义滑动】对话框中切换到【参数】选项卡，然后在 Retraction 微调框中输入数值"18"，在 L 微调框中输入数值"50"，在 HT 微调框中输入数值"5"，在 HP 微调框中输入数值"10"，在 AP 微调框中输入数值"15"，在 LF 微调框中输入数值"50"，在 HF 微调框中输入数值"32"，在 WF 微调框中输入数值"60"，在 HD 微调框中输入数值"0"，在 AnglePinPos 微调框中输入数值"15"，在 AnglePinD 微调框中输入数值"15"，在 Draft 微调框中输入数值"0"，在 DraftB 微调框中输入数值"0"，其他参数采用系统默认的设置值，如图 3-148 所示。

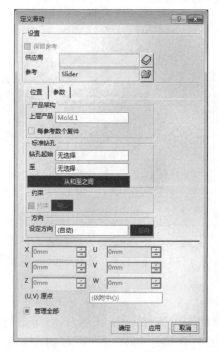

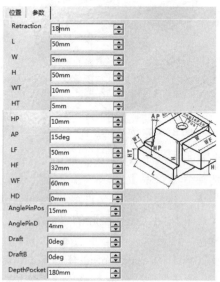

图 3-148　【定义滑动】对话框

在模型中选取系统显示的半圆并右击，在弹出的快捷菜单中选择【编辑角度】命令，此时弹出【角度】对话框。在此对话框的【角度】文本框中输入数值"90"，单击【确定】按钮。在【定义滑动】对话框中切换到【参数】选项卡，然后单击【至】文本框使其激活，在 InjectiorSide(InjectiorSide.1)节点下选择 CavityPlate(CavityPlate.1)选项。在【定义滑动】对话框中单击【确定】按钮，完成滑块的加载。

在特征树中右击 Slider_2(Slider_2.1)节点，在系统弹出的快捷菜单中选择【Slider_2.1 对象】|【分割部件】命令，弹出【切割定义】对话框。在特征树中选择 slide_surface 节点为分割曲面，单击【确定】按钮，结果如图 3-149 所示。

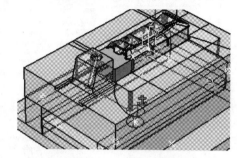

图 3-149　创建的滑块

6. 完善模具型腔

1) 创建锁紧块

在特征树中双击 Mold(Mold.1)节点，选择【插入】|【新建部件】命令，选择新建部件节点，选择【插入】|【新建零件】命令，此时在节点下会出现 Part1(Part1.1)选项；在特征树中右击 Slider_1(Slider_1.1)节点，在弹出的快捷菜单中选择【属性】命令，弹出【属性】对话框。切换到【产品】选项卡，分别在【部件】选项组的【实例名称】文本框和【产品】选项组的【零部件号】文本框中输入文件名"wedge_block"，单击【确定】按钮，完成零件的重命名。

在特征树中双击 Part1 节点，进入"零件设计"工作台，继续创建凸台。选择【插入】|【基于草图的特征】|【凸台】命令，选择 zx 平面为草图平面，在草绘工作台中绘制如图 3-150 所示的截面草图，退出草绘工作台。在【第一限制】选项组的【长度】微调框中均输入数值"20"，在【第二限制】选项组的【长度】微调框中均输入数值"20"，单击【确定】按钮，完成凸台 1 的创建，如图 3-151 所示。

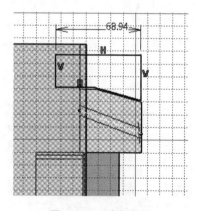

图 3-150　绘制草图

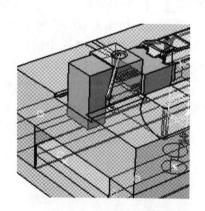

图 3-151　创建的凸台

在特征树中双击 Mold(Mold.1)节点，进入装配设计。选择【插入】|【装配特征】|【移除】命令，选择创建的凸台，弹出【定义装配特征】对话框，设置受影响的零件，如图 3-152 所示。单击【确定】按钮，完成锁紧块腔体的创建，如图 3-153 所示。

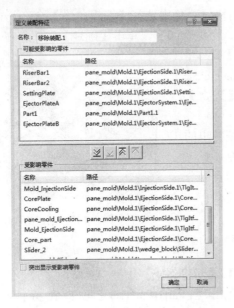

图 3-152 【定义装配特征】对话框

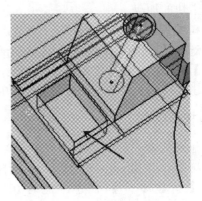

图 3-153 创建的锲紧块腔体

2) 创建斜导柱

在特征树中双击 Mold(Mold.1)节点，选择【插入】|【新建部件】命令，选择新建部件节点，选择【插入】|【新建零件】命令，创建新零件。右击新零件节点，在弹出的快捷菜单中选择【属性】命令，在弹出的【属性】对话框中切换到【产品】选项卡，分别在【部件】选项组的【实例名称】文本框和【产品】选项组的【零部件号】文本框中输入文件名 guide_pillar，单击【确定】按钮，完成零件的重命名。在特征树中双击"guide_pillar"节点，进入"零件设计"工作台。

选择【插入】|【基于草图的特征】|【旋转体】命令，弹出【定义旋转体】对话框。单击【草图】按钮，选取 zx 平面为草图平面，在草绘工作台中绘制如图 3-154 所示的截面草图。在【限制】选项组的【第一角度】微调框中输入数值"360"；选取滑块中的轴线作为旋转轴，单击【确定】按钮，完成旋转体 1 的创建，如图 3-155 所示。

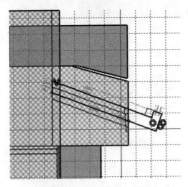

图 3-154 绘制旋转草图

图 3-155 创建旋转体

双击定模板零件节点。选择【插入】|【基于草图的特征】|【凹槽】命令，选取 zx 平面为草图平面，在草绘工作台中绘制如图 3-156 所示的截面，然后退出工作台。在【第一角度】微调框中输入数值"360"，然后单击【确定】按钮，完成凹槽 1 的创建，如图 3-157 所示。

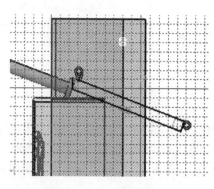

图 3-156　绘制旋转草图

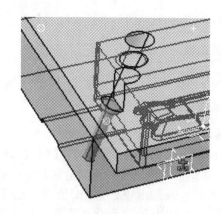

图 3-157　创建的凹槽 1

在特征树中双击 Mold(Mold.1)节点，右击 InjectionSide(InjectionSide.1)节点，在弹出的快捷菜单中选择【隐藏/显示】命令，将定模座板隐藏。

选择【插入】|【紧固部件】|【螺丝头】命令，弹出【螺丝头定义】对话框。选取如图 3-158 所示的面为放置平面，在选取的面上单击任意位置，然后在【螺丝头定义】对话框的 X 微调框中输入数值"149"，在 Y 微调框中输入数值"0"，在 Z 微调框中输入数值"120"。在【螺丝头定义】对话框中单击【目录浏览器】按钮 ⊘，在弹出的对话框中依次双击 Hasco|CapScrew_Z30 | Z30/10×16 类型，然后单击【确定】按钮。返回到【螺丝头定义】对话框，单击【确定】按钮，完成螺钉的加载，结果如图 3-159 所示。

图 3-158　选择放置面

图 3-159　添加的螺钉

第 ⑤ 课 2课时 斜销机构设计

斜销机构又称内侧抽芯机构，是完成塑件上内侧凹槽特征的抽芯机构，其结构原理与滑块机构相类似。

当注射成型的零件内侧带有凹穴或斜槽等特征时，模具上成型该处的特征就必须制成内侧移动的零件，并且在塑件脱模前需要先将该零件内移或斜顶塑件脱模，否则将无法脱模。该零件作内侧移动或斜顶塑件(抽拔与复位)的整个机构称为斜销机构(又称内侧芯机构)。

1. 加载组件

选择【文件】|【打开】命令，打开已创建的装配模型，如图 3-160 所示。

2. 添加模架

1) 确定模架类型和尺寸

切换至"模架设计"工作台。在【模板部件】工具条中单击【创建新模架】按钮🗐，弹出【创建新模架...】对话框，单击【目录浏览器】按钮◢，系统弹出【目录浏览器】对话框。在此对话框中依次双击 Futaba | Normal-S | SC 选项，在弹出的【模架尺寸】列表中选择 MDC SC 5070Z -MN 选项，单击【确定】按钮，返回至【创建新模架...】对话框。

2) 修改模板尺寸

在【创建新模架...】对话框中单击【定模板】后的【设计表配置】按钮▦，此时弹出 PlaceChoice...对话框，选择 A80-5070-Z MDC SC 5070 Z-MN 选项，单击【确定】按钮，完成型腔模板尺寸的修改。

在【创建新模架...】对话框中单击【动模板】后的【设计表配置】按钮▦，此时弹出 PlaceChoice...对话框，选择 B80-5070-X MDC SC 5070 X-MN 选项，单击【确定】按钮，完成型芯模板尺寸的修改，如图 3-161 所示。

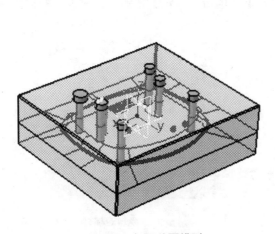

图 3-160　打开装配模型

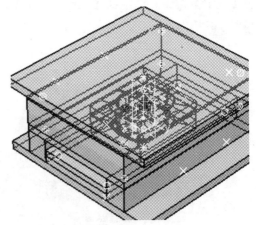

图 3-161　创建的模架

3. 修改型腔板和型芯板的重叠尺寸

在特征树中右击 Mold(Mold.1)节点，在弹出的快捷菜单中选择【Mold.1 对象】|【部件模具】命令，弹出【模架编辑】对话框。

单击【定模/动模重叠量】微调框后的【公式编辑器】按钮 𝑓(x)，系统弹出【公式编辑器：CorCavS】对话框。单击该对话框右上角的【清除文本字段】按钮◢，单击【确定】按钮，返回【模架编辑】对话框。在【定模/动模重叠量】微调框中输入数值"0"，单击【确定】按钮，完成型腔板和型芯板重叠尺寸的修改，结果如图 3-162 所示。

4. 创建镶件

1) 创建型芯

选择【开始】|【机械设计】|【模架设计】命令。在特征树中右击 Mold.1(Mold.1)节点下的 InjectionSide(InjectionSide.1)，在弹出的快捷菜单中选择【隐藏/显示】命令，将定模侧组件隐藏，结果如图 3-163 所示。

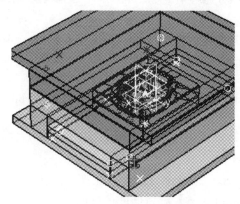
图 3-162　修改的模架

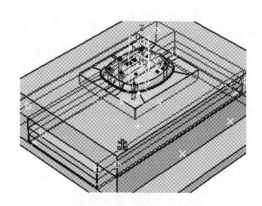
图 3-163　隐藏定模板

在特征树中双击 Mold.1(Mold.1)节点，选择【插入】|【模板部件】|【新镶块】命令，弹出【镶块定义】对话框，选取如图 3-164 所示的面为放置平面，在选取的面上单击任意位置，然后在对话框的 X 微调框中输入数值"0"，在 Y 微调框中输入数值"0"，在 Z 微调框中输入数值"50"；在对话框中单击【目录浏览器】按钮◇，在弹出的对话框中双击 Pad_with_chamfer | Pad 类型；在【镶块定义】对话框中切换到【参数】选项卡，然后在 L 微调框中输入数值"340"，在 W 微调框中输入数值"280"，在 H 微调框中输入数值"100"，在 Draft 微调框中输入数值"0"，在 BChamfer 微调框中输入数值"2"，其他参数采用系统默认的设置值；在对话框中单击【确定】按钮，完成工件的加载，结果如图 3-165 所示。

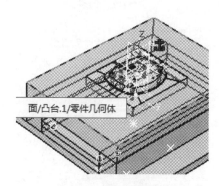
图 3-164　选择放置平面

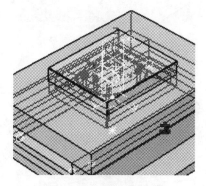
图 3-165　创建的工件

在特征树中右击 Mold.1(Mold.1)节点下的 Insert_2(Insert_2.1)，在弹出的快捷菜单中选择【Insert_2.1 对象】|【分割部件】命令，系统弹出【切割定义】对话框；在特征树中选择型芯分型面为分割曲面，然后单击箭头来改变保留部分，单击【确定】按钮，结果如图 3-166 所示。

在特征树中右击 Insert_2(Insert_2.1)节点，在弹出的快捷菜单中选择【属性】命令，在弹出的【属性】对话框中切换到【产品】选项卡，分别在【部件】选项组的【实例名称】文本框和【产品】选项组的【零部件号】文本框中输入文件名"Core_part"，单击【确定】按钮。此时系统弹出 Warning 对话框，单击【是】按钮，完成型芯的重命名。

2）创建型腔

在特征树中选取 EjectionSide(EjectionSide.1)和 EjectorSystem(EjectorSystem.1)节点，将动模侧组件隐藏。在特征树中右击 InjectorSide(InjectionSide.1)节点，在弹出的快捷菜单中选择【隐藏/显示】命令，将定模侧组件显示出来。

在特征树中双击 Mold.1(Mold.1)节点，选择【开始】|【模板部件】|【新镶块】命令，弹出【镶块定义】对话框，选取如图 3-167 所示的面为放置平面，在选取的面上单击任意位置，然后在 X 微调框中输入数值"0"，在 Y 微调框中输入数值"0"，在 Z 微调框中输入数值"23"；默认型芯工件的设置；在【镶块定义】对话框中切换到【参数】选项卡，然后在 L 微调框中输入数值"160"，在 W 微调框中输入数值"80"，在 H 微调框中输入数值"30"，在 Draft 微调框中输入数值"0"，在 BChamfer 微调框中输入数值"2"，其他参数采用系统默认的设置值；在【镶块定义】对话框中单击【确定】按钮，完成工件的加载，结果如图 3-168 所示。

在特征树中右击"Mold.1(Mold.1)"节点下的"Insert_2(Insert_2.2)"，在弹出的快捷菜单中选择【Insert_2.2 对象】|【分割部件】命令，系统弹出【切割定义】对话框；在特征树中选取型腔分型面为分割曲面，单击【确定】按钮，结果如图 3-169 所示。

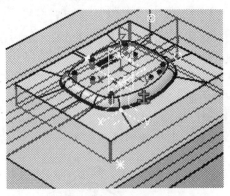

图 3-166 分割部件

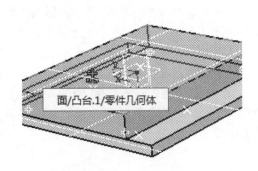

图 3-167 选择放置面

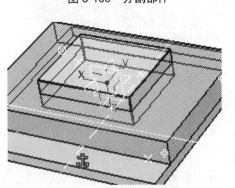

图 3-168 创建的工件

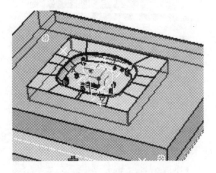

图 3-169 创建的型腔

在特征树中右击 Insert_2(Insert_2.1)节点，在弹出的快捷菜单中选择【属性】命令，在弹出的【属性】对话框中切换到【产品】选项卡，分别在【部件】选项组的【实例名称】文本框和【产品】选项组的【零部件号】文本框中输入文件名"Cavity_part"，单击【确定】按钮。此时系统弹出 Warning 对话框，单击【是】按钮，完成型腔的重命名。

5. 创建斜销

1) 创建零件 1

选择【文件】|【新建】命令，在类型列表框中选择 Product 选项，单击【确定】按钮，进入"装配设计"工作台。右击 Product1 节点，在弹出的快捷菜单中选择【属性】命令，在【零部件号】文本框中输入文件名"lift"，单击【确定】按钮完成文件名的修改。

在特征树中双击 lift 节点，选择【插入】|【新建部件】命令，此时在特征树中会出现 Part1(Part1.1)新部件。在特征树中右击 Part1(Part1.1)节点，在弹出的快捷菜单中选择【属性】命令；在弹出的【属性】对话框中切换到【产品】选项卡，分别在【部件】选项组的【实例名称】文本框和【产品】选项组的【零部件号】文本框中输入文件名"SlideBase"，单击【确定】按钮，完成零件的重命名。

在特征树中双击 SlideBase(SlideBase)节点下 SlideBase 使其激活，切换至"零件设计"工作台。选择【插入】|【基于草图的特征】|【凸台】命令，弹出【定义凸台】对话框；在【定义凸台】对话框中单击【草图】按钮，选取 yz 平面为草图平面，在草绘工作台中绘制如图 3-170 所示的截面，退出草绘工作台。在【第一限制】选项组的【类型】下拉列表框中均选择【尺寸】选项，在【第一限制】选项组的【长度】微调框中输入数值"60"，然后单击【确定】按钮，完成凸台 1 的创建，如图 3-171 所示。

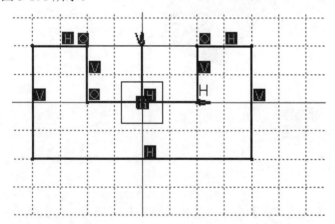

图 3-170　绘制草图

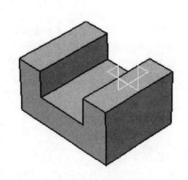

图 3-171　创建凸台 1

选择【插入】|【基于草图的特征】|【孔】命令，选取如图 3-172 所示的模型表面为孔的放置面，弹出【定义孔】对话框，绘制孔的位置点。在【直径】微调框中输入数值"14"，在【深度】微调框中输入数值"10"，单击【确定】按钮，完成孔 1 的创建。

选择【插入】|【变换特征】|【矩形阵列】命令，弹出【定义矩形阵列】对话框，如图 3-173 所示，设置阵列参数，单击【确定】按钮。

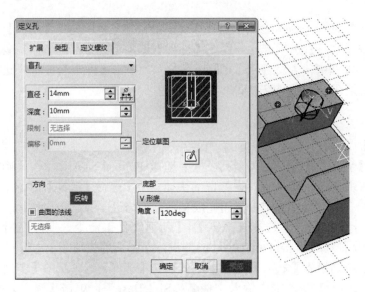

图 3-172　创建孔

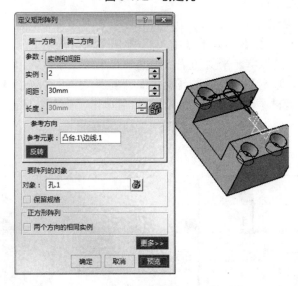

图 3-173　阵列孔

2)　创建零件 2

在特征树中双击 lift 节点，选择【插入】|【新建部件】命令，选择【插入】|【新建零件】菜单命令。右击部件节点，在弹出的快捷菜单中选择【属性】命令，弹出【属性】对话框，之后切换到【产品】选项卡，分别在【部件】选项组的【实例名称】文本框和【产品】选项组的【零部件】文本框中输入文件名"AngularPin"，单击【确定】按钮，完成新部件的重命名。

在特征树中双击 AngularPin(AngularPin)节点下的 Part1 使其激活。选择【开始】|【机械设计】|【零件设计】命令，系统切换至"零件设计"工作台。选择【插入】|【基于草图的特征】|【凸台】命令，单击【草图】按钮，选取 zx 面为草图平面，绘制如图 3-174 所示的截面草图，然后退出草绘。在【定义凸台】对话框的【长度】微调框中都输入"5"，单击【确定】按钮，完成肋 1 的创建，如图 3-175 所示。

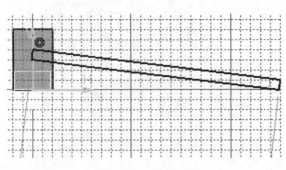
图 3-174　绘制草图

图 3-175　拉伸肋 1

选择【插入】|【基于草图的特征】|【凸台】命令，弹出【定义凸台】对话框。在【定义凸台】对话框中单击【确定】按钮，选取 zx 面为草图平面，在草绘工作台中绘制如图 3-176 所示的截面草图，退出草绘工作台。在【第一限制】选项组的【长度】微调框中输入"5"，在【第二限制】选项组的【长度】微调框中均输入数值"5"，单击【确定】按钮，完成凸台 1 的创建，如图 3-177 所示。

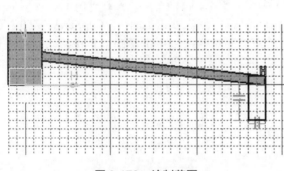
图 3-176　绘制草图

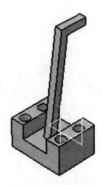
图 3-177　创建凸台 1

6. 加载斜销

1)　添加斜销

选择【窗口】| phone_cover_mold.CATProduct 命令，切换到模型文件窗口。在特征树中选取 EjectionSide(EjectionSide.1)、EjectorSystem(EjecttorSystem.1) 和 InjectionSide(InjectionSide.1) 节点，右击，在弹出的快捷菜单中选择【隐藏/显示】命令，将动模侧组件和定模侧组件显示出来。

在特征树中双击 Mold(Mold.1) 节点，切换至"模架设计"工作台。选择【插入】|【其他部件】|【用户部件】命令，系统弹出【部件定义】对话框。在【部件定义】对话框中单击【打开】按钮 🖼，打开斜销文件，单击选取如图 3-178 所示的面为放置平面，在选取的面上单击任意位置，然后在【部件定义】对话框的 X 微调框中输入数值"2.5"，在 Y 微调框中输入数值"-29"，在 Z 微调框中输入数值"-41"，单击【反向】按钮。单击此对话框中的【确定】按钮，完成斜销的加载，结果如图 3-179 所示。

面/凸台.1/零件几何体

图 3-178 选择放置面

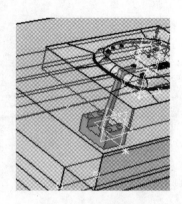

图 3-179 加载斜销

在特征树中右击 lift_1(lift_1.1)节点，在系统弹出的快捷菜单中选择【lift_1.1 对象】|【分割部件】命令，系统弹出【切割定义】对话框；在特征树中选择型芯分型面 Core_surface 为分割曲面，然后单击箭头来改变保留部分，单击【确定】按钮，结果如图 3-180 所示。

2) 添加螺钉 1

在特征树中双击 lift_1(lift_1.1)节点，激活部件，选择【开始】|【机械设计】|【模架设计】命令。

选择【插入】|【紧固部件】|【螺丝头】命令，弹出【螺丝头定义】对话框，选取放置面；在对话框中单击【目录浏览器】按钮 ，在弹出的对话框中依次双击 Hasco | CapScrew_Z50 | Z30/6×50 类型，然后单击【确定】按钮；返回到【螺丝头定义】对话框，单击【确定】按钮，完成螺钉的加载，如图 3-181 所示。

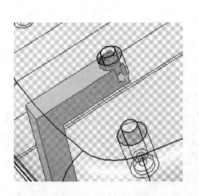

图 3-180 完成的分割

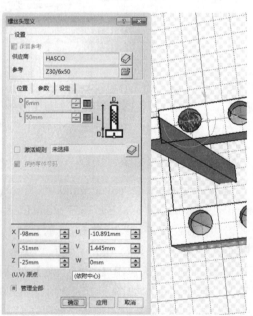

图 3-181 加载螺钉

使用相同的方法，创建其他 4 个螺钉特征，如图 3-182 所示。

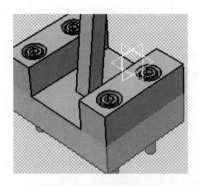

图 3-182　创建的螺钉

机械设计实践：热流道模具是利用加热装置使流道内熔体始终不凝固的模具。因为它比传统模具成型周期短，而且更节约原料，所以在当今世界各工业发达国家和地区均得到极为广泛的应用。制件成型周期缩短，因没有浇道系统冷却时间的限制，制件成型固化后便可及时顶出。许多用热流道模具生产的薄壁零件成型周期可在 5 秒钟以下。如图 3-183 所示是多口的热流道模具。

图 3-183　多口热流道模具

阶段进阶练习

本教学日主要讲解了模架库的使用和设置方法、标准件管理、滑块设计、镶件设计还有电极设计。其中滑块设计需要注意的一点就是坐标系的放置与方向；镶件和电极存在标准与非标准之说，在能用标准的时候尽量不用非标准件来制作，在模具设计时要尽量考虑到加工的合理性与可行性。最后讲解了浇注系统、流道系统和冷却系统，对于一般的模具来说，浇注系统显得更为重要，对于精密模具来说，浇注系统、流道系统和冷却系统这三个系统都很重要。其中流道和水道都可以利用引导线和截面扫描进行创建，而引导线的创建可以在建模中进行，此处又体现出 CATIA 的灵活性。

如图 3-184 所示是一个塑料壳体模型，使用本教学日学过的各种命令来创建零件并创建模具和模架。

练习步骤和方法如下。

(1) 创建塑料壳体模型。

(2) 模型初始化。

(3) 创建分型面。

(4) 创建型芯型腔。

(5) 加载模架。

(6) 创建浇注和流道。

图 3-184　塑料壳体模型

设计师职业培训教程

第 4 教学日

浇注系统和冷却系统是模具设计的重要结构，本教学日将详细介绍浇注系统和冷却系统的设计过程。模架中除了冷却系统和浇注系统，还要大量使用到标准件，标准件是已经加载的零件，方便模具模架的设计和创建。

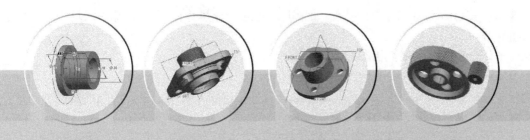

第 1 课 1课时 设计师职业知识——塑料模具成型工艺

由于本书所讲的模具是注塑模具,其主要材料为塑料,所以要讲解模具的成型工艺,首先就得来介绍一下塑料的分类和性能,然后再介绍注塑成型的工作原理和工作参数。

1. 塑料的分类

目前,塑料品种已达 300 多种,常见的约 30 多种。可根据塑料的成型性能、使用特点和微观聚集状态对塑料进行分类。

1) 按成型性能分类

根据成型工艺性能,塑料可分为热塑性塑料和热固性塑料。

(1) 热塑性塑料。

热塑性塑料的分子链为线性或支链型结构,成型加工时发生物理变化,可反复多次加热软化和冷却硬化。常用的热塑性塑料包括聚氯乙烯、聚乙烯、聚丙烯和聚苯乙烯等。

(2) 热固性塑料。

热固性塑料的分子链为体型结构,成型加工时发生化学反应,引起分子间的黏结或交联、硬化或聚合,即使再加热也不能使其恢复到成型前的原始软化状态。常用的热固性塑料包括酚醛塑料和环氧树脂等。

2) 按塑料的使用特点分类

(1) 通用塑料。

通用塑料指常用的塑料品种,这类塑料产量大、用途广、价格低,包括聚氯乙烯、聚二烯、聚丙烯、聚苯乙烯、酚醛和氨基塑料 6 种。其产量占整个塑料产量的80%以上。

(2) 工程塑料。

工程塑料是具有优良力学性能的一类塑料,它能代替金属材料,制造承受载荷的工程结构零件。常见的工程塑料包括 ABS、聚甲醛、聚碳酸酯和聚酰胺等。

(3) 特种塑料。

特种塑料是具有某一方面特殊性能的塑料(如导电、导磁、导热等),用于特殊需求场合。常见的有氟塑料和有机硅等。

3) 以高分子化合物的微观聚集状态分类

(1) 结晶型塑料。

结晶型塑料中,存在树脂大分子的排列呈三相远程有序的区域,即结晶区。一般的结晶型高聚物如尼龙、聚乙烯等,其结晶度为50%~95%。

结晶区的大小对塑料性能有重要影响,一般结晶区越大,分子间作用力越强,塑料的熔点、密度、强度、刚性、硬度越高,耐热性、化学稳定性也越好,但弹性、伸长率、耐冲击性则降低。

(2) 非结晶型塑料。

在非结晶型塑料中,组成塑料的大分子链杂乱无章地相互穿插交缠着,无序地堆积在一起。这类塑料的性能主要取决于高聚物本身的特性、分子链的结构、分子量的大小和分子链的长短等因素。常见的非结晶型塑料有 ABS、聚碳酸酯和聚苯乙烯等。

2. 塑料的性能

塑料的性能主要指塑料在成型工艺过程中所表现出来的成型特性。在模具的设计过程中，要充分考虑这些因素对塑件的成型过程和成型效果的影响。

1) 塑料的成型收缩

塑料制件的收缩不仅与塑料本身的热胀冷缩性质有关，而且还与模具结构及成型工艺条件等因素有关，故将塑料制作件的收缩通称为成型收缩。收缩性的大小以收缩率表示，即单位长度塑件收缩量的百分数。

设计模具型腔尺寸时，应按塑件所使用的塑料的收缩率给予补偿，并在塑件成型时调整好模温、注塑压力、注塑速度及冷却时间等因素以控制零件成型后的最终尺寸。

2) 塑料的流动性

塑料的流动性是指在成型过程中，塑料熔体在一定的温度和压力作用下填充模腔的能力。

流动性差的塑料，在注塑成型时不易填充模腔，易产生缺料，在塑料熔体的汇合处不能很好地熔接而产生熔接痕。这些缺陷会导致零件报废。反之，若材料的流动性太好，注塑时容易产生溢料飞边和流涎现象。浇注系统的形式、尺寸、布置，包括型腔的表面粗糙度、浇道截面厚度、型腔形式、排气系统、冷却系统等模具结构都对塑料的流动性起着重要影响。

热塑性塑料按流动性可分为 3 类。

- 流动性好的，有尼龙、聚乙烯、聚苯乙烯、聚丙烯、醋酸纤维等。
- 流动性一般的，有 ABS、有机玻璃、聚甲醛、聚氯醚。
- 流动性差的，有聚碳酸酯、硬聚氯乙烯、聚苯醚、氟塑料。

3) 塑料的取向和结晶

取向是由于各向异性导致的塑料在各个方向上收缩不一致的现象。影响取向的因素主要有塑料品种、塑件壁厚、温度等。除此之外，模具的浇口位置、数量、断面大小对塑件的取向方向、取向程度和各个部位的取向分子情况有重大影响，是模具设计中必须重视的问题。

结晶是塑料中树脂大分子的排列呈三相远程有序的现象，影响结晶的主要因素有塑料类型、添加剂、模具温度、冷却速度。结晶率对于塑料的性能有重要的影响，因此在模具设计和塑件成型过程中应予以特别的注意。

4) 吸湿性

吸湿性是指塑料对水分的亲疏程度。在成型加工过程中，当塑料的水分含量超过一定的限度时，水分在高温料筒中变为气体，促使塑料高温分解，导致成型缺陷。

据此塑料大致可以分为两类：一类是具有吸湿或黏附水分倾向的塑料，例如聚酰胺、聚碳酸酯、ABS、聚苯醚等；另一类是吸湿或黏附水分极少的塑料，如聚乙烯、聚丙烯等。

5) 热敏性

某些热稳定性差的塑料，在高温下受热时间长、浇口截面过小或剪切作用大时，料温增高就容易发生变色、降解、分解的倾向，塑料的这种特性称为热敏性。为防止热敏性塑料出现过热分解现象，可采取加入稳定剂、合理选择设备、合理控制成型温度和成型周期、及时清理设备等措施。另外可以采取给模具表面镀铝、合理设计模具的浇注系统等措施。

3. 注塑成型工作原理

注塑成型又称注射成型，可以用来生产空间几何形状非常复杂的塑料制品。由于其具有应用广、成型周期短、生产效率高、模具工作条件可以得到改善、制品精度高、生产条件较好、生产操作容易实现自动化和机械化等诸方面的优点，因此在整个塑料制品生产行业中占有非常重要的地位。

利用塑料的可挤压和可模塑性，首先将松散的粒料或粉状成型物料从注塑机的料斗送入高温的机筒内加热熔解塑化，使之成为黏流态熔体；然后用柱塞或螺杆压缩并推动塑料熔体向前移动，使熔体以很大的流速通过机筒前端的喷嘴，并以很快的速度注塑进入温度较低的闭合模具型腔中；经过一段保压冷却成型时间后，开启模具便可以从模腔中脱出具有一定形状和尺寸的塑料制品。

4. 注塑成型工艺参数

注塑成型工艺的核心问题，就是采用一切措施以得到塑化良好的塑料熔体，并将塑料熔体注塑到型腔中，在控制条件下冷却成型，使塑料达到所要求的质量。注塑成型有三大工艺条件，即温度、压力和成型时间。

1）温度

注塑成型过程需控制的温度主要包括模具温度、料筒温度和喷嘴温度。

(1) 模具温度。

模具温度直接影响塑料熔体的充模能力以及塑件的内在性能与外观质量。通常，提高模具温度可以改善熔体的流动性、增强制件的密度和结晶度及减小充模压力。但制件的冷却时间、收缩率和脱模后的翘曲变形将会延长和增大，且生产效率也会因为冷却时间的延长而下降。因此模具冷却系统的设计对于塑件的成型质量和成型效率有非常重要的影响，是模具设计中需要特别注意的问题。

(2) 料温。

料温指塑化物料的温度和从喷嘴注塑出的熔体温度。其中，前者称为塑化温度，后者称为注塑温度。料温分别取决于机筒和喷嘴两部分的温度。

料温应根据塑料的熔点和软化点、制作的大小、厚薄、成型时间来确定。通常靠近料斗处较低，喷嘴端较高。

2）压力

注塑成型时需要选择与控制的压力包括注塑压力、保压力和背压力。其中注塑压力与注塑速度相辅相成，对塑料熔体的流动和充模具有决定作用。注塑压力的大小根据塑料的性能、制件的大小、厚薄和流程长短来确定。在塑料熔体黏度较高、壁薄、流程长等情况下，适合采用较高的注塑压力。

3）成型时间

成型时间是指定完成依次注塑成型全过程所需要的时间。成型时间过长，在料筒中原料因受热时间过长而分解，制件因应力大而降低机械强度。成型时间过短，会因塑料不完全冷却导致制件变形。因此，合理的成型时间是保证制件质量、提高生产率的重要条件。

第2课 [1课时] 模具浇注系统

浇注系统是指模具中由注射机喷嘴到型腔之间的进料通道。普通浇注系统一般由主流道、分流道、浇口和冷料穴 4 部分组成，如图 4-1 所示。

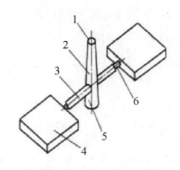

图 4-1　浇注系统

主流道(2、6)：是指浇注系统中从注射机喷嘴与模具接触处开始，到分流道为止的塑料熔体的流动通道。主流道是熔体最先流经模具的部分，它的形状与尺寸对塑料熔体的流动速度和充模时间有较大的影响，因此，设计主流道时应尽可能地将熔体的温度和压力损失降到最小。

分流道(3)：是指主流道末端与浇口之间的一段塑料熔体的流道。其作用是改变熔体流向，使塑料熔体以平稳的流态均衡地分配到各个型腔。设计时应注意尽量减少流动过程中的温度损失与压力损失。

浇口(1)：也称进料口，是连接分流道与型腔的熔体通道。浇口位置选择得合理与否，将直接影响到塑件能不能完成高质量的成型。

冷料穴(5)：其作用是容纳浇注系统中塑料熔体的前锋冷料，以免这些冷料注入型腔。

塑料制件(4)：塑料制件一般有多个，以便提高生产效率。

4.2.1　定位圈和浇口套的加载

行业知识链接：浇注系统是指塑料从射嘴进入型腔前的流道部分，包括主流道、冷料穴、分流道和浇口等。成型零件是构成制品形状的各种零件，包括动模、定模和型腔、型芯、成型杆以及排气口等。如图 4-2 所示是模具的一部分，其中包括了冷却系统和浇注系统。

图 4-2　模具的一部分

1. 定位圈加载

定位圈(Locating Ring)除了用来使注射机喷嘴与模架的浇口套对中、固定浇口套和防止浇口套脱离模具外，还用于模具在注射机上的定位。所以在选择定位圈的直径时通常参考注射机型号。下面将介绍CATIA V5 中加载定位圈的一般过程。

打开模型。在特征树中双击 Mold(Mold.1)节点下的 InjectionSide(InjectionSide .1)，此时系统激活该产品。加载的模架如图 4-3 所示。

选择【插入】|【定位部件】|【定位环】命令，系统弹出【定位环定义】对话框，如图 4-4 所示。在【定位环定义】对话框中单击【目录浏览器】按钮，系统弹出【目录浏览器】对话框，双击 Dme |

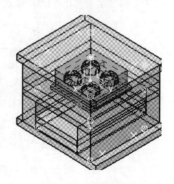

图 4-3　模架模型

LocatingRing_R100 选项，在系统弹出的【尺寸】列表中选择 R-100 选项，单击【确定】按钮，返回到【定位环定义】对话框。在模型中选取如图 4-5 所示的点为定位圈放置点，方向如图 4-4 所示。

> 提示：若加载的定位圈方向不对，可以通过单击【定位环定义】对话框中的【位置】选项卡中的【反向】按钮来调整方向。

在【定位环定义】对话框的 W 微调框中输入数值"-4"，Z 微调框中的数值由"103"变成"99"。单击【确定】按钮，完成定位圈的加载。

图 4-4 【定位环定义】对话框

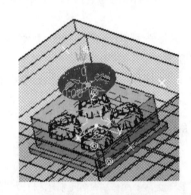

图 4-5 放置定位环

选择【工具】|【钻部件】命令，系统弹出【定义钻头部件】对话框。激活对话框中的【欲钻部件】选择框，选取图 4-6 所示的定模板为打孔对象；激活对话框中的【钻头部件】选择框，选取定位圈为孔特征，单击【确定】按钮，完成腔体的创建，如图 4-7 所示。

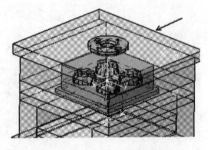

图 4-6 选择打孔对象

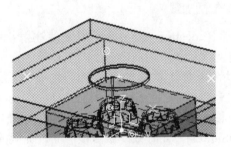

图 4-7 定位环腔体

选择【插入】|【紧固部件】|【螺丝头】命令，系统弹出【螺丝头定义】对话框。在【螺丝头定

义】对话框中单击【目录浏览器】按钮◈，系统弹出【目录浏览器】对话框，在此对话框中双击
Hasco | CapScrew_Z30 选项，在系统弹出的【尺寸】列表中选择 Z30/8×18 选项；单击【确定】按钮，
返回至【螺丝头定义】对话框。在模型中设置紧固螺钉放置点。单击【确定】按钮，完成紧固螺钉的
加载，如图 4-8 所示。

选择【插入】|【定位部件】|【定位销】命令，系统弹出【定位销定义】对话框。在该对话框中
单击【目录浏览器】按钮◈，系统弹出【目录浏览器】对话框，在此对话框中双击 Hasco | DowelPin
_Z25 选项，在弹出的【尺寸】列表中选择 Z25/8×28 选项；单击【确定】按钮，返回至【定位销定
义】对话框。在模型中选择定位销放置面，如图 4-9 所示。在【定位销定义】对话框的 W 微调框中
输入数值"-14"，单击【确定】按钮，完成定位销的加载，如图 4-10 所示。

选择【工具】|【钻部件】命令，系统弹出【定义钻头部件】对话框。激活对话框中的【欲钻部
件】选择框，选取定模座板为打孔对象；激活对话框中的【钻头部件】选择框，选取两个紧固螺钉和
两个定位销为孔特征。单击【确定】按钮，完成腔体的创建，如图 4-11 所示。

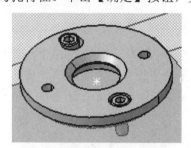

图 4-8   添加螺丝头

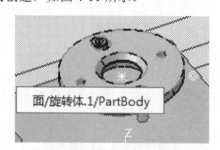

图 4-9   选择放置面

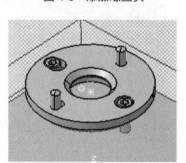

图 4-10   创建的定位销

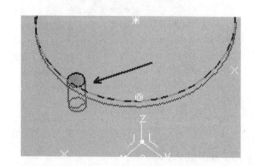

图 4-11   创建腔体

2. 浇口套的加载

浇口套(Sprue)又称主流道衬套，一般安装在模具定模固定板上，用来辅助浇注的元件。浇口套上
端与注射机喷嘴紧密对接，因此尺寸的选择应按注射机喷嘴尺寸选择，并且其长度应考虑到模具的模
板厚度。下面说明在 CATIA V5 中加载浇口套的一般过程。

选择【插入】|【注射部件】|【浇口套】命令，系统弹出【浇口套定义】对话框。在【浇口套定
义】对话框中单击【目录浏览器】按钮◈，系统弹出【目录浏览器】对话框；在此对话框中双击
Dme | SprueBushing_AGN 选项，在系统弹出的【尺寸】列表中选择 AGN 66-3.5-R0 选项；单击【确
定】按钮，系统返回至【浇口套定义】对话框；在模型中选取如图 4-12 所示的点为浇口套放置点，
单击【确定】按钮，完成浇口套的加载。

修剪浇口套。在特征树中选取加载的浇口套并右击，在弹出的快捷菜单中选择【SprueBushing _ AGN_1.1 对象】|【分割部件】命令，系统弹出【切割定义】对话框。在特征树中选择 Core Surface 型芯分型面，设置方向为 Z 轴正方向，单击【确定】按钮，如图 4-13 所示。

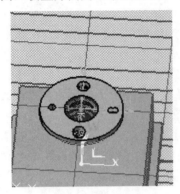

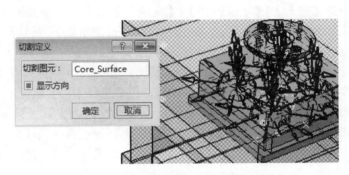

图 4-12　选择放置点　　　　　　　　　图 4-13　修剪浇口套

选择【工具】|【钻部件】命令，系统弹出【定义钻头部件】对话框。激活对话框中的【欲钻部件】选择框，选取的图 4-14 所示的定模座板、定模板和型腔为打孔对象；激活对话框中的【钻头部件】选择框，选取浇口套为孔特征。单击【确定】按钮，完成腔体的创建，如图 4-15 所示。

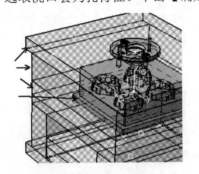

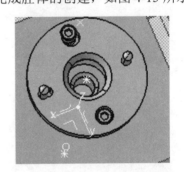

图 4-14　选择打孔对象　　　　　　　　图 4-15　创建浇口套腔体

4.2.2　分流道设计

行业知识链接： 一般模具制造中包括模具设计、选用材料、热处理、机械加工、调试与安装等过程。调查表明，模具失效的因素中，模具所使用的材料与热处理是影响使用寿命的主要因素。从全面质量管理的角度出发，不能把影响模具使用寿命的诸因素作为多项式之和来衡量，而应该是多因素的乘积，这样，模具材料与热处理的优劣在整个模具制造过程中就显得特别重要。如图 4-16 所示是注塑模具的流道。

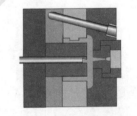

图 4-16　注塑模具的流道

在一模多穴的模具中，分流道的设计必须能解决如何使塑料熔体对所有型腔同时填充的问题。如果所有型腔体积形状相同，分流道最好采用等截面和等距离。否则，必须在流速相等的条件下，用不等截面来达到流量不等，使所有型腔差不多同时充满，有时还可以改变流道长度来调节阻力大小，保证型腔同时充满。此外，分流道的截面形状有很多种，它因塑料和模具结构不同而异，如圆形、半圆形、梯形、U 形、六边形等。

分流道所需要定义的截面类型说明如下。

(1)　圆形截面：只需给定分流道直径，如图 4-17 所示。

(2)　半圆形截面：只需给定分流道半径，如图 4-18 所示。

(3)　梯形截面：梯形截面参数较多，需给定分流道宽度、分流道深度、分流道侧角度及分流道拐角半径，如图 4-19 所示。

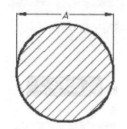

图 4-17　圆的流道截面

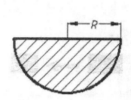

图 4-18　半圆流道截面

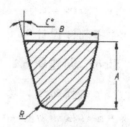

图 4-19　梯形流道截面

(4)　U 形截面：需给定分流道高度、分流道拐角半径及分流道角度，如图 4-20 所示。

(5)　六边形截面：只需给定分流道宽度，如图 4-21 所示。

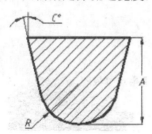

图 4-20　U 形流道截面

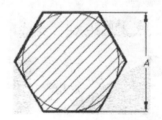

图 4-21　六边形流道截面

下面介绍分流道的一般设计过程。

在特征树中双击 Mold(Mold.1)节点，完成产品的激活。选择【插入】|【新建部件】命令，再选择【插入】|【新建零件】命令，新建零件。

在特征树中选择新建的 Partl(Partl.1)节点并右击，在弹出的快捷菜单中选择【属性】命令，系统弹出【属性】对话框，切换到【产品】选项卡，然后在【部件】选项组的【实例名称】文本框和【产品】选项组的【零件编号】文本框中输入文件名"fill"，单击【确定】按钮。在特征树中隐藏定模板，如图 4-22 所示。

在特征树中单击 fill(fill.1)节点前的"+"号，然后双击其下的 fill 零件，系统切换到"零件设计"工作台。

选择【插入】|【基于草图的特征】|【旋转体】菜单命令，系统弹出【定义旋转体】对话框。在【定义旋转体】对话框中单击【草图】按钮 ，然后选择如图 4-23 所示的平面为草绘平面。

在图形区绘制如图 4-24 所示的截面草图，退出草绘工作台，系统返回至【定义旋转体】对话框。选取旋转轴，其他采用系统默认设置。单击【确定】按钮，完成旋转体 1 创建，如图 4-25 所示。

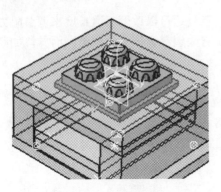

图 4-22　打开的模架

面/分割.1/零件几何体

图 4-23　选择草绘平面

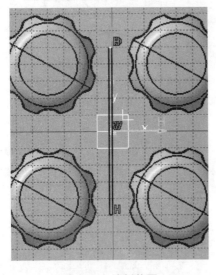

图 4-24　绘制草图

图 4-25　创建的旋转体

　　选择【插入】|【基于草图的特征】|【旋转体】命令,选取平面为草绘平面,在图形区绘制如图 4-26 所示的截面草图,退出草绘工作台。选取旋转轴,其他采用系统默认的设置,单击【确定】按钮,完成旋转体 2 的创建,如图 4-27 所示。

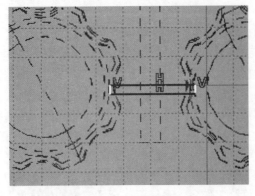

图 4-26　绘制草图

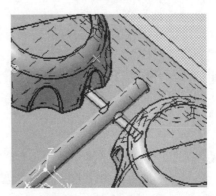

图 4-27　创建的旋转体 2

在特征树中选取曲面创建的旋转体 2，选择【插入】|【变换特征】|【镜像】命令，系统弹出【定义镜像】对话框。在特征树中选取 yz 平面，在对话框中单击【确定】按钮，完成镜像特征的创建，如图 4-28 所示。

图 4-28　镜像特征

4.2.3　浇口设计

行业知识链接： 由于塑料及塑料成型工业的发展，对塑料模具的质量要求也越来越高，因而塑料模具的失效问题及其影响因素已成为重要的研究课题。塑料模具的主要工作零件是成型零件，如凸模、凹模等，它们构成塑料模的型腔，以成型塑料制件的各种表面直接与塑料接触，经受压力、温度、摩擦和腐蚀等作用。如图 4-29 所示是注塑模具的注塑部分。

图 4-29　注塑模具的注塑部分

浇口设计在模具设计中是不可忽视的，其主要作用有：提高塑料熔体的剪切速率，降低黏度，使其迅速地充满型腔；浇口通常是浇注系统中截面最小的部分，在塑件的后续加工中有利于塑件与浇口凝料的分离，浇口还起着早固化、防止型腔中熔体倒流的作用。下面讲解浇口的一般设计过程。

打开模型，选择【插入】|【基于草图的特征】|【凸台】命令，系统弹出【定义凸台】对话框。在【定义凸台】对话框中单击【草图】按钮，选取 zx 平面为草绘平面。在图形区绘制如图 4-30 所示的截面草图，退出草绘工作台，系统返回至【定义凸台】对话框。在中【第一限制】选项组的【长度】微调框中输入数值"15"，单击【确定】按钮，完成如图 4-31 所示的浇口拉伸体创建。

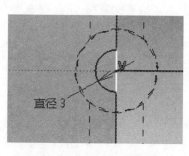

图 4-30　绘制草图

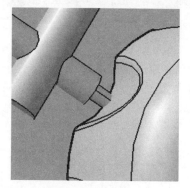

图 4-31　拉伸浇口

在特征树中双击 Mold(Mold.1)节点，完成产品的激活。选择【开始】|【机械设计】|【装配设计】菜单命令，系统切换到"装配件设计"工作台。

选择【插入】|【装配特征】|【移除】命令，在特征树中选择 fill 节点下的【零部件几何体】，此时系统弹出【定义装配特征】对话框。在该对话框的【可能受影响的零件】列表框中选择型芯、型腔和模架选项，如图 4-32 所示，单击【下移】按钮 ⊻，此时系统弹出【除去】对话框。单击【确定】按钮，完成腔体的创建，如图 4-33 所示。

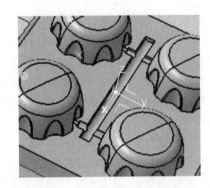

图 4-32　【定义装配特征】对话框　　　　图 4-33　创建的浇口和流道腔体

课后练习

案例文件：　ywj\04\01.CATPart 及其模具文件

视频文件：　光盘→视频课堂→第 4 教学日→4.2

练习案例分析及步骤如下。

本节课后练习创建的零件是一个瓶盖零件，瓶盖用在瓶子或者盒子上，具有典型分型结构，如图 4-34 所示是完成的瓶盖模具。

本节范例主要练习 CATIA 浇注系统的创建过程，首先创建零件模型，接着进行分型，再创建模架，最后创建浇注系统。如图 4-35 所示是瓶盖零件创建的思路和步骤。

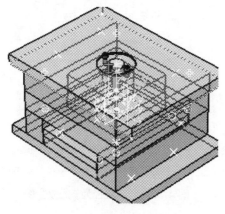

图 4-34　完成的瓶盖模具

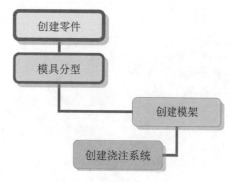

图 4-35　瓶盖零件的创建步骤

练习案例操作步骤如下。

step 01　首先创建零件，新建零件名称为"01"。选择 xy 平面作为草绘平面，单击【草图编辑器】工具栏中的【草图】按钮 ，单击【轮廓】工具栏中的【圆】按钮 ，绘制直径为 60 的圆形，如图 4-36 所示。

step 02　单击【基于草图的特征】工具栏中的【凸台】按钮 ，弹出【定义凸台】对话框，设置【长度】为"4"，如图 4-37 所示，单击【确定】按钮，创建凸台。

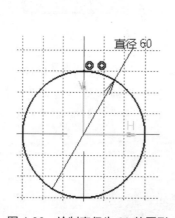

图 4-36　绘制直径为 60 的圆形

图 4-37　创建凸台

step 03　单击【草图编辑器】工具栏中的【草图】按钮 ，选择如图 4-38 所示的平面作为草绘平面。

step 04　单击【轮廓】工具栏中的【圆】按钮 ，绘制直径为 58 的圆形，如图 4-39 所示。

step 05　单击【基于草图的特征】工具栏中的【凸台】按钮 ，弹出【定义凸台】对话框，设置【长度】为"30"，如图 4-40 所示，单击【确定】按钮，创建凸台。

step 06　选择 yz 面为草绘平面。单击【草图编辑器】工具栏中的【草图】按钮 ，单击【轮廓】工具栏中的【直线】按钮 ，绘制矩形，尺寸如图 4-41 所示。

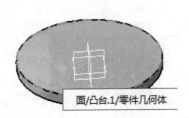

图 4-38 选择草绘平面

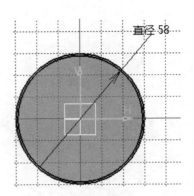

图 4-39 绘制直径为 58 的圆形

图 4-40 创建凸台

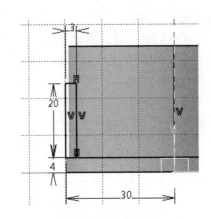

图 4-41 绘制矩形

step 07 单击【基于草图的特征】工具栏中的【旋转体】按钮，弹出【定义旋转体】对话框，选择轮廓，设置旋转角度为 5°，如图 4-42 所示，单击【确定】按钮，完成旋转体的创建。

图 4-42 创建旋转体

step 08 单击【修饰特征】工具栏中的【倒圆角】按钮，弹出【倒圆角定义】对话框，设置

【半径】为"1"，选择目标边线，如图 4-43 所示，单击【确定】按钮，创建两个倒圆角。

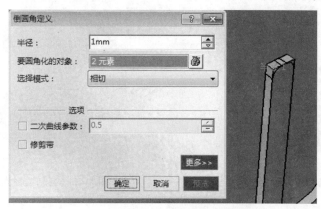

图 4-43　创建倒圆角

step 09　单击【变换特征】工具栏中的【圆形阵列】按钮⚙，弹出【定义圆形阵列】对话框，设置【实例】为"16"，【总角度】为"360"，选择参考边线，如图 4-44 所示，单击【确定】按钮，创建圆形阵列。

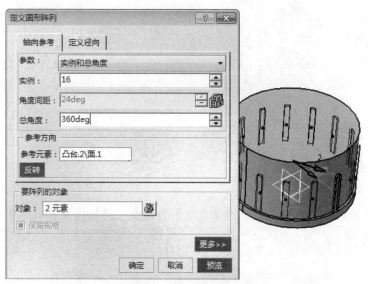

图 4-44　圆形阵列

step 10　单击【草图编辑器】工具栏中的【草图】按钮✏，选择如图 4-45 所示的平面作为草绘平面。

step 11　单击【轮廓】工具栏中的【圆】按钮⊙，绘制直径为 50 的圆形，如图 4-46 所示。

step 12　单击【基于草图的特征】工具栏中的【凹槽】按钮🔲，弹出【定义凹槽】对话框，设置【深度】为"5"，如图 4-47 所示，单击【确定】按钮，创建凹槽。

step 13　单击【修饰特征】工具栏中的【倒圆角】按钮🔘，弹出【倒圆角定义】对话框，设置【半径】为"1"，选择目标边线，如图 4-48 所示，单击【确定】按钮，创建两个倒圆角。

图 4-45　选择草绘平面

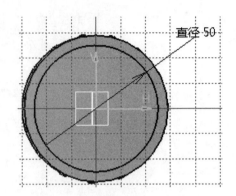

图 4-46　绘制直径为 50 的圆形

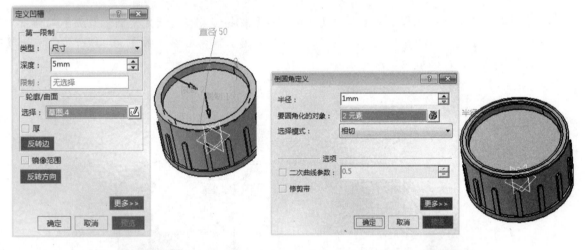

图 4-47　创建凹槽　　　　　　　　　　　图 4-48　创建倒圆角

step 14　单击【修饰特征】工具栏中的【盒体】按钮，弹出【定义盒体】对话框，设置【默认内侧厚度】为"2"，选择要移除的面，如图 4-49 所示，单击【确定】按钮，创建盒体特征。

图 4-49　创建盒体

step 15 完成的瓶盖模型如图 4-50 所示。

step 16 接着进行分型。选择【文件】|【新建】命令，弹出【新建】对话框，双击 Product 选项，双击 Product1 节点，选择【开始】|【机械设计】|【自动拆模设计】命令，特征树如图 4-51 所示，进入"型芯/型腔"工作台。

图 4-50　完成的瓶盖

图 4-51　模具零件特征树

step 17 右击特征树中的 Product1 节点，在弹出的快捷菜单中选择【属性】命令，打开【属性】对话框，设置【零件编号】为"pinggai"，修改产品名称，单击【确定】按钮，如图 4-52 所示。

step 18 选择【插入】|【模型】|【输入】命令，弹出【输入模具零件】对话框，单击【打开】按钮，选择"01"零件，在弹出的【输入 01.CATPart】对话框中设置【比率】为"1.006"，单击【确定】按钮，如图 4-53 所示。

图 4-52　设置产品名称

图 4-53　输入模型

step 19 打开的模型和特征树如图 4-54 所示。

step 20 右击特征树中的【零件几何体】节点，在弹出的快捷菜单中选择【定义工作对象】命

令，进入"零件设计"工作台。选择【插入】|【基于曲面的特征】|【封闭曲面】命令，弹出【定义封闭曲面】对话框，选择零件模型，单击【确定】按钮，创建封闭曲面，如图4-55所示。

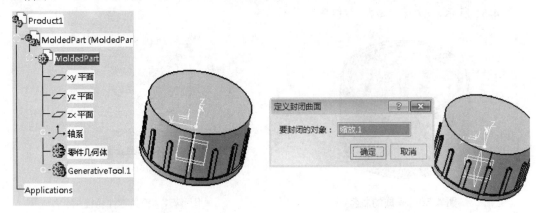

图4-54　打开的模型　　　　　　　　　　图4-55　创建封闭曲面

step 21　右击特征树中的【零件几何体结果】节点，在弹出的快捷菜单中选择【定义工作对象】命令，进入"型芯/型腔"工作台。选择【插入】|【脱模方向】|【脱模方向】命令，系统弹出【主要脱模方向定义】对话框，选择模型，单击【确定】按钮，定义脱模方向，如图4-56所示。

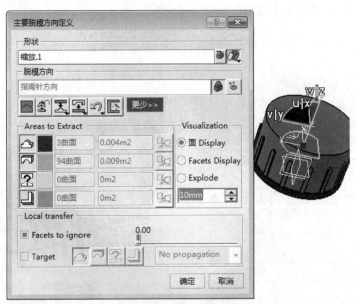

图4-56　定义脱模方向

step 22　选择【插入】|【脱模方向】|【变换】命令，系统弹出【变换图元】对话框，选择【目标地】为【型腔.1】，依次选择型芯区域，单击【确定】按钮，重新定义型芯面，如图4-57所示。

step 23　单击【操作】工具栏中的【边界】按钮 ⌒ ，弹出【边界定义】对话框，选择零件边界线，如图 4-58 所示，单击【确定】按钮，创建边界线。

step 24 单击【曲面】工具栏中的【扫掠】按钮，弹出【扫掠曲面定义】对话框，选择边界线
和 xy 参考曲面，设置【长度 1】为"120"，如图 4-59 所示，单击【确定】按钮，创建扫
掠面。

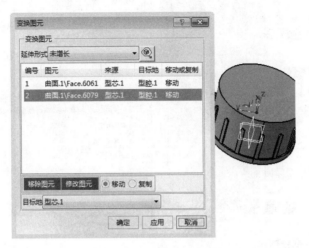

图 4-57 设置型芯区域

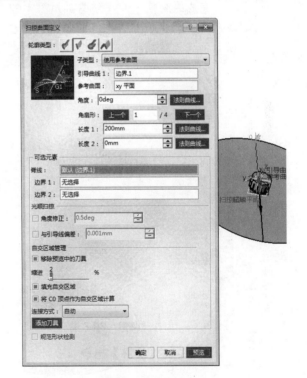

图 4-59 创建扫掠面

图 4-58 创建边界线

step 25 选择【插入】|【操作】|【接合】命令，系统弹出【接合定义】对话框，选择所有型腔
组成面，单击【确定】按钮，创建型腔面，如图 4-60 所示。

step 26 选择【插入】|【操作】|【接合】命令，系统弹出【接合定义】对话框，选择所有型芯组成面，单击【确定】按钮，创建型芯面，如图 4-61 所示。

图 4-60　创建型腔面

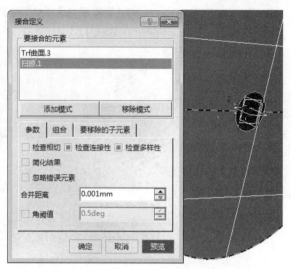

图 4-61　创建型芯面

step 27 完成的瓶盖零件及分型面如图 4-62 所示。

step 28 接着创建模架。在【模板部件】工具条中单击【创建新模架】按钮 置，弹出如图 4-63 所示的【创建新模架...】对话框，创建新模架。

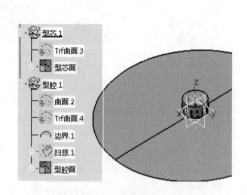

图 4-62　完成的零件分型面

图 4-63　创建新模架

step 29 单击【创建新模架...】对话框中的【目录浏览器】按钮 ◇，系统弹出【目录浏览器：F:\CATIA 2014\win_b64\startup\components\MoldCatalog...】对话框，依次双击 Futaba |

Normal-S｜SC选项，在系统弹出的【模架尺寸】列表中选择MDC SC 3030X-MN选项，单击【确定】按钮，如图4-64所示。

step 30 单击【创建新模架…】对话框的【定模板】中的【设计表配置】按钮▦，此时系统弹出如图4-65所示的【PlateChoice，配置行：1398】对话框，在该对话框选择定模板厚度。

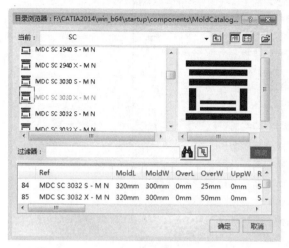

图4-64 设置模架尺寸

图4-65 选择定模板参数

step 31 单击【创建新模架…】对话框的【动模板】中的【设计表配置】按钮▦，此时系统弹出如图4-66所示的【PlateChoice，配置行：1398】对话框，在该对话框选择动模板厚度。

step 32 完成的瓶盖零件的模架如图4-67所示。

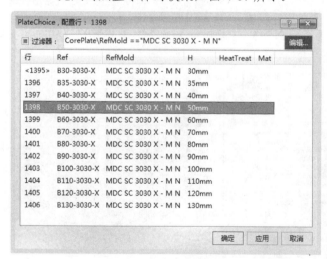

图4-66 选择动模板参数

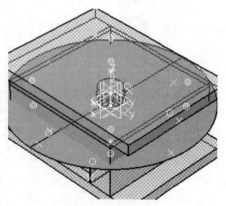

图4-67 完成的模架

step 33 接着创建浇注系统。在特征树中选择 Mold(Mold.1)节点并右击，在系统弹出的快捷菜单中选择【Mold.1 对象】|【编辑模具】命令，系统弹出【模架编辑】对话框，如图 4-68 所示。

step 34 单击【定模/动模重叠量】文本框后的【公式编辑器】按钮，系统弹出如图 4-69 所示的【公式编辑器：CorCavS】对话框，单击该对话框右上角的【清除文本字段】按钮，单击【确定】按钮。在【模架编辑】对话框的【定模/动模重叠量】文本框中输入数值"0"，单击【确定】按钮。

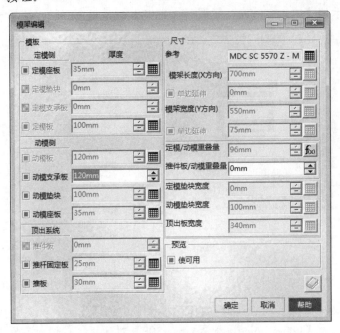

图 4-68　【模架编辑】对话框

step 35　完成型腔板和型芯板重叠尺寸的修改，结果如图 4-70 所示。

step 36　隐藏定模板，选择【插入】|【模板部件】|【新镶块】命令，系统弹出【镶块定义】对话框，创建模具工件，如图 4-71 所示。

图 4-69　【公式编辑器：CorCavS】对话框

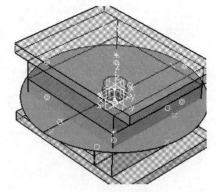

图 4-70　修改模架重叠尺寸

step 37　单击【镶块定义】对话框中的【目录浏览器】按钮，弹出【目录浏览器：F:\CATIA 2014\win_b64\startup\components\MoldCalog\Insert.c...】对话框，依次双击 Pad_with_chamfer | Pad 选项，单击【确定】按钮，设置镶块参数，如图 4-72 所示。

step 38　在模具平面，单击放置镶块，如图 4-73 所示。

step 39 在【镶块定义】对话框中设置镶块的参数，单击【确定】按钮，如图 4-74 所示。

图 4-71　创建模具工件

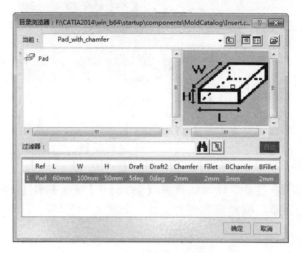

图 4-72　选择镶块尺寸

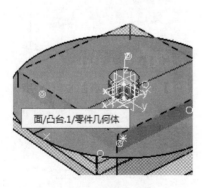

图 4-73　选择放置面

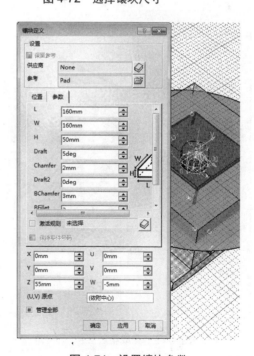

图 4-74　设置镶块参数

step 40 在特征树中右击 Insert_2(Insert_2.1)节点，在系统弹出的快捷菜单中选择【Insert_2.1 对象】|【分割部件】命令，系统弹出【切割定义】对话框，选取型腔分型面为分割曲面，单击工件上的箭头，使其方向向下，如图 4-75 所示，单击【确定】按钮。

step 41 分割后的镶块如图 4-76 所示。

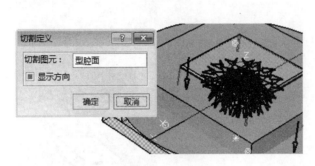 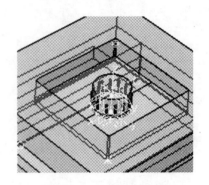

图 4-75　切割镶块　　　　　　　　　　　图 4-76　分割后的镶块

step 42 选择【工具】|【钻部件】命令，系统弹出【定义钻头部件】对话框。单击【欲钻部件】和【钻头部件】选择框，选取动模板为打孔对象，选取镶块为孔特征，单击【确定】按钮，完成型腔腔体的创建，如图 4-77 所示。

step 43 隐藏定模板，选择【插入】|【模板部件】|【新镶块】命令，系统弹出【镶块定义】对话框，创建模具型芯工件，如图 4-78 所示。

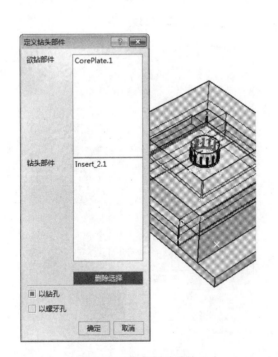 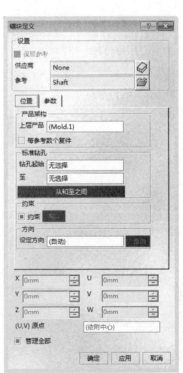

图 4-77　完成型腔腔体　　　　　　　　　图 4-78　创建型芯工件

step 44 单击【镶块定义】对话框中的【目录浏览器】按钮，弹出【目录浏览器：F:\CATIA

2014\win_b64\startup\components\MoldCatalog\Insert.c...】对 话 框， 依 次 双 击 Pad_with_chamfer |Pad 选项，单击【确定】按钮，设置镶块参数，如图 4-79 所示。

step 45 在模具平面，单击放置镶块，如图 4-80 所示。

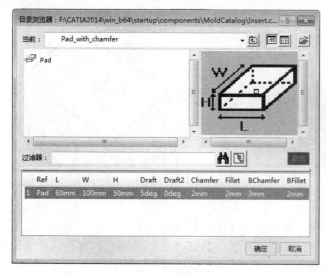

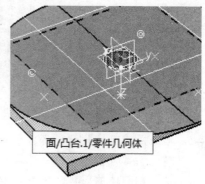

图 4-79　选择镶块尺寸　　　　　　　　　图 4-80　选择放置面

step 46 在【镶块定义】对话框中设置镶块的参数，单击【确定】按钮，如图 4-81 所示。

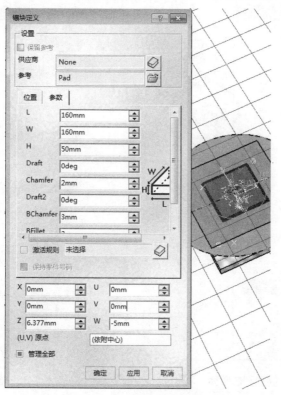

图 4-81　设置镶块参数

step 47 在特征树中右击 Insert_2(Insert_2.1)节点，在系统弹出的快捷菜单中选择【Insert_2.1 对象】|【分割部件】命令，弹出【切割定义】对话框，选取型腔分型面为分割曲面，单击工件上的箭头，使其方向向下，如图4-82所示，单击【确定】按钮。

step 48 分割后的镶块如图4-83所示。

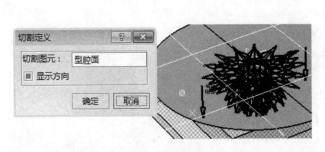

图 4-82　切割镶块

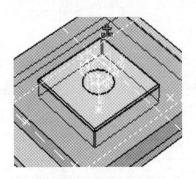

图 4-83　分割后的镶块

step 49 选择【工具】|【钻部件】命令，系统弹出【定义钻头部件】对话框。单击【欲钻部件】和【钻头部件】选择框，选取定模板为打孔对象，选取镶块为孔特征，单击【确定】按钮，完成型芯腔体的创建，如图4-84所示。

step 50 选择【插入】|【定位部件】|【定位环】命令，弹出【定位环定义】对话框，创建定位环，如图4-85所示。

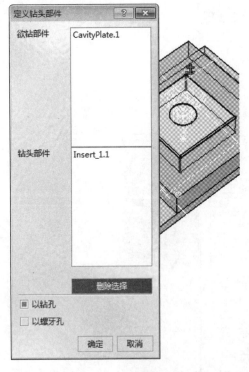

图 4-84　完成型芯腔体

图 4-85　创建定位环

step 51 在【定位环定义】对话框中单击【目录浏览器】按钮，弹出【目录浏览器：F:\CATIA

2014\win_b64\startup\components\MoldCatalog\Locat...】对话框，如图 4-86 所示。双击 Dme |
LocatingRing_R100 选项，在系统弹出的【尺寸】列表中选择 R-100 选项，单击【确定】按
钮，系统返回至【定位环定义】对话框。

step 52 在模型中选择定位圈放置面，如图 4-87 所示。

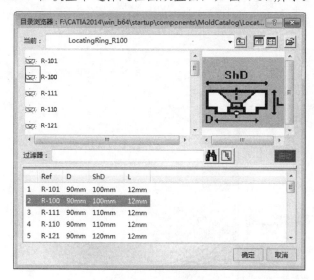

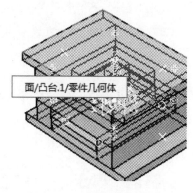

图 4-86　选择定位环参数　　　　　　　　　　图 4-87　选择定位圈放置面

step 53 在【定位环定义】对话框的 W 微调框中输入数值 "-4"，Z 微调框中的数值由 "103"
变成 "99"，单击【确定】按钮，完成定位圈的加载，如图 4-88 所示。

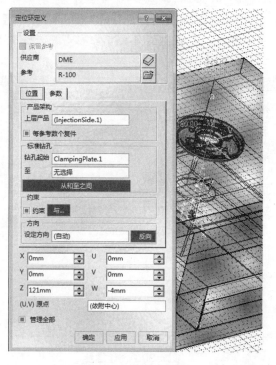

图 4-88　加载定位环

step 54　选择【工具】|【钻部件】命令，系统弹出【定义钻头部件】对话框。激活对话框中的
【欲钻部件】选择框，选取定模板为打孔对象；激活对话框中的【钻头部件】选择框，选取
定位圈为孔特征，单击【确定】按钮，完成腔体的创建，如图4-89所示。

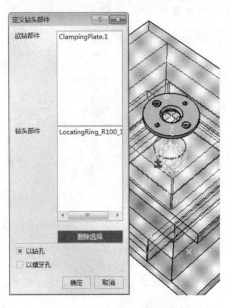

图 4-89　创建定位环腔体

step 55　选择【插入】|【紧固部件】|【螺丝头】命令，系统弹出【螺丝头定义】对话框。在
【螺丝头定义】对话框中单击【目录浏览器】按钮◇，系统弹出【目录浏览器：
F:\CATIA2014\win_b64\startup\components\MoldCatalog\CapS…】对话框，在此对话框中双击
Hasco | CapScrew_Z30 选项，在弹出的【尺寸】列表中选择 Z30/8×18 选项，单击【确定】
按钮，如图 4-90 所示。

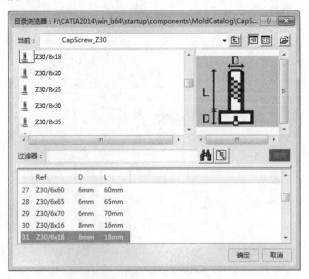

图 4-90　创建螺丝

step 56 系统返回至【螺丝头定义】对话框，在模型中选择放置点，单击【确定】按钮，完成紧固螺丝的加载，如图 4-91 所示。

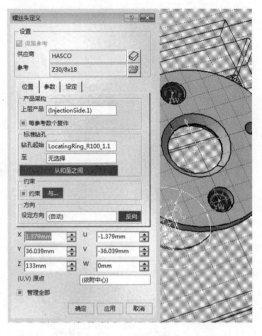

图 4-91　放置螺丝

step 57 选择【插入】|【注射部件】|【浇口套】命令，弹出【浇口套定义】对话框。在【浇口套定义】对话框中单击【目录浏览器】按钮 ⌖，系统弹出【目录浏览器：F:\CATIA 2014\win_b64\startup\components\MoldCatalog\Spru…】对话框，在此对话框中双击 Dme | SprueBushing_AGN 选项，在弹出的【尺寸】列表中选择 AGN 66-3.5-R0 选项，单击【确定】按钮，如图 4-92 所示。

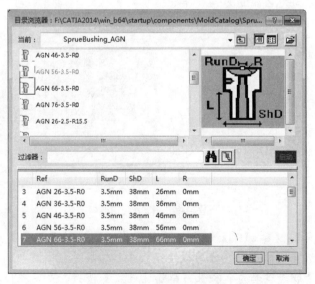

图 4-92　设置浇口套参数

step 58 系统返回至【浇口套定义】对话框，在模型中选取浇口套放置点，单击【确定】按钮，完成浇口套的加载，如图 4-93 所示。

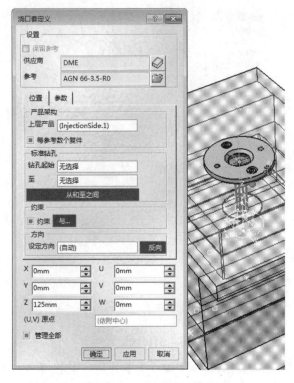

图 4-93 放置浇口套

step 59 在特征树中选取加载的浇口套并右击，在弹出的快捷菜单中选择【SprueBushing_AGN _ 1.1 对象】|【分割部件】命令，系统弹出【切割定义】对话框。在特征树中选择 Core Surface 型腔分型面，方向为 Z 轴正方向，单击【确定】按钮，如图 4-94 所示。

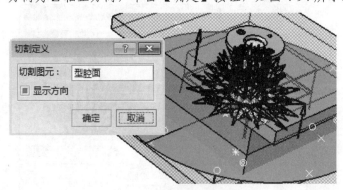

图 4-94 修剪浇口套

step 60 选择【工具】|【钻部件】命令，系统弹出【定义钻头部件】对话框。激活对话框中的【欲钻部件】选择框，选取定模座板、定模板和型腔为打孔对象；激活对话框中的【钻头部件】选择框，选取浇口套为孔特征。单击【确定】按钮，完成浇口套腔体的创建，如图 4-95 所示。

step 61 完成的模具浇注系统如图 4-96 所示。

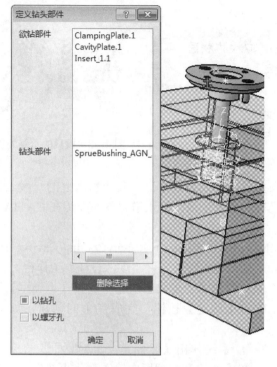

图 4-95　创建浇口套腔体

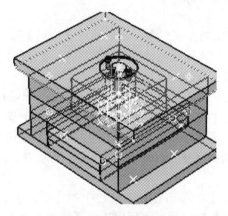

图 4-96　完成浇注系统

机械设计实践：一般来说，模具都由两大部分组成，即动模和定模(或者公模和母模)。分型面是指两者在闭和状态时能接触的部分，也是将工件或模具零件分割成模具体积块的分割面，具有更广泛的意义。分型面的设计直接影响着产品质量、模具结构和操作的难易程度，是模具设计成败的关键因素之一。如图 4-97 所示是模具创建分型面过程中的补面步骤。

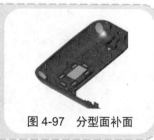

图 4-97　分型面补面

 第**3**课 **2课时** 模具冷却系统

　　冷却系统指的是对模具进行冷却或加热的组件，它既关系到塑件的质量(塑件的尺寸精度、塑件的力学性能和塑件的表面质量)，又关系到生产率。因此，必须根据要求将模具温度控制在一个合理的范围之内，以得到高品质的塑件和较高的生产率。

　　冷却系统主要包括：冷却水道和冷却系统标准件(如水塞、O 形圈和水嘴等)。

4.3.1 冷却水道设计

> **行业知识链接**：热流道模具的模具结构与细水口大体相同，其最大区别是流道处于一个或多个有恒温的热流道板及热唧嘴里，无冷料脱模，流道及浇口直接在产品上，所以流道不需要脱模。此系统又称为无水口系统，可节省原材料，适用于原材料较贵、制品要求较高的情况，设计及加工困难，模具成本较高。如图 4-98 所示是模具的水路外管路部分。

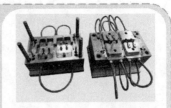

图 4-98 模具的水路外管路

在 CATIA V5 中，主要通过【流道】命令来完成冷却通道的设计，其冷却水道的一般设计思路为：首先定义用来创建冷却水道的点，然后通过已有的点来生成冷却水道。下面介绍在 CATIA V5 中创建冷却水道的一般过程。

在特征树中依次单击 Mold(Mold.1)、InjectionSide(InjectionSide.1)、CavityCooling(CavityCooling.1) 节点前的"+"号，然后双击 CavityCooling 节点，此时系统激活该零件"零件设计"工作台。

单击【参考元素】工具栏中的【点】按钮■，系统弹出【点定义】对话框。在【点类型】下拉列表框中选择【平面上】选项，选择平面创建点，单击【确定】按钮，完成点 1 的创建，如图 4-99 所示。

单击【参考元素】工具栏中的【平面】按钮◇，系统弹出【平面定义】对话框。在对话框的【平面类型】下拉列表框中选择【偏移平面】选项，在【偏移】微调框中输入数值"70"。选择动模板侧面为参考平面，单击【确定】按钮，完成平面 1 的创建，如图 4-100 所示。

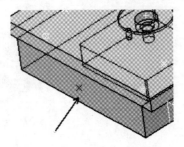

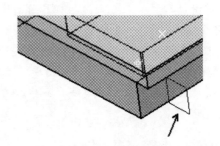

图 4-99 创建点 1   图 4-100 创建基准面

单击【参考元素】工具栏中的【点】按钮■，系统弹出【点定义】对话框。在【点类型】下拉列表框中选择【平面上】选项，选择创建的基准面创建点，单击【确定】按钮，完成点 2 的创建，如图 4-101 所示。

在特征树中单击 Mold(Mold.1)节点，就选中了要增加部件的模型。选择【插入】|【注射部件】|【冷却管路】命令，在绘图区中依次选取前面创建的点 1 和点 2 为水道通过点，此时系统弹出如图 4-102 所示的【冷却水路定义】对话框。修改对话框中的尺寸，单击【确定】按钮。创建的水路 1 如图 4-103 所示。

单击【参考元素】工具栏中的【点】按钮■，系统弹出【点定义】对话框。在【点类型】下拉列表框中选择【平面上】选项，选择两个点，单击【确定】按钮，如图 4-104 所示。

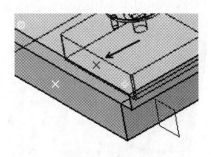

图 4-101　创建点 2

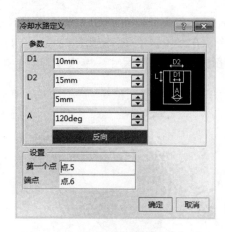

图 4-102　【冷却水路定义】对话框

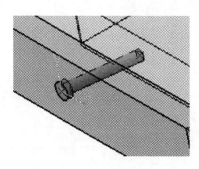

图 4-103　冷却水路 1

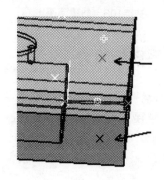

图 4-104　创建两个点

在特征树中单击 Mold(Mold.1)节点，就选中了要增加部件的模型。选择【插入】|【注射部件】|【冷却管路】命令，在绘图区中依次选取前面创建的两个点为水道通过点，此时系统弹出【冷却水路定义】对话框，修改对话框中的尺寸，单击【确定】按钮。创建的水路 2 如图 4-105 所示。

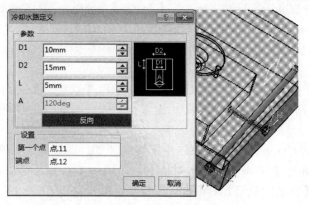

图 4-105　创建水路 2

单击【参考元素】工具栏中的【点】按钮，系统弹出【点定义】对话框。在【点类型】下拉列表框中选择【平面上】选项，选择两个点，单击【确定】按钮，如图 4-106 所示。

在特征树中单击 Mold(Mold.1)节点，此时系统激活该产品。选择【插入】|【注射部件】|【冷却管路】命令，在绘图区中依次选取前面创建的两个点为水道通过点，此时系统弹出【冷却水路定义】对话框，修改对话框中的尺寸，单击【确定】按钮。创建的水路 3 如图 4-107 所示。

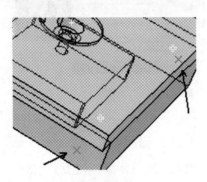

图 4-106　创建两个点

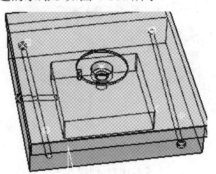

图 4-107　创建水路 3

4.3.2　冷却系统标准件

行业知识链接：大水口模具的流道及浇口在分模线上，与产品在开模时一起脱模，设计最简单，容易加工，成本较低，所以较多人采用大水口系统作业。如图 4-108 所示是一种大水口模具的水路部分。

图 4-108　模具水路

完成冷却水道的设计后，接下来要完成冷却系统标准件的加载。在 CATIA V5 中，冷却系统标准件的加载和前面介绍的一些标准件加载方法类似。下面继续介绍冷却系统标准件加载的一般过程。

1. 加载 O 形圈

在特征树中依次单击 Mold(Mold.1)、InjectionSide(InjectionSide.1)、CavityCooling(CavityCooling.1)节点前的"＋"号，然后双击 CavityCooling 节点，此时系统激活该零件。在特征树中选择 CavityCooling 节点下的【几何图形集.1】并右击，在弹出的快捷菜单中选择【定义工作对象】菜单命令，并隐藏下模和定模座板。

单击【参考元素】工具栏中的【点】按钮，系统弹出【点定义】对话框。在【点类型】下拉列表框中选择【圆/球面/椭圆中心】选项，选取如图 4-109 所示的圆为点参照。单击【确定】按钮，完成点 1 的创建。

在特征树中单击 Mold(Mold.1)节点，就选中了要增加部件的模型。选择【插入】|【注射部件】|【O 型圈】命令，系统弹出【O 型圈定义】对话框，如图 4-110 所示。在对话框中单击【目录浏览器】按钮，系统弹出【目录浏览器】对话框；在此对话框中双击 Dme | ORing_Dr1710 选项，在系统弹出的【尺寸】列表中选择 DR 1710 8×2.5 选项；单击【确定】按钮，返回【O 型圈定义】对话框。选取定模板侧面为 O 形圈放置面，选取点 1 为放置点，如图 4-111 所示，单击【确定】按钮，完成 O 形圈的创建。

选择【工具】|【钻部件】菜单命令，系统弹出【定义钻头部件】对话框。激活对话框中的【欲钻

部件】选择框，选取定模板为打孔对象；激活对话框中的【钻头部件】选择框，选取 O 型圈为孔特征。单击【确定】按钮，完成腔体的创建，如图 4-112 所示。

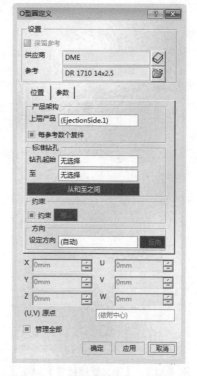

图 4-110 【O 型圈定义】对话框

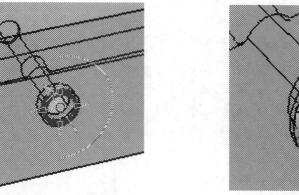

图 4-109 创建点 1

图 4-111 定义放置平面

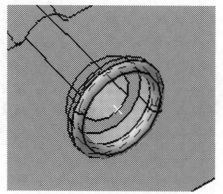

图 4-112 创建 O 型圈腔体

2. 加载上模水塞

在特征树中双击 Mold(Mold.1)节点，此时系统激活该产品。选择【插入】|【注射部件】|【管接头】命令，系统弹出【定义管连接件】对话框，如图 4-113 所示。在【定义管连接件】对话框中单击【目录浏览器】按钮 ◎，系统弹出【目录浏览器】对话框；在此对话框中双击 HASCO | Connector Plug_Z94 选项，在系统弹出的【尺寸】列表中选择 Z94/8×0.75 选项；单击【确定】按钮，返回至

【定义管连接件】对话框。选取动模板侧面为水塞放置面，选取水塞放置点，如图 4-114 所示。单击【确定】按钮，完成水塞的加载，如图 4-115 所示。

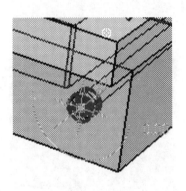

图 4-113   【定义管连接件】对话框   图 4-114   放置水塞

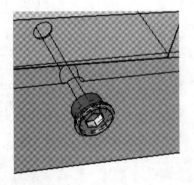

图 4-115   加载水塞

3. 加载水管接头

在特征树中双击 Mold(Mold.1) 节点，此时系统激活该产品。选择【插入】|【注射部件】|【管接头】命令，系统弹出【定义管连接件】对话框。在对话框中单击【目录浏览器】按钮⬙，系统弹出【目录浏览器】对话框；在此对话框中双击 HASCO | Connector Plug _Z81 选项，在系统弹出的【尺寸】列表中选择 Z81/9/8×0.75 选项；单击【确定】按钮，返回至【定义管连接件】对话框。选取动模板侧面为水管接头放置平面，选取如图 4-116 所示的点为放置点，单击【确定】按钮，完成水管接头的加载，如图 4-117 所示。

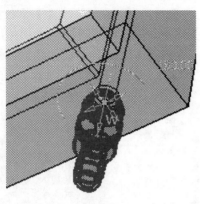

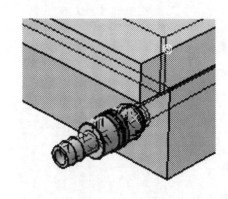

图 4-116　放置接头　　　　　　　　　　　图 4-117　添加的接头

课后练习

> 案例文件：ywj\04\01.CATPart 及其模具文件
>
> 视频文件：光盘→视频课堂→第 4 教学日→4.3

练习案例分析及步骤如下。

本节课后练习创建瓶盖模具的冷却系统，冷却系统可以调节模具温度，便于生产，如图 4-118 所示是完成的瓶盖模具冷却系统。

本节范例主要练习 CATIA 模具的冷却系统创建，首先创建冷却水路，之后创建标准接头，如图 4-119 所示是瓶盖模具冷却系统创建的思路和步骤。

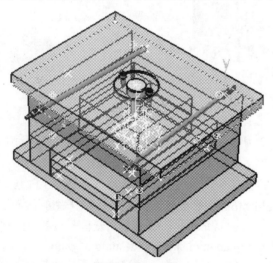

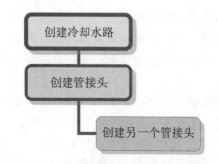

图 4-118　完成的瓶盖模具冷却系统　　　　　图 4-119　瓶盖模具冷却系统的创建步骤

练习案例操作步骤如下。

step 01　首先创建冷却水路。在特征树中依次单击 Mold(Mold.1)、InjectionSide(InjectionSide.1)、CavityCooling(CavityCooling.1)节点前的"+"号，然后双击 CavityCooloing 节点，单击【参

考元素】工具栏中的【点】按钮 ■，弹出【点定义】对话框。在【点类型】下拉列表框中选择【平面上】选项，选择平面创建点，单击【确定】按钮，完成点1的创建，如图4-120所示。

step 02 单击【参考元素】工具栏中的【点】按钮 ■，创建第二个点，如图4-121所示。

图 4-120 创建点 1

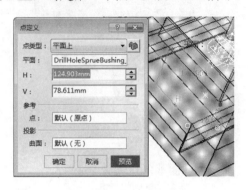

图 4-121 创建点 2

step 03 单击【参考元素】工具栏中的【点】按钮 ■，创建第三个点，如图4-122所示。

step 04 单击【参考元素】工具栏中的【点】按钮 ■，创建第四个点，如图4-123所示。

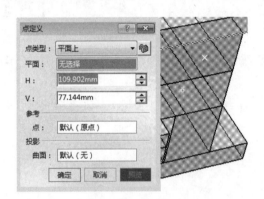

图 4-122 创建点 3

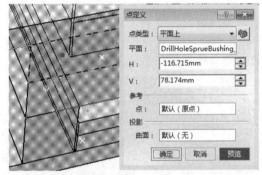

图 4-123 创建点 4

step 05 在特征树中双击 Mold(Mold.1)节点，选择【插入】|【注射部件】|【冷却管路】命令，在绘图区中依次选取前面创建的点1和点2为水道通过点，此时弹出如图4-124所示的【冷却水路定义】对话框。修改对话框中的尺寸，单击【确定】按钮，完成水路创建。

step 06 选择【插入】|【注射部件】|【冷却管路】命令，创建第二条水路，如图4-125所示。

step 07 最后创建管接头。在特征树中双击 Mold(Mold.1)节点，选择【插入】|【注射部件】|【管接头】命令，弹出【定义管连接件】对话框。在对话框中单击【目录浏览器】按钮 ⌷，系统弹出【目录浏览器 F:\CATIA 2014\win_b64\startup\components\MoldCatalog\Conm...】对话框；在此对话框中双击 HASCO | Connector Plug_Z801 选项，在系统弹出的【尺寸】列表中选择 Z81/5 选项，单击【确定】按钮，如图4-126所示。

step 08 系统返回至【定义管连接件】对话框，选取动模板侧面为水管接头放置平面，选取如图4-127所示的点为放置点，单击【确定】按钮，完成水管接头的放置。

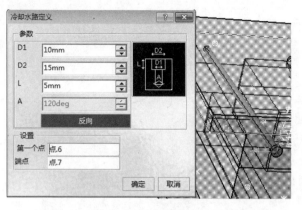

图 4-124　创建水路

图 4-125　创建第二条水路

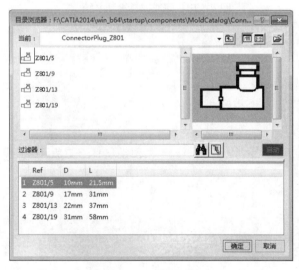

图 4-126　创建连接头

图 4-127　放置接头

step 09　选择【插入】|【注射部件】|【管接头】命令，弹出【定义管连接件】对话框，创建第
二个接头，如图 4-128 所示。

step 10　完成的瓶盖模具冷却系统如图 4-129 所示。

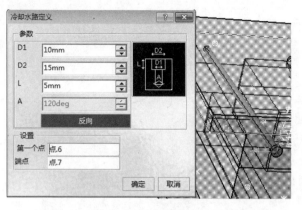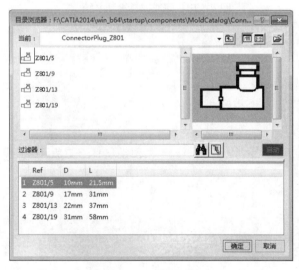

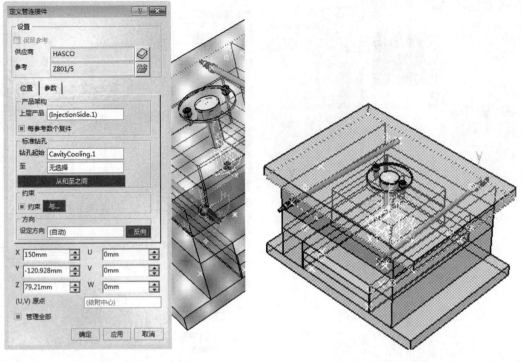

图 4-128　放置第二个接头　　　　　　　　图 4-129　完成模具冷却系统

机械设计实践：热流道模具有多种优点，但是模具元件价格比较高，导致热流道模具成本会大幅度增高。如果零件产量小，模具工具成本比例高，经济上就不划算。对许多发展中国家的模具用户来说，热流道系统价格高是影响热流道模具使用的主要问题。如图 4-130 所示是多口的热流道模具。

图 4-130　多口热流道模具

第4课 [2课时] 添加标准件

　　模架添加完成后还有大量的标准件需要添加。模架中的标准件是指已标准化的一部分零件，这部分零件可以替换使用，以提高模具的生产效率及修复效率。本课将讲述如何加载和编辑标准件。下面是对常用标准件的介绍。

　　滑块(Slide)如图 4-131 所示，其各个参数的含义如下。

　　L——滑块支撑长度　　　　　　　W——滑块支撑宽度

　　H——滑块支撑高度　　　　　　　WT——滑块导轨宽度

　　HT——滑块导轨高度　　　　　　　LP——滑块体长度

HP——滑块体高度　　　　AP——滑块体角度

LF——滑块成型部位长度　　HF——滑块成型部位高度

WF——滑块成型部位宽度　　HD——滑块成型部位抬高尺寸

Anglepinpos——斜导柱定位角度

Anglepinos——斜导柱孔直径

导轨固定器(Retainers)如图4-132所示，其各个参数的含义如下。

L——导轨长度

W——导轨间宽度

WT——导轨固定高度

HT——导轨固定部分高度

WR——导轨宽度

HR——导轨高度

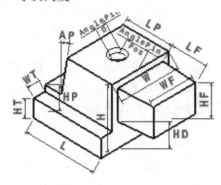

图 4-131　滑块

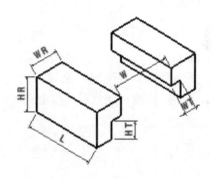

图 4-132　导轨固定器

镶嵌件(Insert)如图4-133所示，其各个参数的含义如下。

L——镶嵌件长度

W——镶嵌件宽度

H——镶嵌件高度或直径

其余的常见模具标准件如表4-1所示。

图 4-133　镶嵌件

表 4-1　模具标准件

名　称	图　表	模　型　图	名　称	图　表	模　型　图
顶出销			顶出器		
平坦顶出器			顶出套筒		
核心销			停止销		
角度销			退出块		

on

4.4.1 标准件基础

行业知识链接：随着塑料工业的发展，塑料制品的复杂性、精度等要求愈来愈高，对模具材料也提出更高要求。对于制造复杂、精密和耐腐蚀性的塑料模，可采用预硬钢(如 PMS)、耐蚀钢(如 PCR)和低碳马氏体时效钢(如 18Ni-250)，它们均具有较好的切削加工、热处理和抛光性能及较高强度。如图 4-134 所示是不同模型的分型面分型结构。

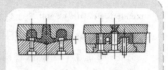

图 4-134　分型面分型结构

在 CATIA V5 中标准件的加载如同模架加载一样简单，并且尺寸的修改也同样可以在系统弹出的相关对话框中完成。本节将对标准件中某一个零件的加载和编辑进行简要讲解。

首先打开文件，在【导向部件】工具条中单击【增加导柱】按钮，系统弹出【导柱定义】对话框，如图 4-135 所示。

1. 标准件的目录和类型

CATIA V5 中的标准件都由 Dme、Eoc、Futaba 及 Hasco 等供应商提供。单击【导柱定义】对话框中的【目录浏览器】按钮 ◎，系统弹出【目录浏览器：F:\CATIA2014\win_b64\startup\components\MoldCatalog\...】对话框，在此对话框中选择提供标准件的供应商，如图 4-136 所示。

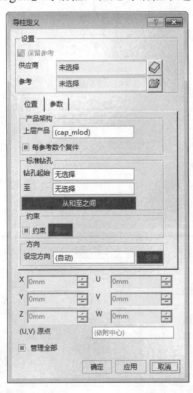

图 4-135　【导柱定义】对话框

图 4-136　【目录浏览器 F:\CATIA 2014\win_b64\startup\components\MoldCatalog\...】对话框

在 CATIA V5 中有多种供应商提供的标准件供用户选择，并且每个供应商提供的标准件都有很多不同的类型。在选用标准件的时候，首先要考虑的是标准件与选用的模架是否为同一个供应商提供的，若此供应商不能提供所需要的标准件或型号不能满足要求，再考虑选用其他供应商提供的标准件。例如：选取 Futaba 供应商提供的标准件时，就会有图 4-137 所示的几种类型。

图 4-137　不同的标准件类型

2. 标准件尺寸的选择

当定义完标准件的类型后，还需要确定标准件的尺寸，这就要从选定的模架尺寸、产品特点和生产成本等方面综合考虑，来确定该标准件的尺寸。在【目录浏览器 F:\CATIA2014\win_b64\startup\components\MoldCata】对话框中选择"Sleeve_TD"类型。

方法一：

在【目录浏览器：F:\CATIA2014\win_b64\startup\components\MoldCata...】对话框的【尺寸】列表中，选择适合模具结构和产品特点的尺寸，此时在【细节尺寸】列表中就会出现所选择标准件的全部尺寸，单击【确定】按钮后，完成尺寸的选择，如图 4-138 所示。

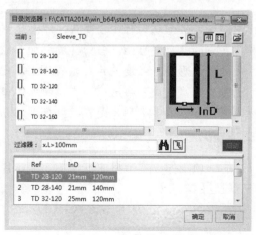

图 4-138　选择标准尺寸

方法二：

在【目录浏览器：F:\CATIA2014\win_b64\startup\components\MoldCata\...】对话框的【尺寸】列表中任意选择一个尺寸，单击【确定】按钮后，系统返回至图 4-139 所示的【导柱定义】对话框，在对话框中单击【设计表配置】按钮 ▓ ，系统弹出如图 4-140 所示的【tableTD，配置行：17】对话框，在此对话框中选择合适的尺寸。

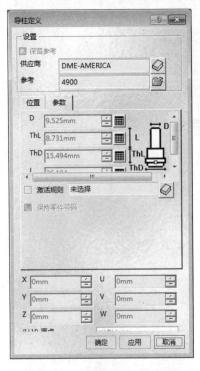

图 4-139　【导柱定义】对话框

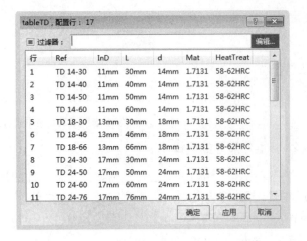

图 4-140　【tableTD，配置行：17】对话框

4.4.2　标准件加载和编辑

行业知识链接： 塑料注射模的零件形状往往比较复杂，淬火后难以加工，因此应尽量选用具有良好的热稳定性的，当模具成型加工经热处理后因线膨胀系数小，热处理变形小，温度差异引起的尺寸变化率小，金相组织和模具尺寸稳定，可减少或不再进行加工，即可保证模具尺寸精度和表面粗糙度要求。如图 4-141 所示是模具分模后的分型面部分。

图 4-141　模具分模

添加标准件是完善模具设计的一项工作，本节将通过添加导柱、导套、推杆、复位杆及复位弹簧等来讲解标准件添加及编辑的一般过程。

1. 加载导柱

打开模架文件。在特征树中双击 Mold(Mold.1)节点下的 EjectionSide.(EjectionSide.1)，此时系统激

活该产品(隐藏上模和型腔),如图 4-142 所示。

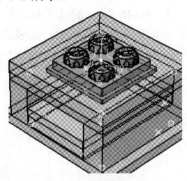

图 4-142　加载模架

选择【插入】|【导向部件】|【导柱】命令,系统弹出【导柱定义】对话框。在对话框中单击【目录浏览器】按钮 ⬙,系统弹出【目录浏览器:F:\CATIA2014\win_b64\startup\components\MoldCatalog...】对话框,如图 4-143 所示。在【目录浏览器】对话框中双击 Futaba | LeaderPin_M-GPA | M-GPA-30×72×34 选项;单击【确定】按钮,系统返回至【导柱定义】对话框。在模型中选择如图 4-144 所示的 4 个点为导柱放置点,方向向上,单击【确定】按钮,完成导柱的加载。

提示:若加载的定位圈方向不对,可以通过单击【导柱定义】对话框的【方向】选项组中的【反向】按钮来调整。

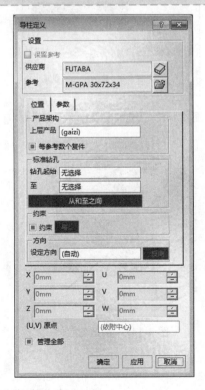

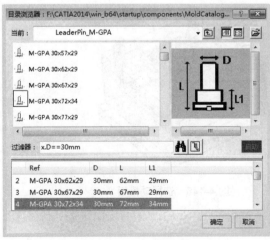

图 4-143　选择导柱

选择【工具】|【钻部件】命令，系统弹出如图 4-145 所示的【定义钻头部件】对话框。激活对话框中的【欲钻部件】选择框，选取如图 4-146 所示的动模板为打孔对象；激活对话框中的【钻头部件】选择框，选取 4 个导柱为孔特征。单击【确定】按钮，完成腔体的创建，如图 4-147 所示。

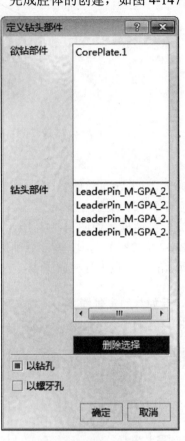

图 4-145　【定义钻头部件】对话框

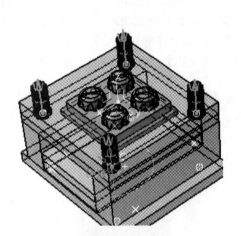

图 4-144　定义放置点

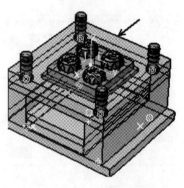

图 4-146　选择动模板

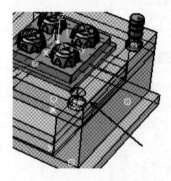

图 4-147　创建的腔体

2. 加载导套

在特征树中双击 Mold(Mold.1)节点下的 InjectionSide(InjectionSide.1)，此时系统激活该产品(隐藏

下模和型芯), 如图 4-148 所示。

选择【插入】|【导向部件】|【导套】命令, 系统弹出【导套定义】对话框。在【导套定义】对话框中单击【目录浏览器】按钮 ◈, 系统弹出【目录浏览器: F:\CATIA2014\win_b64\startup\components\MoldCatalog...】对话框; 在此对话框中双击 Fcpk | Sleeve_TUE 选项, 在系统弹出的【尺寸】列表中选择 TUE-30 选项; 单击【确定】按钮, 系统返回至【导套定义】对话框。在模型中选取如图 4-149 所示的 4 个点为导套放置点, 单击【确定】按钮, 完成导套的加载。

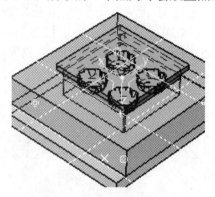

图 4-148　显示的模架

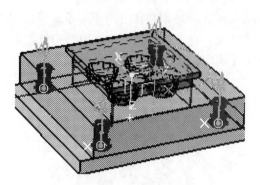

图 4-149　定义放置点

选择【工具】|【钻部件】命令, 系统弹出【定义钻头部件】对话框。激活对话框中的【欲钻部件】选择框, 选取如图 4-150 所示的定模板为打孔对象; 激活对话框中的【钻头部件】选择框, 选取 4 个导套为孔特征, 单击【确定】按钮, 完成腔体的创建, 如图 4-151 所示。

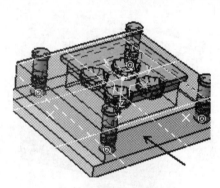

图 4-150　选择欲钻部件

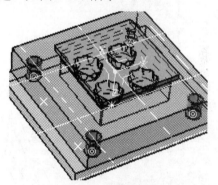

图 4-151　创建的腔体

3. 加载上模紧固螺钉

选择【插入】|【紧固部件】|【螺丝头】命令, 系统弹出【螺丝头定义】对话框。在【螺丝头定义】对话框中单击【目录浏览器】按钮 ◈, 系统弹出【目录浏览器】对话框; 在此对话框中双击 HASCO | CapScerw_Z30 选项, 在系统弹出的【尺寸】列表中选择 Z30/16×40 选项; 单击【确定】按钮, 系统返回至【螺丝头定义】对话框。在模型中选取如图 4-152 所示的 4 个点为紧固螺钉放置点, 方向向下。单击【确定】按钮, 完成紧固螺钉的添加。

选择【工具】|【钻部件】命令, 系统弹出【定义钻头部件】对话框。激活对话框中的【欲钻部件】选择框, 选取如图 4-153 所示的定模板为打孔对象; 激活对话框中的【钻头部件】选择框, 选取

4 个螺钉为孔特征，单击【确定】按钮，完成腔体的创建，如图 4-154 所示。

4. 加载下模紧固螺钉

加载动模座板、垫板、动模支撑板和动模板间的紧固螺钉。在特征树中双击 EjectionSide (EjectionSide.1)节点，激活此产品(隐藏上模和型腔)。

选择【插入】|【紧固部件】|【螺丝头】命令，系统弹出【螺丝头定义】对话框。在【螺丝头定义】对话框中单击【目录浏览器】按钮 ⊘，系统弹出【目录浏览器】对话框，双击 Dme | CapScrew_Is610 选项，在弹出的【尺寸】列表中选择 Is610-M20×140 选项；单击【确定】按钮，系统返回至【螺丝头定义】对话框。在模型中选取如图 4-155 所示的 4 个点为紧固螺钉放置点，方向向下；单击【确定】按钮，完成紧固螺钉的加载。

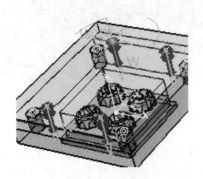

图 4-152　定义放置点

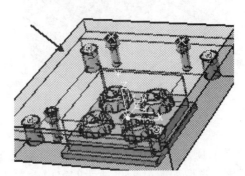

图 4-153　选择定模板

图 4-154　创建腔体

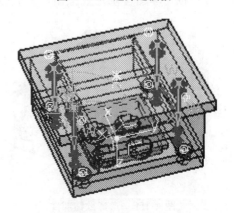

图 4-155　定义放置点

选择【工具】|【钻部件】命令，系统弹出【定义钻头部件】对话框。激活对话框中的【欲钻部件】选择框，选取如图 4-156 所示的动模座板、垫板(2 块)、动模支撑和动模板为打孔对象；激活对话框中的【钻头部件】选择框，选取 4 个紧固螺钉为孔特征。单击【确定】按钮，完成腔体的创建，如图 4-157 所示。

5. 加载复位机构

激活零件(隐藏上模、部分下模、型腔和型芯)。在特征树中双击【推杆 System(推杆 System.1)】节点，完成产品的激活。

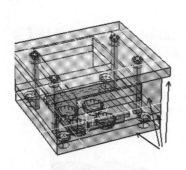

图 4-156　选取打孔对象

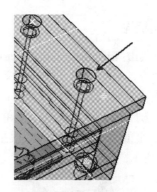

图 4-157　创建的孔腔体

选择【插入】|【顶出部件】|【推杆】命令，系统弹出【推杆定义】对话框。在【推杆定义】对话框中单击【目录浏览器】按钮，系统弹出【目录浏览器】对话框；在此对话框中双击 HASCO | Ejector_Z40 选项，在弹出的【尺寸】列表中选择 Z40/16×125 选项；单击【确定】按钮，系统返回至【推杆定义】对话框。在模型中选择 4 个点，作为放置位置，如图 4-158 所示。

选择【工具】|【钻部件】命令，系统弹出【定义钻头部件】对话框。激活对话框中的【欲钻部件】选择框，选取如图 4-159 所示的动模支撑板为打孔对象；激活对话框中的【钻头部件】选择框，选择 4 个推杆为孔特征。单击【确定】按钮，完成腔体的创建，如图 4-160 所示。

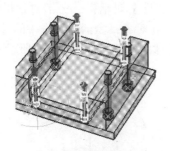

图 4-158　放置推杆

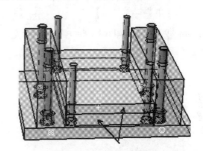

图 4-159　选择打孔对象

选择【插入】|【其他部件】|【弹簧】命令，系统弹出【弹簧定义】对话框。在【推杆定义】对话框中单击【目录浏览器】按钮，系统弹出【目录浏览器】对话框；在此对话框中双击 Dme | Spring_Wz8065 选项，在系统弹出的【尺寸】列表中选择 Wz8065 32×69 选项，系统返回至【弹簧定义】对话框。在模型中选择 4 个点，作为放置位置，单击【确定】按钮，如图 4-161 所示。

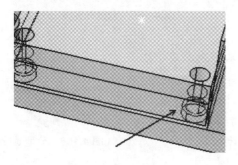

图 4-160　创建腔体

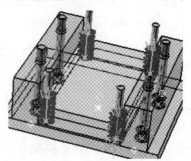

图 4-161　放置弹簧

6. 加载推出机构

在特征树中双击 EjectorSystem(EjectorSystem.1)节点，完成产品的激活。选择【插入】|【顶出部件】|【推杆】命令，系统弹出【推杆定义】对话框。在【推杆定义】对话框中单击【目录浏览器】按钮，系统弹出【目录浏览器】对话框；在此对话框中双击 Dme | Ejector_A 选项，在系统弹出的【尺寸】列表中选择 EA 3.7-160 选项；单击【确定】按钮，系统返回至【推杆定义】对话框。选取如图 4-162 所示的平面为放置平面，在模型中选择推杆的放置点。单击【确定】按钮，完成推杆的加载，如图 4-163 所示。

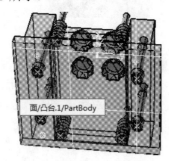

图 4-162　选择放置面

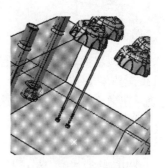

图 4-163　创建推杆

选择【工具】|【钻部件】命令，系统弹出【定义钻头部件】对话框。激活对话框中的【欲钻部件】选择框，选取如图 4-164 所示的动模支撑板和型芯为打孔对象；激活对话框中的【钻头部件】选择框，选择两个推杆为孔特征。单击【确定】按钮，完成腔体的创建，如图 4-165 所示。

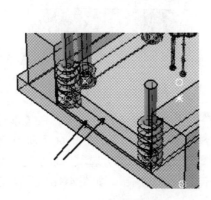

图 4-164　选择打孔对象

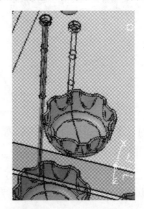

图 4-165　创建的腔体

　　机械设计实践：为了保证产品的尺寸精度，应尽量把有尺寸精度要求的部分设在同一模块上以减小制造和装配误差等。在分型面处不可避免地出现飞边，因此应避免在外观光滑面上设计分型面。为保证型腔的顺利排气，分型面尽可能与最后充填满的型腔表壁重合，以利于型腔排气。如图 4-166 所示是模架中分型面的设计部分。

图 4-166　分型面设计部分

阶段进阶练习

本教学日首先讲解了创建分型线的方法，在创建分型线时，过渡点的放置较为重要。之后介绍了分型面的相关知识，分型面可以说是模具设计中比较重要的步骤，分型面选择的好坏直接影响到模具质量，从而对产品会起到一定的作用。本教学日重点讲解了型腔和型芯的设计，希望读者能够认真学习掌握。实际上，使用注塑模向导模块进行设计的关键在于一个思路，大体上应该按照提取产品面、创建补面、创建分型线、创建分型面、分型这几大步骤进行操作。

如图 4-167 所示是一个变速箱盖子模型，使用本教学日学过的分型命令创建变速箱盖子的分型。

练习步骤和方法如下。

(1) 创建盖子模型。

(2) 创建分型线。

(3) 修补面。

(4) 创建分型面。

(5) 创建模具型芯型腔。

图 4-167　变速箱盖子模型

设计师职业培训教程

第 ⑤ 教学日

数控技术即数字控制技术(Numerical Control Technology，简称 NC 技术)的简称，是指用计算机以数字指令的方式控制机床动作的技术。数控加工具有产品精度高、自动化程度高、生产效率高以及生产成本低等特点，在制造业及航天工业，数控加工是所有生产技术中相当重要的一环。尤其是汽车或航天产业零部件，其几何外形复杂且精度要求较高，更突出了 NC 加工制造技术的优点。

本教学日主要介绍 CATIA 数控加工的基础知识，内容包括数控编程以及加工工艺基础等。

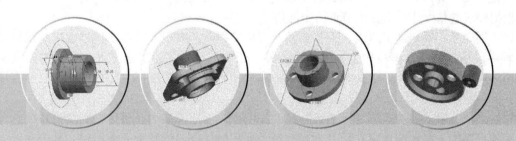

第①课 1课时 设计师职业知识——数控加工基础

数控加工设计的目的是编制制作程序。编程一般可以分为手工编程和自动编程。手工编程是指从零件图样分析、工艺处理、数值计算、编写程序单，直到程序校核等各步骤的数控编程工作均由人工完成。手工编程方法适用于零件形状不太复杂、加工程序较短的情况，而复杂形状的零件，如具有非圆曲线、列表曲面和组合曲面的零件，或形状虽不复杂但是程序很长的零件，则比较适合于自动编程。

5.1.1 数控加工编程工艺

自动数控编程是从零件的设计模型(即参考模型)直接获得数控加工程序，其主要任务是计算加工进给过程中的刀位点(Cutter Location Point，简称 CL 点)，从而生成 CL 数据文件。采用自动编程技术可以帮助人们解决复杂零件的数控加工编程问题，其大部分工作由计算机来完成，可以大大提高编程效率，还能解决手工编程无法解决的许多复杂形状零件的加工编程问题。

CATIA 数控模块提供了多种加工类型，可用于各种复杂零件的粗精加工，用户可以根据零件结构、加工表面形状和加工精度要求选择合适的加工类型。

数控编程的主要内容有：分析零件图样、工艺处理、数值处理、编写加工程序单、输入数控系统、程序检验及试切。

(1) 分析零件图样及工艺处理。在确定加工工艺过程时，编程人员首先应根据零件图样对工件的形状、尺寸和技术要求等进行分析，然后选择合适的加工方案，确定加工顺序和路线、装夹方式、刀具以及切削参数。

(2) 数值处理。根据图样的几何尺寸、确定的工艺路线及设定的坐标系，计算工件粗、精加工的运动轨迹，得到刀位数据。零件图样坐标系与编程坐标系不一致时，需要对坐标进行换算。形状比较简单的零件的轮廓加工，需要计算出几何元素的起点、终点及圆弧的圆心、两几何元素的交点或切点的坐标值，有的还需要计算刀具中心运动轨迹的坐标值。对于形状比较复杂的零件，需要用直线段或圆弧段逼近，根据要求的精度计算出各个节点的坐标值。

(3) 编写加工程序单。确定加工路线、工艺参数及刀位数据后，编程人员可以根据数控系统规定的指令代码及程序段格式，逐段编写加工程序单。此外，还应填写有关的工艺文件，如数控刀具卡片、数控刀具明细表和数控加工工序卡片等。随着数控编程技术的发展，现在大部分的机床已经直接采用自动编程。

(4) 输入数控系统。输入数控系统是指把编制好的加工程序，通过某种介质传输到数控系统。过去我国数控机床的程序输入一般使用穿孔纸带，穿孔纸带的程序代码通过纸带阅读器输入数控系统。随着计算机技术的发展，现代数控机床主要利用键盘将程序输入计算机。随着网络技术进入工业领域，通过 CAM(Computer Aided Manufacturing)生成的数控加工程序可以通过数据接口直接传输到数控系统。

(5) 程序检验及试切。程序单必须经过检验和试切才能正式使用。检验的方法是直接将加工程序输入到数控系统中，让机床空运转，即以笔代刀，以坐标纸代替工件，画出加工路线，以检查机床的运动轨迹是否正确。若数控机床有图形显示功能，可以采用模拟刀具切削过程的方法进行检验。但这些过程只能检验出运动是否正确，不能检查被加工零件的精度，因此必须进行零件的首件试切。首件试切时，应该以单程序段的运行方式进行加工，监视加工状况，调整切削参数和状态。

从以上内容来看，作为一名数控编程人员，不但要熟悉数控机床的结构、功能及标准，而且必须熟悉零件的加工工艺、装夹方法、刀具以及切削参数的选择等方面的知识。

5.1.2 数控机床

1. 数控机床的组成

数控机床的种类很多，但是任何一种数控机床都主要由数控系统、伺服系统和机床主体三大部分以及辅助控制系统等组成。

1) 数控系统

数控系统是数控机床的核心，是数控机床的"指挥系统"，其主要作用是对输入的零件加工程序进行数字运算和逻辑运算，然后向伺服系统发出控制信号。现代数控系统通常是一台带有专门的系统软件的计算机系统，开放式数控系统就是将 PC 机配以数控系统软件而构成的。

2) 伺服系统

伺服系统(也称驱动系统)是数控机床的执行机构，由驱动和执行两大部分组成，具体包括位置控制单元、速度控制单元、执行电动机和测量反馈单元等部分，主要用于实现数控机床的进给伺服控制和主轴伺服控制。它接收数控系统发出的各种指令信息，经功率放大后，严格按照指令信息的要求控制机床运动部件的进给速度、方向和位移。目前数控机床的伺服系统中，常用的位移执行机构有步进电动机、电液马达、直流伺服电动机和交流伺服电动机，后两者均带有光电编码器等位置测量元件。

3) 机床主体

机床主体是加工运动的实际部件，除了机床基础件以外，还包括主轴部件、进给部件、实现工件回转与定位的装置和附件、辅助系统和装置(如液压、气压、防护等装置)、刀库和三动换刀装置(Automatic Tools Changer，ATC)、自动托盘交换装置(Automatic Pallet Changer，APC)。机床基础件通常是指床身或底座、立柱、横梁和工作台等，它是整台机床的基础和框架。加工中心则还应具有ATC，有的还有双工位 APC 等。数控机床的本体结构与传统机床相比，发生了很大变化，普遍采用了滚珠丝杠、滚动导轨，传动效率更高。由于现代数控机床减少了齿轮的使用数量，使得传动系统更加简单。数控机床可根据自动化程度、可靠性要求和特殊功能需要，选用各种类型的刀具破损监控系统、机床与工件精度检测系统、补偿装置和其他附件等。

2. 数控机床的特点

科学技术和市场经济的不断发展，对机械产品的质量、生产率和新产品的开发周期提出了越来越高的要求。为了满足上述要求，适应科学技术和经济的不断发展，数控机床应运而生了。如图 5-1 所示为 CNC 数控铣床，如图 5-2 所示为数控加工中心。

数控机床自问世以来得到了高速发展，并逐渐为各国生产组织和管理者接受，这与它在加工中表现出来的特点是分不开的。数控机床具有以下主要特点。

(1) 高精度，加工重复性高。目前，普通数控加工的尺寸精度通常可达到±0.005 mm。数控装置的脉冲当量(即机床移动部件的移动量)一般为 0.001 mm，高精度的数控系统可达 0.0001 mm。数控加工过程中，机床始终都在指定的控制指令下工作，消除了工人操作所引起的误差，不仅提高了同一批加工零件尺寸的统一性，而且产品质量能得到保证，废品率也大为降低。

图 5-1　CNC 数控铣床　　　　　　　　　图 5-2　数控加工中心

(2) 高效率。机床自动化程度高，工序、刀具可自行更换、检测。例如，加工中心在一次装夹后，除定位表面不能加工外，其余表面均可加工；生产准备周期短，加工对象变化时，一般不需要专门的工艺装备设计制造时间；切削加工中可采用最佳切削参数和走刀路线。数控铣床一般不需要使用专用夹具和工艺装备。在更换工件时，只需调用储存于计算机的加工程序、装夹工件和调整刀具数据即可，可大大缩短生产周期。更主要的是数控铣床的万能性带来的高效率，如一般的数控铣床都具有铣床、镗床和钻床的功能，工序高度集中，提高了劳动生产率，并减少了工件的装夹误差。

(3) 高柔性。数控机床的最大特点是高柔性，即通用、灵活、万能，可以适应加工不同形状的工件。如数控铣床一般能完成铣平面、铣斜面、铣槽、铣削曲面、钻孔、镗孔、铰孔、攻螺纹和铣削螺纹等加工，而且一般情况下，可以在一次装夹中完成所需的所有加工工序。

(4) 大大减轻了操作者的劳动强度。数控铣床是根据加工前编好的程序自动完成零件加工的。操作者除了操作键盘、装卸工件、进行中间测量及观察机床运行外，不需要进行繁重的重复性手工操作，大大减轻了劳动强度。

(5) 易于建立计算机通信网络。数控机床使用数字信息作为控制信息，易于与 CAD(Computer Aided Design)系统连接，从而形成 CAD/CAM 一体化系统，它是 FMS(柔性制造系统)、CIMS(计算机一体化制造系统)等现代制造技术的基础。

(6) 初期投资大，加工成本高。数控机床的价格一般是普通机床的若干倍，且机床备件的价格也高；另外，加工首件需要进行编程、程序调试和试加工，时间较长，因此使零件的加工成本也大大高于普通机床。

3. 数控机床的分类

1) 按工艺用途分类

按工艺用途分类，数控机床可分为数控钻床、车床、铣床、磨床和齿轮加工机床等，还有压床、冲床、电火花切割机、火焰切割机和点焊机等也都采用数字控制。加工中心是带有刀库及自动换刀装置的数控机床，它可以在一台机床上实现多种加工。工件只需一次装夹，就可以完成多种加工，这样既节省了工时，又提高了加工精度。加工中心特别适用于箱体类和壳类零件的加工。车削加工中心可以完成所有回转体零件的加工。

2) 按机床数控运动轨迹划分

点位控制数控机床(PTP)：指在刀具运动时，不考虑两点间的轨迹，只控制刀具相对于工件位移的准确性。这种控制方法不仅可以用于数控冲床、数控钻床及数控点焊设备，还可用在数控坐标镗铣床上。

点位直线控制数控机床：就是要求在点位准确控制的基础上，还要保证刀具运动轨迹是一条直线，并且刀具在运动过程中还要进行切削加工。采用这种控制的机床有数控车床、数控铣床和数控磨床等，一般用于加工矩形和台阶形零件。

轮廓控制数控机床(CP)：轮廓控制(亦称连续控制)是对两个或两个以上的坐标运动进行控制(多坐标联动)，刀具运动轨迹可为空间曲线。它不仅能保证各点的位置，而且还能控制加工过程中的位移速度，即刀具的轨迹。既要保证尺寸的精度，还要保证形状的精度。在运动过程中，同时要向两个坐标轴分配脉冲，使它们能走出要求的形状来，这就叫插补运算。它是一种软仿形加工，而不是硬(靠模)仿形加工，并且这种软仿形加工的精度比硬仿形加工的精度高很多。这类机床主要有数控车床、数控铣床、数控线切割机和加工中心等。在模具行业中，对于一些复杂曲面的加工，多使用这类机床，如三坐标以上的数控铣床或加工中心。

3) 按伺服系统控制方式划分

开环控制是无位置反馈的一种控制方法，它采用的控制对象、执行机构多半是步进式电动机或液压转矩放大器。因为没有位置反馈，所以其加工精度及稳定性差，但其结构简单，价格低廉，控制方法简单。对于精度要求不高且功率需求不大的情况，这种数控机床还是比较适用的。

半闭环控制是在丝杠上装有角度测量装置作为间接的位置反馈。因为这种系统未将丝杠螺母副和齿轮传动副等传动装置包含在反馈系统中，因而称之为半闭环控制系统。它不能补偿传动装置的传动误差，但却得以获得稳定的控制特性。这类系统介于开环与闭环之间，精度没有闭环高，调试比闭环方便。

闭环控制系统是对机床移动部件的位置直接用直线位置检测装置进行检测，再把实际测量出的位置反馈到数控装置中，与输入指令比较看是否有差值，然后把这个差值经过放大和变换，最后去驱动工作台向减少误差的方向移动，直到差值符合精度要求为止。这类控制系统，因为把机床工作台纳入了位置控制环，故称为闭环控制系统。该系统可以消除包括工作台传动链在内的运动误差，因而定位精度高，调节速度快。但由于该系统受到进给丝杠的拉压刚度、扭转刚度、摩擦阻尼特性和间隙等非线性因素的影响，因此给调试工作造成较大的困难。如果各种参数匹配不当，将会引起系统振荡，造成系统不稳定，影响定位精度。

4) 按联动坐标轴数划分

两轴联动数控机床：主要用于三轴以上控制的机床，其中任意两轴作插补联动，第三轴作单独的周期进给，常称 2.5 轴联动。

三轴联动数控机床：X、Y、Z 三轴可同时进行插补联动。

四轴联动数控机床：就是四轴同时为一个目标点运动的机床切削运动。

五轴联动数控机床：除了同时控制 X、Y、Z 三个直线坐标轴联动以外，还同时控制围绕这些直线坐标轴旋转的 A、B、C 坐标轴中的两个坐标，即同时控制五个坐标轴联动。这时刀具可以被定位在空间的任何位置。

4. 数控机床的坐标系

数控机床的坐标系统包括坐标系、坐标原点和运动方向，对于数控加工及编程，它是一个十分重要的概念。每一个数控编程员和操作者，都必须对数控机床的坐标系有一个很清晰的认识。为了使数控系统规范化及简化数控编程，ISO 对数控机床的坐标系统做了若干规定。关于数控机床坐标和运动方向命名的详细内容，可参阅 JB/T 3051—1999 的规定。

机床坐标系是机床上固有的坐标系，是机床加工运动的基本坐标系，是考察刀具在机床上的实际运动位置的基准坐标系。对于具体机床来说，有的是刀具移动工作台不动，有的则是刀具不动而工作台移动。然而不管是刀具移动还是工件移动，机床坐标系永远假定刀具相对于静止的工件而运动，同时运动的正方向是增大工件和刀具之间距离的方向。为了编程方便，一律规定为工件固定，刀具运动。

标准的坐标系是一个右手直角坐标系，如图 5-3 所示。拇指指向为 X 轴，食指指向为 Y 轴，中指指向为 Z 轴。一般情况下，主轴的方向为 Z 坐标，而工作台的两个运动方向分别为 X、Y 坐标。若有旋转轴时，规定绕 X、Y、Z 轴的旋转轴分别为 A、B、C 轴，其方向为右旋螺纹方向。旋转轴的原点一般定在水平面上。

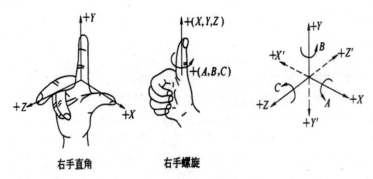

图 5-3   右手直角和旋转坐标系

图 5-4 是典型的单立柱立式数控铣床加工运动坐标系示意图。刀具沿与地面垂直的方向上下运动，工作台带动工件在与地面平行的平面内运动。机床坐标系的 Z 轴是刀具的运动方向，并且刀具向上运动为正方向，即远离工件的方向。当面对机床进行操作时，刀具相对工件的左右运动方向为 X 轴，并且刀具相对工件向右运动(即工作台带动工件向左运动)时为 X 轴的正方向。Y 轴的方向可用右手法则确定。

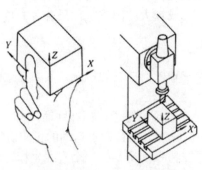

图 5-4   铣床加工运动坐标系

2课时 数控编程和加工工艺

5.2.1 数控工序

> **行业知识链接**：数控加工参数即实际加工时的数据。NX 数控加工创建的是加工工序，工序中包含各种设置。如铣削用的机床有卧式铣床或立式铣床，也有大型的龙门铣床，铣刀的设置即属于参数组设置。如图 5-5 所示是龙门铣床。

图 5-5　龙门铣床

1. 数控工序的安排

1) 工序划分的原则

与普通机床加工相比，加工工序划分有其自身的特点，常用的工序划分有以下两项原则。

- 保证精度的原则：数控加工要求工序尽可能集中，通常粗、精加工在一次装夹下完成，为减少热变形和切削力变形对工件的形状精度、位置精度、尺寸精度和表面粗糙度的影响，应将粗、精加工分开进行。对轴类或盘类零件，可以将各处先粗加工，留少量余量精加工，来保证表面质量要求。同时，对一些箱体工件，为保证孔的加工精度，应先加工表面而后加工孔。

- 提高生产效率的原则：数控加工中，为减少换刀次数，节省换刀时间，应将需用同一把刀加工的加工部位全部完成后，再换另一把刀来加工其他部位；同时应尽量减少空行程，用同一把刀加工工件的多个部位时，应以最短的路线到达各加工部位。

在实际的工序安排中，数控加工工序要根据具体零件的结构特点和技术要求等情况综合考虑。

2) 工序划分的方法

在数控机床上加工零件，工序应比较集中，在一次装夹中应该尽可能完成尽量多的工序。首先应根据零件图样，考虑被加工零件是否可以在一台数控机床上完成整个零件的加工工作。若不能，则应确定哪一部分零件表面需要用数控机床加工。根据数控加工的特点，一般可按如下方法划分工序。

- 按零件装卡定位方式进行划分。对于加工内容很多的零件，可按其结构特点将加工部位分成几个部分，如内形、外形、曲面或平面等。一般加工外形时，以内形定位；加工内形时，以外形定位。因而可以根据定位方式的不同来划分工序。

- 以同一把刀具加工的内容划分。为了减少换刀次数，压缩空程时间，减少不必要的定位误差，可按刀具集中工序的方法加工零件。虽然有些零件在一次安装中能加工出很多待加工面，但考虑到程序太长，会受到某些限制，如控制系统的限制(主要是内存容量)、机床连续工作时间的限制(如一道工序在一个班内不能结束)等，一道工序的内容不能太多。

- 以粗、精加工划分。根据零件的加工精度、刚度和变形等因素来划分工序时，可按粗、精加工分开的原则来进行工序划分，即先粗加工再进行精加工。特别对于易发生加工变形的零件，由于粗加工后可能发生较大的变形而需要进行校形，因此一般来说，凡要进行粗、精加工的工件都要将工序分开。此时可用不同的机床或不同的刀具进行加工。通常在一次装夹中，不允许将零件某一部分表面加工完后，再加工零件的其他表面。

综上所述，在划分工序时，一定要根据零件的结构与工艺性、机床的功能、零件数控加工的内容、装夹次数及本单位生产组织状况等来灵活协调。

对于加工顺序的安排，还应根据零件的结构和毛坯状况，以及定位安装与夹紧的需要来考虑，重点是工件的刚性不被破坏。顺序安排一般应按下列原则进行。

- 要综合考虑上道工序的加工是否影响下道工序的定位与夹紧，中间穿插有通用机床加工工序等因素。
- 先安排内形加工工序，后安排外形加工工序。
- 在同一次安装中完成多道工序时，应先安排对工件刚性破坏小的工序。
- 在安排以相同的定位和夹紧方式或用同一把刀具加工工序时，最好连接进行，以减少重复定位次数、换刀次数与挪动压板次数。

2. 数控加工程序的结构

数控加工程序由为使机床运转而给数控装置的一系列指令的有序集合所构成。一个完整的程序由起始符、程序号、程序内容、程序结束和程序结束符五部分组成，如图 5-6 所示。

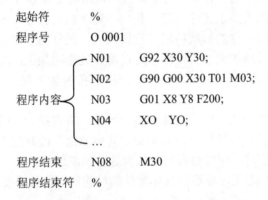

起始符	%
程序号	O 0001
程序内容	N01　G92 X30 Y30;
	N02　G90 G00 X30 T01 M03;
	N03　G01 X8 Y8 F200;
	N04　XO　YO;
	...
程序结束	N08　M30
程序结束符	%

图 5-6　程序的结构

根据系统本身的特点及编程的需要，每种数控系统都有一定的程序格式。因此编程人员必须严格按照机床说明书规定的格式进行编程，靠这些指令使刀具按直线、圆弧或其他曲线运动，控制主轴的回转和停止、切削液的开关，以及自动换刀装置和工作台自动交换装置等的动作。

- 程序起始符。程序起始符位于程序的第一行，一般是"%""$"等。数控机床不同，起始符也有可能不同，应根据具体的数控机床说明书使用。
- 程序号也可称为程序名，是每个程序的开始部分。为了区别存储器中的程序，每个程序都要有程序编号。程序号单列一行，一般有两种形式：一种是以规定的英文字母(通常为 O)为首，后面接若干位数字(通常为 2 位或 4 位)，如 O0001；另一种是以英文字母、数字和符号"—"混合组成，比较灵活。程序名具体采用何种形式，由数控系统决定。
- 程序内容。程序内容是整个程序的核心，由多个程序段(Block)组成。程序段在数控加工程序中，单独占一行，用于指挥机床完成某一个动作。每个程序段又由若干个指令组成，每个指令表示数控机床要完成的全部动作。指令由字(Word)和"；"组成。而字则由地址符和数值构成，如 X(地址符)100.0(数值)Y(地址符)50.0(数值)。字首是一个英文字母，称为字的地址，它决定了字的功能类别。字的长度和顺序一般不固定。

- 程序结束。在程序末尾一般有程序结束指令，如 M30 或 M02，用于停止主轴、冷却液和进给，并使控制系统复位。M30 还可以使程序返回到开始状态，一般在换件时使用。
- 程序结束符。程序结束的标记符，一般与程序起始符相同。

3. 数控指令

数控加工程序的指令由一系列的程序字组成，而程序字通常由地址(Address)和数值(Number)两部分组成，地址通常是某个大写字母。数控加工程序中地址代码的意义如表 5-1 所示。

一般的数控机床可以选择公制单位毫米(mm)或英制单位英寸(in)作为数值单位。公制可以精确到 0.001 mm，英制可以精确到 0.0001 in，这也是一般数控机床的最小移动量。表 5-2 列出了一般数控机床能输入的指令数值范围，而数控机床实际的使用范围受机床本身的限制，因此需要参考数控机床的操作手册而定。例如，表 5-2 中的 X 轴可以移动±99 999.999 mm，但实际上数控机床的 X 轴行程可能只有 650 mm；进给速率 F 最大可输入 10 000.0 mm/min，但实际值可能限制在 3000 mm/min 以下。

表 5-1 编码字符的意义

功　能	地　址	意　义
程序号	O(EIA)	程序序号
顺序号	N	顺序号
准备功能	G	动作模式
尺寸字	X、Y、Z	坐标移动指令
	A、B、C、U、V、W	附加轴移动指令
	R	圆弧半径
	I、J、K	圆弧中心坐标
主轴旋转功能	S	主轴转速
进给功能	F	进给速率
刀具功能	T	刀具号、刀具补偿号
辅助功能	M	辅助装置的接通和断开
补偿号	H、D	补偿序号
暂停	P、X	暂停时间
子程序重复次数	L	重复次数
子程序号指定	P	子程序序号
参数	P、Q、R	固定循环

表 5-2　编码字符的数值范围

功　能	地　址	公制单位	英制单位
程序号	O(ETA)	1～9999	1～9999
顺序号	N	1～9999	1～9999
准备功能	G	0～99	0～99
尺寸字	X、Y、Z、Q、R、I、J、K	±99 999.999mm	±9999.9999in
	A、B、C	±99 999.999°	±99 999.999°
进给速率	F	1～10000.0mm/min	0.01～400.0in/min
主轴转速功能	S	0～9999	0～9999
刀具功能	T	0～99	0～99
辅助功能	M	0～99	0～99
子程序号	P	1～9999	1～9999
暂停	X、P	0～99 999.999s	0～99 999.999s
重复次数	L	1～9999	1～9999
补偿号	D、H	0～32	0～32

1)　语句号指令

语句号指令也称程序段号，是用以识别程序段的编号。在程序段之首，以字母 N 开头，其后为一个 2～4 位的数字。

2)　准备功能指令

准备功能指令以字母 G 开头，后接一个两位数字，因此又称为 G 代码，它是控制机床运动的主要功能类别。G 指令从 G00～G99 共 100 种，如表 5-3 所示。

表 5-3　JB/T 3208—1999 准备功能 G 代码

G 代码	功　能
G00	点定位
G01	直线插补
G02	顺时针方向圆弧插补
G03	逆时针方向圆弧插补
G04	暂停
G05	不指定
G06	抛物线插补
G07	不指定
G08	加速
G09	减速
G10～G16	不指定
G17	XY 平面选择

续表

G 代码	功　能
G18	XY 平面选择
G19	XY 平面选择
G20～G32	不指定
G33	螺纹切削，等螺距
G34	螺纹切削，增螺距
G35	螺纹切削，减螺距
G36～G39	永不指定
G40	刀具补偿/刀具偏置注销
G41	刀具半径左补偿
G42	刀具半径右补偿
G43	刀具右偏置
G44	刀具负偏置
G45	刀具偏置+/+
G46	刀具偏置+/−
G47	刀具偏置−/−
G48	刀具偏置−/+
G49	刀具偏置 0/+
G50	刀具偏置 0/−
G51	刀具偏置+/0
G52	刀具偏置−/+
G53	直线偏移，注销
G54	直线偏移 x
G55	直线偏移 y
G56	直线偏移 z
G57	直线偏移 xy
G58	直线偏移 xz
G59	直线偏移 yz
G60	准确定位 1(精)
G61	准确定位 2(中)
G62	准确定位 3(粗)
G63	攻螺纹
G64～G67	不指定
G68	刀具偏置，内角
G69	刀具偏置，外角
G70～G79	不指定

G 代码	功　能
G80	固定循环注销
G81～G89	固定循环
G90	绝对尺寸
G91	增量尺寸
G92	预置寄存
G93	时间倒数，进给率
G94	每分钟进给
G95	主轴每转进给
G96	横线速度
G97	每分钟转数
G98～G99	不指定

3)　辅助功能指令

辅助功能指令也称作 M 功能或 M 代码，一般由字符 M 及随后的两位数字组成。它是控制机床或系统辅助动作及状态的功能。JB/T 3208—1999 标准中规定的 M 代码从 M00～M99 共 100 种。表 5-4 是部分辅助功能的 M 代码。

表 5-4　部分辅助功能的 M 代码

M 代码	功　能
M00	程序停止
M01	计划停止
M04	主轴逆时针旋转
M05	主轴停止旋转
M06	换刀
M08	冷却液开
M09	冷却液关
M30	程序结束并返回
M74	错误检测功能打开
M75	错误检测功能关闭
M98	子程序调用
M99	子程序调用返回

4)　其他常用功能指令

● 尺寸指令——主要用来指定刀位点坐标位置。如 X、Y、Z 主要用于表示刀位点的坐标值，而 I、J、K 用于表示圆弧刀轨的圆心坐标值。

● F 功能——进给功能。以字符 F 开头，因此又称为 F 指令，用于指定刀具插补运动(即切削运动)的速度，称为进给速度。在只有 X、Y、Z 三坐标运动的情况下，P 代码后面的数值表示刀具的运动速度，单位是 mm/min(对数控车床还可为 mm/r)。如果运动坐标有转角坐标 A、B、C 中的任何一个，则 F 代码后的数值表示进给率，即 $F=l/\Delta t$，Δt 为走完一个程序段所需要的时间，F 的单位为 1/min。

- T 功能——刀具功能。用字符 T 及随后的号码表示，因此也称为 T 指令。用于指定采用的刀具号，该指令在加工中心上使用。Tnn 代码用于选择刀具库中的刀具，但并不执行换刀操作，M06 用于起动换刀操作。Tnn 不一定要放在 M06 之前，只要放在同一程序段中即可。T 指令只有在数控车床上才具有换刀功能。

- S 功能——主轴转速功能。以字符 S 开头，因此又称为 S 指令。用于指定主轴的转速，以其后的数字给出，要求为整数，单位是转/分(r/min)。速度范围可以从 1r/min 到最大的主轴转速。

5.2.2 加工刀具和参数

行业知识链接：创建基本操作时用户也可以先引用模板提供的默认对象创建工序，再创建程序组、几何体、刀具组和加工方法。如图 5-7 所示是铣削过程，开始铣削前要确定刀具、几何体等参数。

图 5-7 铣削过程

1. 加工刀具和切削量设置

加工刀具的选择和切削用量的确定是数控加工工艺中的重要内容，它不仅会影响数控机床的加工效率，而且直接影响加工质量。CAD/CAM 技术的发展，使得在数控加工中直接利用 CAD 的设计数据成为可能。

现在，许多 CAD/CAM 软件包都提供自动编程功能，这些软件一般是在编程界面中提示工艺规划的有关问题，比如刀具选择、加工路径规划和切削用量设定等。编程人员只要设置了有关的参数，就可以自动生成 NC 程序并传输至数控机床完成加工。因此，数控加工中的刀具选择和切削用量的确定是在人机交互状态下完成的，这与普通机床加工形成鲜明的对比，同时也要求编程人员必须掌握刀具选择和切削用量确定的基本原则，在编程时要充分考虑数控加工的特点。

2. 常用刀具

数控加工刀具必须适应数控机床高速、高效和自动化程度高的特点，一般应包括通用刀具、通用连接刀柄及少量专用刀柄。刀柄要连接刀具并装在机床动力头上，因此已逐渐标准化和系列化。数控刀具的分类有多种方法。根据切削工艺可分为：车削刀具(分外圆、内孔、螺纹和切割刀具等多种)、钻削刀具(包括钻头、铰刀和丝锥等)、镗削刀具、铣削刀具等。根据刀具结构可分为：整体式、镶嵌式，采用焊接和机夹式连接，机夹式又可分为不转位和可转位两种。根据制造刀具所用的材料可分为：高速钢刀具、硬质合金刀具、金刚石刀具及其他材料刀具，如陶瓷刀具、立方氮化硼刀具等。为了适应数控机床对刀具耐用、稳定、易调、可换等的要求，机夹式可转位刀具得到广泛的应用，在数量上达到全部数控刀具的 30%～40%，金属切除量占总数的 80%～90%。

数控刀具与普通机床上所用的刀具相比，有许多不同的要求，主要有以下特点。

- 刚性好，精度高，抗振及热变形小。

- 互换性好，便于快速换刀。
- 寿命高，加工性能稳定、可靠。
- 刀具的尺寸便于调整，以减少换刀调整时间。
- 刀具应能可靠地断屑或卷屑，以利于切屑的排除。
- 系列化、标准化，以利于编程和刀具管理。

第3课 [2课时] 加工刀具和切削量

5.3.1 数控加工刀具的选择

行业知识链接：刀具的选择是在数控编程的人机交互状态下进行的。应根据机床的加工能力、加工工序、工件材料的性能、切削用量以及其他相关因素正确选用刀具和刀柄。如图 5-8 所示是各种铣刀类型，它包含在车间文档中。

图 5-8　各种铣刀

1. 刀具选择

刀具选择的总原则是：适用、安全和经济。适用是要求所选择的刀具能达到加工的目的，完成材料的去除，并达到预定的加工精度。安全指的是在有效去除材料的同时，不会产生刀具的碰撞和折断等，要保证刀具及刀柄不会与工件相碰撞或挤擦，造成刀具或工件的损坏。经济指的是能以最小的成本完成加工。在同样可以完成加工的情形下，选择相对综合成本较低的方案，而不是选择最便宜的刀具；在满足加工要求的前提下，尽量选择较短的刀柄，以提高刀具加工的刚性。

选取刀具时，要使刀具的尺寸与被加工工件的表面结构相适应。生产中，平面零件周边轮廓的加工，常采用立铣刀；铣削平面时，应选硬质合金刀片铣刀；加工凸台、凹槽时，选高速钢立铣刀；加工毛坯表面或粗加工孔时，可选取镶硬质合金刀片的玉米铣刀。

在生产过程中，铣削零件周边轮廓时，常采用立铣刀，所用的立铣刀的刀具半径一定要小于零件内轮廓的最小曲率半径。一般取最小曲率半径的 0.8～0.9 倍即可。零件的加工高度(Z 方向的背吃刀量)最好不要超过刀具的半径。

平面铣削时，应选用不重磨硬质合金端铣刀、立铣刀或可转位面铣刀。一般采用二次进给，第一次进给最好用端铣刀粗铣，沿工件表面连续进给。选好每次进给的宽度和铣刀的直径，使接痕不影响精铣精度。因此，加工余量大且不均匀时，铣刀直径要选小些。精加工时，一般用可转位密齿面铣刀，铣刀的直径要选得大些，最好能够包容加工面的整个宽度，可以设置 6～8 个刀齿，密布的刀齿可以使进给速度大大提高，从而提高切削效率，同时可以达到理想的表面加工质量，甚至可以实现以铣代磨。

加工凸台和凹槽时，选高速钢立铣刀、镶硬质合金刀片的端铣刀和立铣刀。在加工凹槽时应采用直径比槽宽小的铣刀，先铣槽的中间部分，然后再利用刀具半径补偿(或称直径补偿)功能对槽的两边进行铣加工，这样可以提高槽宽的加工精度，减少铣刀的种类。

加工毛坯表面时，最好选用硬质合金波纹立铣刀，它在机床、刀具和工件系统允许的情况下，可以进行强力切削。对一些立体型面和变斜角轮廓外形的加工，常采用球头铣刀、锥形铣刀和盘形铣刀。加工孔时，应该先用中心钻刀打中心孔，用以引正钻头；然后再用较小的钻头钻孔至所需深度，之后用扩孔钻头进行扩孔；最后加工至所需尺寸并保证孔的精度。在加工较深的孔时，特别要注意钻头的冷却和排屑问题，可以利用深孔钻削循环指令 G83 进行编程，即让钻头钻进一段后，快速退出工件进行排屑和冷却；再钻进，再进行冷却和排屑，循环直至孔深钻削完成。

在进行自由曲面加工时，由于球头刀具的端部切削速度为零，因此为保证加工精度，切削行距一般取得很密，故球头刀具常用于曲面的精加工。而平头刀具在表面加工质量和切削效率方面都优于球头刀，因此只要在保证不过切的前提下，无论是曲面的粗加工还是精加工，都应优先选择平头刀。另外，刀具的耐用度和精度与刀具的价格关系极大。

在加工中心上，各种刀具分别装在刀库上，按程序规定随时进行选刀和换刀动作，因此必须采用标准刀柄，以便使钻、镗、扩、铣削等工序用的标准刀具，迅速、准确地装到机床主轴或刀库上。编程人员应了解机床上所用刀柄的结构尺寸、调整方法以及调整范围，以便在编程时确定刀具的径向和轴向尺寸。目前我国的加工中心采用 TSG 工具系统，其刀柄有直柄(三种规格)和锥柄(四种规格)两类，共包括 16 种不同用途的刀柄。

在经济型数控加工中，由于刀具的刃磨、测量和更换多为人工手动进行，占用辅助时间较长，因此必须合理安排刀具的排列顺序。一般应遵循以下原则：尽量减少刀具数量；一把刀具装夹后，应完成其所能进行的所有加工部位；粗、精加工的刀具应分开使用，即使是相同尺寸规格的刀具；先铣后钻；先进行曲面精加工后再进行二维轮廓精加工；在可能的情况下，应尽可能利用数控机床的自动换刀功能，以提高生产效率等。

2. 铣刀

铣刀是一种在回转体表面上或端面上分布有多个刀齿的多刃刀具。铣刀在金属切削加工中是应用很广泛的一种刀具。它的种类很多，主要用于卧式铣床、立式铣床、数控铣床、加工中心机床上的加工平面、台阶面、沟槽、切断、齿轮和成形表面等。铣刀是多齿刀具，每一个刀齿相当于一把刀，因此采用铣刀加工工件的效率高。

按用途分类，铣刀大致可分为面铣刀、圆柱铣刀、键槽铣刀、立铣刀、盘形铣刀、角度铣刀、模具铣刀和成形铣刀等。下面对部分常用的铣刀进行简要的说明，供读者参考。

1) 面铣刀

面铣刀又称端铣刀，主要用于在立式铣床上加工平面以及台阶面等。面铣刀的主切削刃分布在铣刀的圆锥面上或圆柱面上，副切削刃分布在铣刀的端面上。

面铣刀按结构可以分为硬质合金整体焊接式面铣刀、硬质合金机夹焊接式面铣刀、硬质合金可转位式面铣刀以及整体式面铣刀等形式。图 5-9 所示是硬质合金可转位式面铣刀。这种铣刀由合金钢刀体与硬质合金刀片经螺钉连接而成，其结构紧凑，切削效率高，并且制造比较方便，刀齿损坏后容易修复，所以这种铣刀应用较广。

2) 圆柱铣刀

圆柱铣刀主要用于卧式铣床加工平面。圆柱铣刀一般为整体式，材料为高速钢，主切削刃分布在圆柱上，无副切削刃，如图 5-10 所示。该铣刀有粗齿和细齿之分。粗齿铣刀的齿数少，刀齿强度大，容屑空间大，重磨次数多，适用于粗加工；细齿铣刀的齿数多，工作较平稳，适用于精加工，也可在刀体上镶焊硬质合金刀条。

图 5-9　面铣刀

图 5-10　圆柱铣刀

圆柱铣刀的直径范围为$\phi50$mm～$\phi100$mm，齿数 $z=6$～14，螺旋角$\beta=30°$～5°。当螺旋角$\beta=0°$时，螺旋刀齿即为直刀齿，目前很少应用于生产。

3)　键槽铣刀

键槽铣刀主要用于立式铣床上加工圆头封闭键槽等，如图 5-11 所示。该铣刀有 4 个刀瓣，端面无顶尖孔，端面刀齿从外圆开至轴心，且螺旋角较小，增强了端面刀齿强度。加工键槽时，每次先沿铣刀轴向进给较小的量，此时端面刀齿上的切削刃为主切削刃，圆柱面上的切削刃为副切削刃；然后再沿径向进给，此时端面刀齿上的切削刃为副切削刃，圆柱面上的切削刃为主切削刃，这样反复多次，就可完成键槽的加工。这种铣刀加工键槽精度较高，铣刀寿命较长。键槽铣刀的直径范围为$\phi2$～$\phi63$，柄部有直柄和莫氏锥柄两种形式。

4)　立铣刀

立铣刀主要用于在立式铣床上加工凹槽、台阶面和成形面(利用靠模)等。图 5-12 所示为高速钢立铣刀，其主切削刃分布在铣刀的圆柱面上，副切削刃分布在铣刀的端面上，且右边的刀具端面中心有顶尖孔。该立铣刀有粗齿和细齿之分，粗齿齿数为 3～6，适用于粗加工；细齿齿数为 5～10，适用于半精加工。该立铣刀的直径范围是$\phi2$～$\phi80$mm，其柄部有直柄、莫氏锥柄和 7：24 锥柄等多种形式。

加工中心上用的立铣刀主要有三种形式：球头刀($R=D/2$)、端铣刀($R=0$)和 R 刀($R<D/2$，俗称"牛鼻刀"或"圆鼻刀")，其中 D 为刀具的直径，R 为刀角半径。某些刀具还可能带有一定的锥度。

图 5-11　键槽铣刀

图 5-12　立铣刀

5)　盘形铣刀

盘形铣刀包括槽铣刀、两面刃铣刀和三面刃铣刀。槽铣刀仅在圆柱表面上有刀齿，此种铣刀只适用于加工浅槽。两面刃铣刀在圆柱表面和一个侧面上做有刀齿，适用于加工台阶面。三面刃铣刀在两侧面都有刀齿，主要用于在卧式铣床上加工槽和台阶面等。图 5-13 所示是直齿两面刃盘形铣刀。该铣刀结构简单，制造方便，铣刀的直径范围是 $\phi 50 \sim \phi 200\text{mm}$，宽度 $B=4 \sim 40\text{mm}$。

6)　角度铣刀

角度铣刀主要用于在卧式铣床上加工各种斜槽和斜面等。根据本身外形不同，角度铣刀可分为单角铣刀、不对称双角铣刀和对称双角铣刀三种。图 5-14 所示是对称双角铣刀。圆锥面上的切削刃是主切削刃，端面上的切削刃是副切削刃。该铣刀的直径范围是 $\phi 40 \sim \phi 100\text{mm}$，角度 $\theta=18° \sim 90°$。角度铣刀的材料一般是高速钢。

图 5-13　盘形铣刀

图 5-14　角度铣刀

7)　模具铣刀

模具铣刀主要用于在立式铣床上加工模具型腔。按工作部分形状不同，模具铣刀可分为圆柱形球头铣刀、圆锥形球头铣刀和圆锥形立铣刀三种形式，如图 5-15 所示。在前两种铣刀的圆柱面、圆锥面和球面上的切削刃均为主切削刃，铣削时不仅能沿铣刀轴向做进给运动，也能沿铣刀径向作进给运动，而且球头与工件接触往往为一点，这样在数控铣床的控制下，该铣刀就能加工出各种复杂的成形表面，所以其用途独特，很有发展前途。

圆锥形立铣刀的作用与立铣刀基本相同，只是该铣刀可以利用本身的圆锥体，方便地加工出模具型腔的拔模斜度。

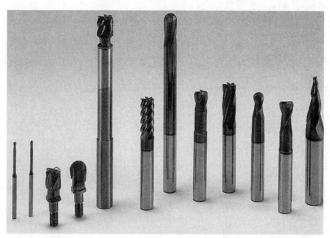

图 5-15　模具铣刀

8) 成形铣刀

成形铣刀的切削刃形状是根据工件轮廓形状来设计的，其主要在通用铣床上用于形状复杂工件表面的加工。成形铣刀还可用来加工直沟和螺旋沟成形表面，如图 5-16 所示。使用成形铣刀加工可保证加工工件尺寸和形状的一致性，生产效率高，使用方便，目前广泛应用于生产加工中。

图 5-16　成形铣刀

5.3.2　切削用量

行业知识链接：铣床除能铣削平面、沟槽、轮齿、螺纹和花键轴外，还能加工比较复杂的型面，效率较刨床高，在机械制造和修理部门得到广泛应用。如图 5-17 所示是异形面铣刀，切削量较大。

图 5-17　异形面铣刀

合理选择切削用量的原则：粗加工时，一般以提高生产率为主，但也应考虑经济性和加工成本；半精加工和精加工时，应在保证加工质量的前提下，兼顾切削效率、经济性和加工成本。具体数值应根据机床说明书和切削用量手册，并结合经验而定。

1) 背吃刀量 t

背吃刀量，也称切削深度，在机床、工件和刀具刚度允许的情况下，就等于加工余量，这是提高生产率的一个有效措施。为了保证零件的加工精度和表面粗糙度，一般应留一定的余量进行精加工。数控机床的精加工余量可略小于普通机床。

2) 切削宽度 L

切削宽度称为步距，一般切削宽度 L 与刀具直径 D 成正比，与背吃刀量成反比。在经济型数控加工中，一般 L 的取值范围为：$L=(0.6～0.9)d$，d 代表刀具直径。在粗加工中，大步距有利于加工效率的提高。使用圆鼻刀进行加工，刀具直径应扣除刀尖的圆角部分，即 $d=D-2r$（D 为刀具直径，r 为刀尖圆角半径），L 可以取$(0.8～0.9)d$。使用球头刀进行精加工时，步距的确定应首先考虑所能达到的精度和表面粗糙度。

3) 切削线速度 V_c

切削线速度 V_c 也称单齿切削量，单位为 m/min。提高 V_c 值也是提高生产率的一个有效措施，但 V_c 与刀具寿命的关系比较密切。随着 V_c 的增大，刀具寿命急剧下降，故 V_c 的选择主要取决于刀具寿命。另外，切削速度与加工材料也有很大关系，例如用立铣刀铣削合金钢 30CrNi2MoVA 时，V_c 可采用 8 m/min 左右；而用同样的立铣刀铣削铝合金时，V_c 可选 200 m/min 以上。

此外，在确定精加工、半精加工的切削速度时，应注意避开积屑瘤和鳞刺产生的区域；在易发生振动的情况下，切削速度应避开自激振动的临界速度；在加工带硬皮的铸锻件时，加工大件、细长件和薄壁件，以及断屑时，应选用较低的切削速度。

4) 主轴转速 n

主轴转速的单位是 r/min，一般应根据切削速度 V_c、刀具或工件直径来选定。其计算公式为

$$n = \frac{1000V_c}{\pi D_c}$$

式中，D_c 为刀具直径(mm)。在使用球头刀时要做一些调整，球头铣刀的计算直径要小于铣刀直径 D_c，故其实际转速不应按铣刀直径 D_c 计算，而应按计算直径 Deff 计算。

$$Deff = [D_c^2 - (D_c - 2t)^2] \times 0.5$$

$$n = \frac{1000V_c}{\pi Deff}$$

数控机床的控制面板上一般备有主轴转速修调(倍率)开关，可在加工过程中对主轴转速进行整倍数调整。

5) 进给速度外 V_f

进给速度 V_f 是指机床工作台在做插位时的进给速度，单位为 mm/min。V_f 应根据零件的加工精度和表面粗糙度要求，以及刀具和工件材料来选择。V_f 的增加可以提高生产效率，但是刀具寿命也会降低。加工表面粗糙度要求低时，V_f 可选择得大些。在加工过程中，V_f 也可通过机床控制面板上的修调开关进行人工调整，但是最大进给速度要受到设备刚度和进给系统性能等的限制。进给速度可以按下式进行计算：

$$V_f = nzF_z$$

式中，V_f 为工作台进给量，单位为 mm/min；n 表示主轴转速，单位为 r/min；z 表示刀具齿数；F_z 表示进给量，单位为 mm/齿，这个值由刀具供应商提供。

在数控编程中，还应考虑在不同情形下选择不同的进给速度。如在初始切削进给时，特别是在 Z 轴下刀时，因为进行端铣，受力较大，同时考虑程序的安全性问题，所以应以相对较慢的速度进给。

随着数控机床在生产实际中的广泛应用，数控编程已经成为数控加工中的关键问题之一。在数控加工程序的编制过程中，要在人机交互状态下及时选择刀具，确定切削用量。因此，编程人员必须熟悉刀具的选择方法和切削用量的确定原则，从而保证零件的加工质量和加工效率，充分发挥数控机床的优点，提高企业的经济效益和生产水平。

5.3.3 高度与安全高度

行业知识链接：铣床是指主要用铣刀在工件上加工各种表面的机床。通常铣刀的旋转运动为主运动，工件和铣刀的移动为进给运动。它可以加工平面、沟槽，也可以加工各种曲面、齿轮等。如图 5-18 所示是各种平面铣刀。

图 5-18 平面铣刀

安全高度是为了避免刀具碰撞工件或夹具而设定的高度，即在 Z 轴上的偏移值。在铣削过程中，如果刀具需要转移位置，将会退到这一高度，然后再进行 G00 插补到下一个进刀位置。一般情况下，这个高度应大于零件的最大高度(即高于零件的最高表面)。起止高度是指在程序开始时，刀具将先到达这一高度，同时在程序结束后，刀具也将退回到这一度。起止高度大于或等于安全高度，如图 5-19 所示。

刀具从起止高度到接近工件开始切削，需要经过快速进给和慢速下刀两个过程。刀具先以 G00 快速进给到指定位置，然后慢速下刀到加工位置。如果刀具不是经过先快速再慢速的过程接近工件，而是以 G00 的速度直接下刀到加工位置，就很不安全。因为假使该加工位置在工件内或工件上，在采用垂直下刀方式的情况下，刀具很容易与工件相碰，这在数控加工中是不允许的。即使是在空的位置下刀，如果不采用先快后慢的方式下刀，由于惯性的作用也很难保证下刀所到位置的准确性。

在加工过程中，当刀具在两点间移动而不切削时，如果设定为抬刀，刀具将先提高到安全高度平面，再在此平面上移动到下一点，这样虽然延长了加工时间，但比较安全。特别是在进行分区加工时，可以防止两区域之间有高于刀具移动路线的部分与刀具碰撞事故的发生。一般来说，在进行大面积粗加工时，通常建议使用抬刀，以便在加工时可以暂停，对刀具进行检查；在精加工或局部加工时，通常不进行抬刀操作，可以提高加工速度。

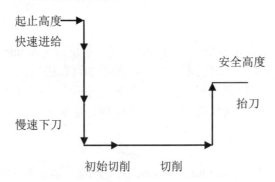

图 5-19　起止高度和安全高度示意图

课后练习

案例文件：　ywj\05\01.CATPart、01.CATProcess

视频文件：　光盘→视频课堂→第 5 教学日→5.3

本节课后练习圆形零件的加工设置，以便进行铣削，铣削加工适用于平面和曲面场合，如图 5-20 所示是完成的圆形零件工件。

本节范例主要练习 CATIA 铣削加工前的操作，首先创建零件，之后进行参数的设置。如图 5-21 所示是圆形零件铣削设置的思路和步骤。

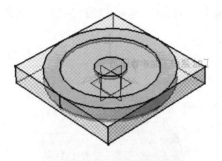

图 5-20　完成的圆形零件工件　　　　图 5-21　圆形零件铣削设置的思路和步骤

练习案例操作步骤如下。

step 01　新建零件。在模型树中选择 xy 平面作为草绘平面，单击【草图编辑器】工具栏中的【草图】按钮，单击【轮廓】工具栏中的【圆】按钮⊙，绘制直径为 40 的圆形，如图 5-22 所示。

step 02　单击【基于草图的特征】工具栏中的【凸台】按钮，弹出【定义凸台】对话框，设置【长度】为"6"，如图 5-23 所示，单击【确定】按钮，创建圆形凸台。

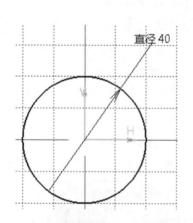

图 5-22　绘制直径为 40 的圆形　　　　图 5-23　创建圆形凸台

step 03　单击【修饰特征】工具栏中的【倒圆角】按钮，弹出【倒圆角定义】对话框，设置【半径】为"2"，选择目标边线，如图 5-24 所示，单击【确定】按钮，创建 4 个倒圆角。

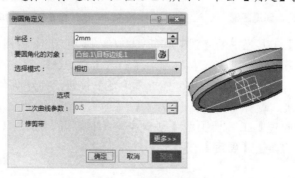

图 5-24　创建倒圆角

step 04 单击【草图编辑器】工具栏中的【草图】按钮⟦,选择如图 5-25 所示的平面作为草绘平面。

step 05 单击【轮廓】工具栏中的【圆】按钮⊙,绘制直径为 30 的圆形,如图 5-26 所示。

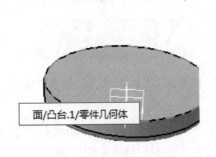

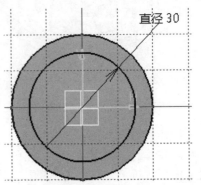

直径30

面/凸台.1/零件几何体

图 5-25 选择草绘平面   图 5-26 绘制直径为 30 的圆形

step 06 单击【基于草图的特征】工具栏中的【凹槽】按钮⬚,弹出【定义凹槽】对话框,设置【深度】为 "1",如图 5-27 所示,单击【确定】按钮,创建凹槽。

step 07 单击【草图编辑器】工具栏中的【草图】按钮⟦,选择如图 5-28 所示的平面作为草绘平面。

面/凹槽.1/零件几何体

图 5-27 创建凹槽   图 5-28 选择草绘平面

step 08 单击【轮廓】工具栏中的【圆】按钮⊙,绘制直径为 10 的圆形,如图 5-29 所示。

step 09 单击【基于草图的特征】工具栏中的【凸台】按钮⟋,弹出【定义凸台】对话框,设置【长度】为 "1",如图 5-30 所示,单击【确定】按钮,创建凸台,完成零件创建。

step 10 进行参数设置。选择【开始】|【加工】|【曲面加工】命令,如图 5-31 所示。

step 11 单击【几何管理】工具栏上的【创建生料】按钮⬚,弹出【生料】对话框,如图 5-32 所示,选择零件,单击【确定】按钮。

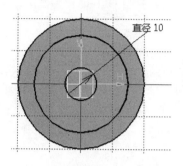

图 5-29 绘制直径为 10 的圆形

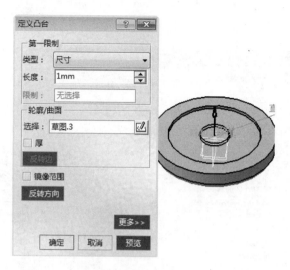

图 5-30 创建凸台

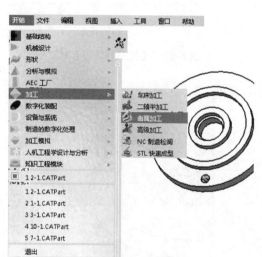

图 5-31 进入曲面加工

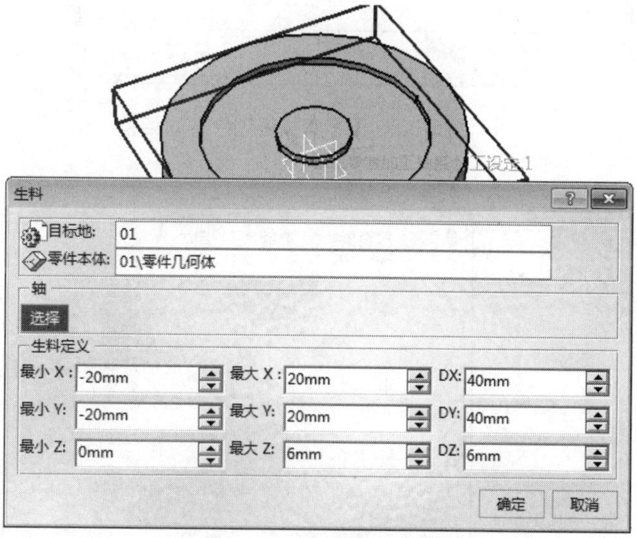

图 5-32 【生料】对话框

step 12 选择【开始】|【加工】|【二轴半加工】命令，在特征树中双击【加工设定.1】节点，弹出如图 5-33 所示的【零件加工动作】对话框。

step 13 单击【零件加工动作】对话框上的【机床】按钮，弹出如图 5-34 所示的【加工编辑器】对话框，单击其中的【三轴工具机】按钮。单击【确定】按钮，完成机床的选择。

step 14 单击【零件加工动作】对话框中的【参考加工轴系】按钮，弹出如图 5-35 所的【预设参考加工轴系 加工设定.1】对话框。单击加工坐标系原点感应区。在图形区选取毛坯的几何中心点作为加工坐标系的原点。单击【确定】按钮，完成加工坐标系的设置。

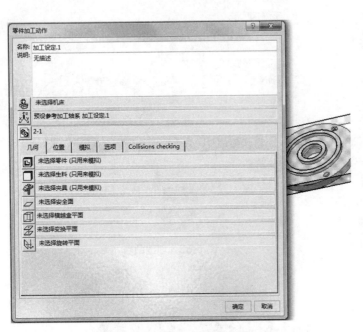

图 5-33　【零件加工动作】对话框　　　　　图 5-34　【加工编辑器】对话框

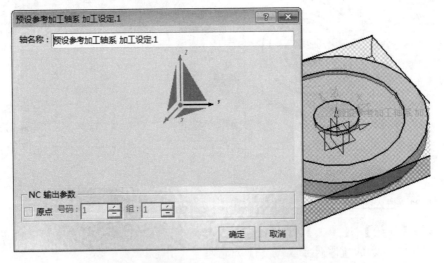

图 5-35　【预设参考加工轴系 加工设定.1】对话框

step 15　单击【零件加工动作】对话框中的【用来模拟生料】按钮▢，选择生料，如图 5-36
　　　　所示。

step 16　单击【零件加工动作】对话框中的【设计用来模拟零件】按钮▣，选择加工零件，如
　　　　图 5-37 所示。

step 17　单击【零件加工动作】对话框中的【安全面】按钮◿，在图形区选取如图 5-38 所示的
　　　　面作为安全平面参照，系统创建安全平面。

图 5-36　设置生料

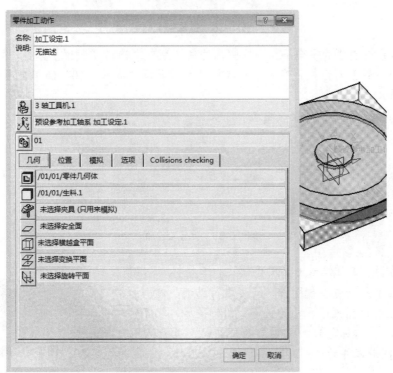

图 5-37　设置加工体

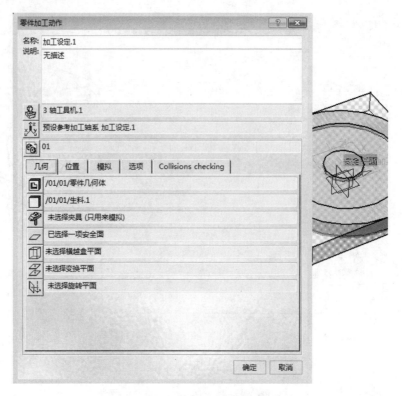

图 5-38　选择安全面

step 18　右击系统创建的安全平面，在弹出的快捷菜单中选择【预留】命令，弹出如图 5-39 所示的【编辑参数】对话框。在其中的【厚度】微调框中输入"10"，单击【确定】按钮，完成参数设置。

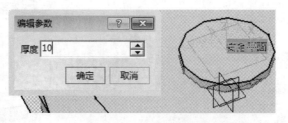

图 5-39　偏置安全面

机械设计实践：工具铣床主要用于模具和工具制造，配有立铣头、万能角度工作台和插头等多种附件，还可进行钻削、镗削和插削等加工。其他铣床还有键槽铣床、凸轮铣床、曲轴铣床、轧辊轴颈铣床和方钢锭铣床等，它们都是为加工相应的工件而制造的专用铣床。如图 5-40 所示是圆形零件的铣削刀路。

图 5-40　圆形零件的铣削刀路

第 4 课 2课时 走刀路线和轮廓控制

5.4.1 走刀路线的选择

行业知识链接: 刀具轨迹是模拟加工时的刀具运动路径。如图 5-41 所示是型腔铣削的刀路轨迹。

图 5-41 型腔铣削的刀路

在数控加工中,刀具(严格说是刀位点)相对于工件的运动轨迹和方向称为加工路线,即刀具从对刀点开始运动,直至结束加工程序所经过的路径,包括切削加工的路径及刀具引入、返回等非切削的空行程。走刀路线是刀具在整个加工工序中相对于工件的运动轨迹,不但包括了工序的内容,而且也反映出工序的顺序。走刀路线是编写程序的依据之一。

工序顺序是指同一道工序中各个表面加工的先后次序。工序顺序对零件的加工质量、加工效率和数控加工中的走刀路线有直接影响,应根据零件的结构特点和工序的加工要求等合理安排。工序一般可随走刀路线来划分与安排,在确定走刀路线时,主要考虑以下几点。

(1) 对点位加工的数控机床,如钻床、镗床,要考虑尽可能使走刀路线最短,减少刀具空行程时间,提高加工效率。

如图 5-42 所示,按照一般习惯,总是先加工均布于外圆周上的孔,再加工内圆周上的孔。但是对点位控制的数控机床而言,要求定位精度高,定位过程应该尽可能快,因此这类机床应按空程最短来安排走刀路线,以节省时间,如图 5-43 所示。

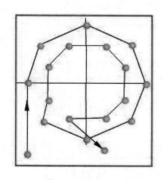

图 5-42 一般习惯

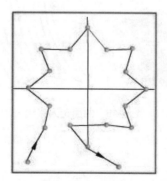

图 5-43 正确走刀

(2) 应能保证零件的加工精度和表面粗糙度要求。

当铣削零件外轮廓时,一般采用立铣刀侧刃切削。刀具切入工件时,应沿外廓曲线延长线的切向切入,避免沿零件外廓的法向切入,以免在切入处产生刀具的刻痕而影响表面质量,保证零件外廓曲线平滑过渡。同理,在切离工件时,应该沿零件轮廓延长线的切向逐渐切离工件,避免在工件的轮廓处直接退刀影响表面质量，如图 5-44 所示。

　　铣削封闭的内轮廓表面时，如果内轮廓曲线允许外延，则应沿切线方向切入或切出。若内轮廓曲线不允许外延，则刀具只能沿内轮廓曲线的法向切入或切出，此时刀具的切入切出点应尽量选在内轮廓曲线两几何元素的交点处。若内部几何元素相切无交点时，刀具切入切出点应远离拐角，以防止刀补取消时在轮廓拐角处留下凹口，如图 5-45 所示。

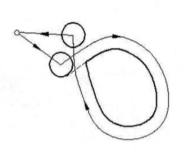
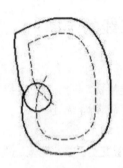

图 5-44　外轮廓铣削走刀　　　　　　图 5-45　内轮廓铣削走刀

　　对于边界敞开的曲面加工，可采用两种走刀路线。第一种走刀路线如图 5-46 左图所示，每次沿直线加工，刀位点计算简单，程序少，加工过程符合直纹面的形成，以保证母线的直线度。第二种走刀路线如图 5-46 右图所示，便于加工后检验，曲面的准确度较高，但程序较多。

　　图 5-47 和图 5-48 所示分别为用行切法加工和环切法加工凹槽的走刀路线，而图 5-49 是先用行切法，最后环切一刀光整轮廓表面。所谓行切法是指刀具与零件轮廓的切点轨迹是一行一行的，而行间的距离是按零件加工精度的要求确定的；环切法则是指刀具与零件轮廓的切点轨迹是一圈一圈的。这三种方案中，图 5-49 的方案在周边留有大量的残余，表面质量最差；图 5-47 的方案和图 5-48 的方案都能保证精度，但图 5-47 的方案走刀路线稍长，程序计算量大。

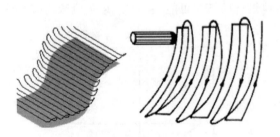
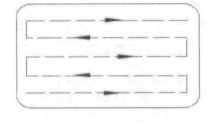

图 5-46　曲面走刀路线　　　　　　图 5-47　行切法

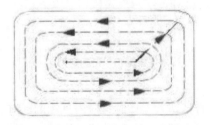
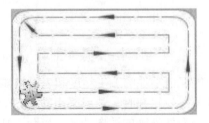

图 5-48　环切法　　　　　　图 5-49　先行切后环切

此外，轮廓加工中应避免进给停顿。因为加工过程中的切削力会使工艺系统产生弹性变形并处于相对平衡状态，进给停顿时，切削力突然减小会改变系统的平衡状态，刀具会在进给停顿处的零件轮廓上留下刻痕。为提高工件表面的精度和减小表面粗糙度，可以采用多次走刀的方法，精加工余量一般以 0.2～0.5 mm 为宜。

5.4.2　轮廓控制

行业知识链接：型腔是 CNC 铣床、加工中心中常见的铣削加工内结构。铣削型腔时，需要在由边界线确定的一个封闭区域内去除材料，该区域由侧壁和底面围成，其侧壁和底面可以是斜面、凸台、球面以及其他形状。如图 5-50 所示是型腔铣削的刀路示意图。

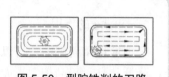

图 5-50　型腔铣削的刀路

在数控编程中，很多时候需要通过轮廓来限制加工范围，而某些刀路轨迹中，轮廓是必不可少的因素，缺少轮廓将无法生成刀路轨迹。轮廓线需要设定其偏置补偿的方向，对于轮廓线有三种参数选择，即刀具在轮廓上、轮廓内或轮廓外。这些参数可以在创建铣削窗口时，在【加工窗口：窗口】对话框的【刀具侧面】(Tool Side)处进行设置。

(1) 刀具在轮廓上(On)：刀具中心线始终完全处于窗口轮廓上，如图 5-51 所示。

(2) 刀具在轮廓内(To)：刀具轴将触到轮廓，相差一个刀具半径，如图 5-52 所示。

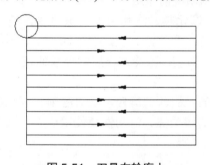

图 5-51　刀具在轮廓上

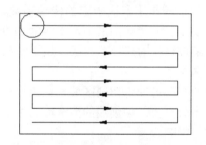

图 5-52　刀具在轮廓内

(3) 刀具在轮廓外(Past)：刀具完全越过轮廓线，刀具中心线超过轮廓线一个刀具半径，如图 5-53 所示。

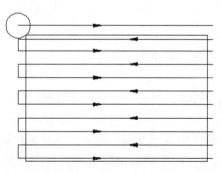

图 5-53　刀具在轮廓外

5.4.3　切削液

图 5-54　切削液

1. 切削液的作用

合理地选用切削液，可以带走大量的切屑，降低切削温度，减少刀具磨损，抑制积屑瘤和鳞刺产生，降低功耗，提高加工表面的质量。因而合理选用切削液是提高金属切削效率既经济又简单的一种方法。

1) 润滑作用

润滑效果主要取决于切削液的渗透能力、吸附成膜的能力和润滑膜的强度。在切削液中可以通过加入不同成分和比例的添加剂，来改变其润滑能力。

2) 冷却作用

切削液的冷却作用是指切削液能从切削区带走切削热，从而使切削温度降低。切削液进入切削区后，一方面减小了刀具与工件切削界面之间的摩擦力，减少了摩擦热的产生；另一方面通过传导、对流和汽化作用将切削区的热量带走，因而起到了降低切削温度的作用。

切削液的冷却作用取决于它的传导系数、比热容、汽化热、汽化温度、流量、流速及本身温度等。一般来说，三大类切削液中，水溶液的冷却性能最好，乳化液其次，切削油较差。当刀具的耐热性能较差、工件材料的热导率较低、热膨胀系数较大时，对切削液冷却作用的要求就较高。

3) 清洗作用

切削液的流动可冲走切削区域和机床导轨的细小切屑及脱落的磨粒，这对磨削、深孔加工、自动线加工来说十分重要。切削液的清洗能力主要取决于它的渗透性、流动性及使用压力，同时还受表面活性剂性能的影响。

4) 防锈作用

切削液的防锈作用可防止工件、机床和刀具被周围介质腐蚀。在切削液中加入防锈剂以后，可在金属材料表面形成附着力很强的一层保护膜，或与金属化合物形成钝化膜，对工件、机床和刀具能起到很好的防锈作用。

2. 切削液的种类

切削液主要可分为水溶液、乳化液和切削油三大类。

1) 水溶液

水溶液的主要成分是水，加入防锈剂即可，主要用于磨削。

2) 乳化液

乳化液是在水中加入乳化油搅拌而成的乳白色液体。乳化油由矿物油与表面油乳化剂配制而成。乳化液具有良好的冷却作用，加入一定比例的油性剂和防锈剂，则可以成为既能润滑又能防锈的乳化液。

3) 切削油

切削油的主要成分是各种矿物油、动物油和植物油，或由它们组成的复合油，并可根据需要加入各种添加剂，如极压添加剂、油性添加剂等。对于普通车削、攻螺纹可选用煤油；在加工有色金属和铸铁时，为了保证加工表面质量，常用煤油或煤油与矿物油的混合油；在加工螺纹时，常采用蓖麻油或豆油等。矿物油的油性差，不能形成牢固的吸附膜，润滑能力差。

3. 切削液开关

在切削加工中加入切削液，可以降低切削温度，同时起到减少断屑与增强排屑的作用，但也存在着许多弊端。例如，一个大型的冷却液的系统需花费很多资金和很多时间，并且有些冷却液中含有有害物质，对工人的健康不利，这也使冷却液的使用受到限制。冷却液开关在数控编程中可以自动设定，在自动换刀的数控加工中，可以按需要开启冷却液。对于一般的数控铣或者使用人工换刀进行加工的，应该关闭冷却液开关。通常在程序初始阶段，顺序错误或者校调错误等会暴露出来，加工时有一定的危险性，需要机床操作人员仔细观察以确保安全，同时保持机床及周边环境整洁，因此应关闭冷却液开关。

课后练习

案例文件：ywj\05\01.CATPart、01.CATProcess
视频文件：光盘→视频课堂→第 5 教学日→5.3

本节课后练习创建减重槽铣削加工步骤，它属于铣削加工，如图 5-55 所示是完成的减重槽铣削刀路。

本节范例主要练习减重槽铣削参数的设置，首先打开零件，之后创建减重槽加工工序，最后进行模拟。如图 5-56 所示是减重槽铣削刀路的操作思路和步骤。

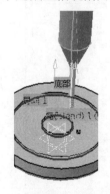

图 5-55　完成的减重槽铣削刀路

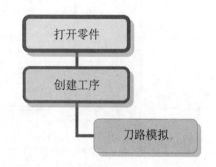

图 5-56　减重槽铣削刀路的操作思路和步骤

练习案例操作步骤如下。

step 01　打开创建的模型工件，如图 5-57 所示。

step 02　创建加工工序。选择【插入】|【加工动作】|【减重槽】命令，在弹出的【槽铣.1】对话框中分别单击底部和上方平面，在图形区分别选择零件面，如图 5-58 所示。

step 03　在【槽铣.1】对话框中单击【刀具参数】标签，切换到【刀具参数】选项卡，如图 5-59 所示，进行参数设置。

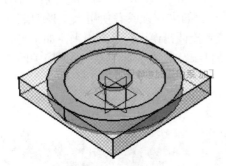

图 5-57　打开模型工件

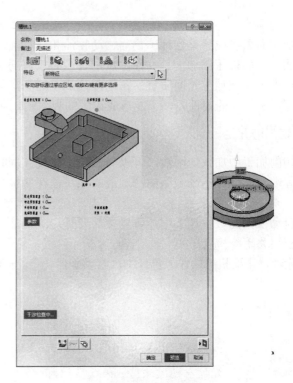

图 5-58　选择加工面

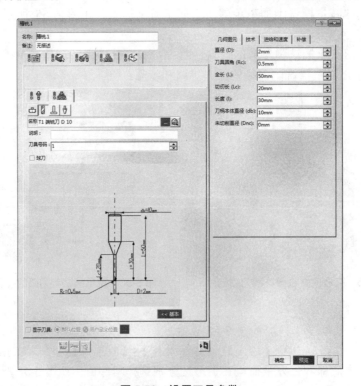

图 5-59　设置刀具参数

step 04 在【槽铣.1】对话框中单击【进给率】标签 🗃，切换到【进给与转速】选项卡，如图 5-60 所示设置参数。

step 05 在【槽铣.1】对话框中单击【刀具路径参数】标签 🗃，切换到【刀具路径参数】选项卡，如图 5-61 所示，进行设置参数。

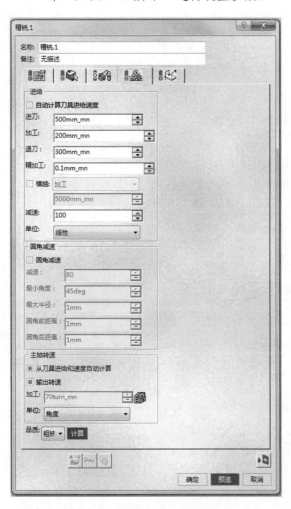

图 5-60 设置进给率与转速

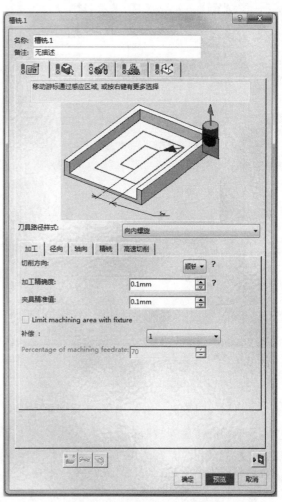

图 5-61 设置刀具路径参数

step 06 在【槽铣.1】对话框中单击【进刀/退刀路径】标签 🗃，切换到【进刀/退刀路径】选项卡，设置如图 5-62 所示的参数，单击【确定】按钮。完成加工工序创建。

step 07 在【槽铣.1】对话框中单击【播放刀具路径】按钮 🗃，弹出【槽铣.1】对话框，且在图形区显示刀路轨迹，如图 5-63 所示。

图 5-62　设置进刀/退刀

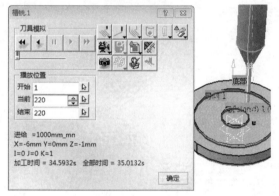

图 5-63　刀路演示

　　机械设计实践： 铣削头属于动力部件，动力部件是为组合机床提供主运动和进给运动的部件。主要有铣削动力头、动力箱、切削头、镗刀头和动力滑台。支承部件是用以安装动力滑台、带有进给机构的切削头或夹具等的部件，有侧底座、中间底座、支架、可调支架、立柱和立柱底座等。如图 5-64 所示是铣削刀具在铣削工作面的刀路。

图 5-64　铣削刀路

阶段进阶练习

　　本教学日主要介绍了 CATIA V5-6 R2014 软件的数控加工基础知识，要熟练地使用程序进行数控加工编程之前需要熟悉数控机床、加工编程原理、加工刀具以及加工本身程序。完成的加工程序只需要使用软件进行编辑和模拟，就可以传到机床进行调试了，所以后面要学习的内容，就是软件的模拟加工。

　　如图 5-65 所示是一个下壳体模型，创建该零件后，使用本教学日学过的各种命令来创建壳体模型的轮廓加工和型腔的加工。

一般的创建步骤和方法如下。

(1)　创建下壳体模型。

(2)　设置几何体和刀具。

(3)　创建轮廓加工工序。

(4)　创建型腔加工工序。

图 5-65　下壳体模型

第 6 教学日

　　CATIA V5-6R 2014 的加工模块为我们提供了非常方便、实用的数控加工功能。本教学日将通过零件的加工准备说明 CATIA V5-6R 2014 数控加工的一般过程。CATIA 2.5 轴铣削加工工作台包含平面铣削、型腔铣削、轮廓铣削、曲线铣削以及孔加工等功能，此外还包括曲线铣削、凹槽铣削以及点到点铣削加工等。

　　通过本教学日的学习，读者能够清楚地了解数控加工的一般流程及操作方法，并理解其中的原理。之后将通过对平面铣削、型腔铣削、粗加工和轮廓铣削的实际操作，来介绍 2.5 轴铣削加工的各种加工类型，主要学习加工操作的建立以及一些参数的设置。

第1课 [1课时] 设计师职业知识——数控机床和系统

数控机床是数字控制机床(Computer Numerical Control Machine Tools)的简称,是一种装有程序控制系统的自动化机床。该控制系统能够逻辑地处理具有控制编码或其他符号指令规定的程序,并将其译码用代码化的数字表示,通过信息载体输入数控装置。经运算处理由数控装置发出各种控制信号,控制机床的动作,按图纸要求的形状和尺寸,自动地将零件加工出来。数控机床较好地解决了复杂、精密、小批量、多品种的零件加工问题,是一种柔性的、高效能的自动化机床,代表了现代机床控制技术的发展方向,是一种典型的机电一体化产品。

6.1.1 数控机床的特点

数控机床的操作和监控全部在这个数控单元中完成,它是数控机床的大脑。常见的数控机床如图 6-1 所示。

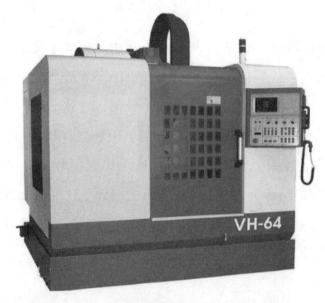

图 6-1 数控机床

与普通机床相比,数控机床有如下特点。

(1) 对加工对象的适应性强,适应模具等产品单件生产的特点,为模具的制造提供了合适的加工方法。

(2) 加工精度高,具有稳定的加工质量。

(3) 可进行多坐标的联动,能加工形状复杂的零件。

(4) 加工零件改变时,一般只需要更改数控程序,可节省生产准备时间。

(5) 机床本身的精度高、刚性大，可选择有利的加工用量，生产率高(一般为普通机床的 3～5倍)。

(6) 机床自动化程度高，可以减轻劳动强度。

(7) 有利于生产管理的现代化。数控机床使用数字信息与标准代码处理、传递信息，使用了计算机控制方法，为计算机辅助设计、制造及管理一体化奠定了基础。

(8) 对操作人员的素质要求较高，对维修人员的技术要求更高。

(9) 可靠性高。

数控机床与传统机床相比，具有以下一些特点。

1. 具有高度柔性

在数控机床上加工零件，主要取决于加工程序，它与普通机床不同，不必制造，更换许多模具、夹具，不需要经常重新调整机床。因此，数控机床适用于所加工的零件频繁更换的场合，亦即适合单件、小批量产品的生产及新产品的开发，从而缩短了生产准备周期，节省了大量工艺装备的费用。

2. 加工精度高

数控机床的加工精度一般可达 0.06～0.1mm，数控机床是按数字信号形式控制的，数控装置每输出一脉冲信号，则机床移动部件移动一具脉冲当量(一般为 0.001mm)，而且机床进给传动链的反向间隙与丝杆螺距平均误差可由数控装置进行曲补偿，因此，数控机床定位精度比较高。

3. 加工质量稳定、可靠

加工同一批零件，在同一机床，在相同加工条件下，使用相同刀具和加工程序，刀具的走刀轨迹完全相同，零件的一致性好，质量稳定。

4. 生产率高

数控机床可有效地减少零件的加工时间和辅助时间，数控机床的主轴声速和进给量的范围大，允许机床进行大切削量的强力切削。数控机床正进入高速加工时代，数控机床移动部件的快速移动和定位及高速切削加工，极大地提高了生产率。另外，与加工中心的刀库配合使用，可实现在一台机床上进行多道工序的连续加工，减少了半成品的工序间周转时间，提高了生产率。

5. 改善劳动条件

数控机床加工前是经调整好后，输入程序并启动，机床就能自动连续地进行加工，直至加工结束。操作者要做的只是程序的输入、编辑、零件装卸、刀具准备、加工状态的观测、零件的检验等工作，劳动强度大大降低，机床操作者的劳动趋于智力型工作。另外，机床一般是结合起来，既清洁，又安全。

6. 利用生产管理现代化

数控机床的加工，可预先精确估计加工时间，对所使用的刀具、夹具可进行规范化、现代化管理，易于实现加工信息的标准化，已与计算机辅助设计与制造(CAD/CAM)有机地结合起来，是现代化集成制造技术的基础。

6.1.2　数控机床的构成

数控机床的基本组成包括加工程序载体、数控装置、伺服与测量反馈系统、机床主体和其他辅助装置。如图 6-2 所示是五轴联动加工中心的加工区域，下面分别对各组成部分的基本工作原理进行概要说明。

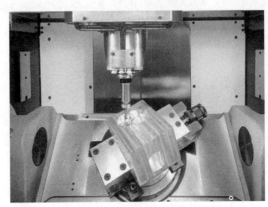

图 6-2　五轴联动加工中心

1. 加工程序载体

数控机床工作时，不需要工人直接去操作机床，要对数控机床进行控制，必须编制加工程序。零件加工程序中，包括机床上刀具和工件的相对运动轨迹、工艺参数(进给量主轴转速等)和辅助运动等。将零件加工程序用一定的格式和代码，存储在一种程序载体上，如穿孔纸带、盒式磁带、软磁盘等，通过数控机床的输入装置，将程序信息输入到 CNC 单元。

2. 数控装置

数控装置是数控机床的核心。现代数控装置均采用 CNC(Computer Numerical Control)形式，这种 CNC 装置一般使用多个微处理器，以程序化的软件形式实现数控功能，因此又称软件数控(Software NC)。CNC 系统是一种位置控制系统，它是根据输入数据插补出理想的运动轨迹，然后输出到执行部件加工出所需要的零件。因此，数控装置主要由输入、处理和输出三个基本部分构成。而所有这些工作都由计算机的系统程序进行合理地组织，使整个系统协调地进行工作。

(1)　输入装置：将数控指令输入给数控装置，根据程序载体的不同，相应有不同的输入装置。主要有键盘输入、磁盘输入、CAD/CAM 系统直接通信方式输入和连接上级计算机的 DNC(直接数控)输入，现仍有不少系统还保留有光电阅读机的纸带输入形式。

①　纸带输入方式。可用纸带光电阅读机读入零件程序，直接控制机床运动，也可以将纸带内容读入存储器，用存储器中储存的零件程序控制机床运动。

②　MDI 手动数据输入方式。操作者可利用操作面板上的键盘输入加工程序的指令，它适用于比较短的程序。

在控制装置编辑状态(EDIT)下，用软件输入加工程序，并存入控制装置的存储器中，这种输入方法可重复使用程序。一般手工编程均采用这种方法。

在具有会话编程功能的数控装置上，可按照显示器上提示的问题，选择不同的菜单，用人机对话的方法，输入有关的尺寸数字，就可自动生成加工程序。

③ 采用 DNC 直接数控输入方式。把零件程序保存在上级计算机中，CNC 系统一边加工一边接收来自计算机的后续程序段。DNC 方式多用于采用 CAD/CAM 软件设计的复杂工件并直接生成零件程序的情况。

(2) 信息处理：输入装置将加工信息传给 CNC 单元，编译成计算机能识别的信息，由信息处理部分按照控制程序的规定，逐步存储并进行处理后，通过输出单元发出位置和速度指令给伺服系统和主运动控制部分。CNC 系统的输入数据包括零件的轮廓信息(起点、终点、直线、圆弧等)、加工速度及其他辅助加工信息(如换刀、变速、冷却液开关等)，数据处理的目的是完成插补运算前的准备工作。数据处理程序还包括刀具半径补偿、速度计算及辅助功能的处理等。

(3) 输出装置：输出装置与伺服机构相连。输出装置根据控制器的命令接受运算器的输出脉冲，并把它送到各坐标的伺服控制系统，经过功率放大，驱动伺服系统，从而控制机床按规定要求运动。

3. 伺服与测量反馈系统

伺服系统是数控机床的重要组成部分，用于实现数控机床的进给伺服控制和主轴伺服控制。伺服系统的作用是把接收来自数控装置的指令信息，经功率放大、整形处理后，转换成机床执行部件的直线位移或角位移运动。由于伺服系统是数控机床的最后环节，其性能将直接影响数控机床的精度和速度等技术指标，因此，对数控机床的伺服驱动装置，要求具有良好的快速反应性能，准确而灵敏地跟踪数控装置发出的数字指令信号，并能忠实地执行来自数控装置的指令，提高系统的动态跟随特性和静态跟踪精度。

伺服系统包括驱动装置和执行机构两大部分。驱动装置由主轴驱动单元、进给驱动单元、主轴伺服电动机和进给伺服电动机组成。步进电动机、直流伺服电动机和交流伺服电动机是常用的驱动装置。

测量元件将数控机床各坐标轴的实际位移值检测出来并经反馈系统输入到机床的数控装置中，数控装置对反馈回来的实际位移值与指令值进行比较，并向伺服系统输出达到设定值所需的位移量指令。

4. 机床主体

机床主机是数控机床的主体。它包括床身、底座、立柱、横梁、滑座、工作台、主轴箱、进给机构、刀架及自动换刀装置等机械部件。它是在数控机床上自动地完成各种切削加工的机械部分。与传统的机床相比，数控机床主体具有如下结构特点。

(1) 采用具有高刚度、高抗震性及较小热变形的机床新结构。通常用提高结构系统的静刚度、增加阻尼、调整结构件质量和固有频率等方法来提高机床主机的刚度和抗震性，使机床主体能适应数控机床连续自动地进行切削加工的需要。采取改善机床结构布局、减少发热、控制温升及采用热位移补偿等措施，可减少热变形对机床主机的影响。

(2) 广泛采用高性能的主轴伺服驱动和进给伺服驱动装置，使数控机床的传动链缩短，简化了机床机械传动系统的结构。

(3) 采用高传动效率、高精度、无间隙的传动装置和运动部件，如滚珠丝杠螺母副、塑料滑动导轨、直线滚动导轨、静压导轨等。

5. 数控机床辅助装置

辅助装置是保证充分发挥数控机床功能所必需的配套装置，常用的辅助装置包括：气动、液压装置，排屑装置，冷却、润滑装置，回转工作台和数控分度头，防护，照明等各种辅助装置。

第2课 2课时 设计师职业知识——三维实体概述

6.2.1 数控加工初始设置

> **行业知识链接：** 插铣法又称为 Z 轴铣削法，是实现高切除率金属切削最有效的加工方法之一。对于难加工材料的曲面加工、切槽加工以及刀具悬伸长度较大的加工，插铣法的加工效率远远高于常规的端面铣削法。如图 6-3 所示是插铣削的示意图。

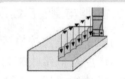

图 6-3 插铣削的示意图

1. 进入加工模块

CATIA 中数控加工的一般内容如下，流程如图 6-4 所示。

(1) 创建零件模型(包括目标加工零件以及毛坯零件)。
(2) 加工工艺分析及规划。
(3) 零件操作定义(包括选择加工机床、设置夹具、创建加工坐标系和定义零件等)。
(4) 设置加工参数(包括几何参数、刀具参数、进给率以及刀具路径参数等)。
(5) 生成数控刀路。
(6) 检验数控刀路。
(7) 利用后处理器生成数控程序。

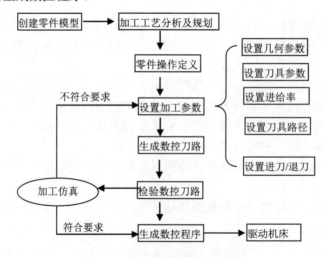

图 6-4 CATIA 数控加工流程图

在进入 CATIA V5 数控加工工作台之前，应先进行如下设置。

选择【工具】|【选项】命令，弹出【选项】对话框。在对话框左侧选择【加工】选项，然后切换到【一般】选项卡，选中【创建 CATPart 来储存几何】复选框，如图 6-5 所示。

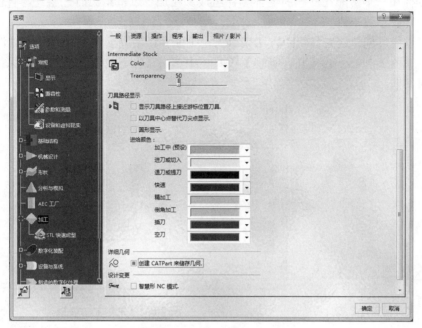

图 6-5 【选项】对话框

进入 CATIA V5 数控加工工作台的一般操作步骤如下。

(1) 打开模型文件。选择【文件】|【打开】命令，弹出图 6-6 所示的【选择文件】对话框。在计算机中选择文件目录，然后在文件列表框中选择文件，单击【打开】按钮打开模型。

(2) 进入加工模块。选择【开始】|【加工】|【曲面加工】命令，进入曲面铣削加工工作台。

图 6-6 【选择文件】对话框

2. 建立毛坯零件

在进行 CAITA V5 加工制造流程的各项规划之前，应该先建立一个毛坯零件。常规的制造模型由一个目标加工零件和一个装配在一起的毛坯零件组成。在加工过程结束时，毛坯零件的几何参数应与目标加工零件的几何参数一致。

毛坯零件可以通过创建或者装配的方法来引入，下面介绍手动创建毛坯的一般操作步骤。

选择命令。在图 6-7 所示的【几何管理】工具栏中单击【创建生料】按钮 □，系统弹出图 6-8 所示的【生料】对话框。

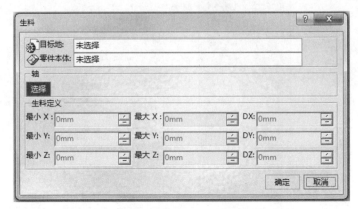

图 6-7　【几何管理】工具栏　　　　　　　图 6-8　【生料】对话框

选取毛坯参照零件。在图形区选取如图 6-9 所示的目标加工零件作为参照，系统自动创建一个毛坯零件，且在【生料】对话框中显示毛坯零件的尺寸参数。单击【生料】对话框中的【确定】按钮，完成毛坯零件的创建，如图 6-10 所示。

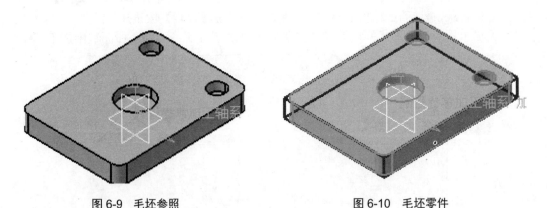

图 6-9　毛坯参照　　　　　　　　　　　　图 6-10　毛坯零件

创建如图 6-11 所示的点，创建的点在定义加工坐标系时作为坐标系的原点。

(1) 切换工作台。在特征树中双击如图 6-12 所示的【生料.1】节点，系统进入"创成式外形设计"工作台(如果系统进入的不是"创成式外形设计"工作台，则需切换到该工作台)。

(2) 单击【参考图元】工具栏中的【点】按钮 ·，在弹出的【点定义】对话框的【点类型】下拉列表中选择【之间】选项，分别在【点 1】和【点 2】文本框中右击，在弹出的快捷菜单中选择【创建中点】命令，然后在图形区选择两条相对的边线。

(3) 在【点定义】对话框中,单击【中点】和【确定】按钮。

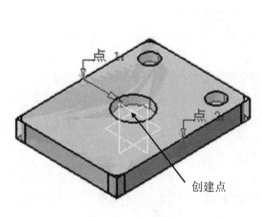

图6-11　创建点

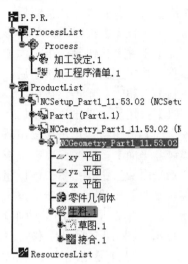

图6-12　特征树

3. 零件操作定义

零件操作定义主要包括选择加工的数控机床、创建加工坐标系、确定加工零件的毛坯及加工的目标零件和设定安全平面等内容。零件操作定义的一般操作步骤如下。

(1) 切换工作台。在特征树中双击如图6-13所示的Process节点,系统进入"3轴铣削加工"工作台。

(2) 在ProcessList特征树中,双击如图6-13所示的【加工设定.1】节点,系统弹出如图6-14所示的【零件加工动作】对话框。

图6-13　特征树

图6-14　【零件加工动作】对话框

【零件加工动作】对话框中的选项按钮说明如下。

- 【机床】按钮：单击该按钮后，可在弹出的对话框中定义数控加工机床的参数。
- 【参考加工轴系】按钮：单击该按钮后，可建立一个加工坐标系。
- 【产品或零件】按钮：用于添加一个装配模型或一个目标加工零件。
- 【零件】按钮：单击该按钮后，选择目标加工零件。
- 【生料】按钮：单击该按钮后，选择毛坯零件。
- 【夹具】按钮：单击该按钮后，选择夹具。
- 【安全面】按钮：单击该按钮后，创建安全平面。
- 【横越盒平面】按钮：单击该按钮后，选择五个平面定义一个整体的阻碍体。
- 【变换平面】按钮：单击该按钮后，选择一个平面作为零件整体移动平面。
- 【旋转平面】按钮：单击该按钮后，选择一个平面作为零件整体旋转平面。

(3) 机床设置。单击【零件加工动作】对话框中的【机床】按钮，弹出如图 6-15 所示的【加工编辑器】对话框，单击其中的【3 轴工具机】按钮，然后单击【确定】按钮，完成机床的选择。

【加工编辑器】对话框中的各选项说明如下。

- 【三轴机床】按钮：用于选择三轴机床。
- 【带旋转工作台的三轴机床】按钮：用于选择带旋转工作台的三轴机床。
- 【五轴机床】按钮：用于选择五轴机床。
- 【卧式车床】按钮：用于选择卧式车床。
- 【立式车床】按钮：用于选择立式车床。
- 【多滑座车床】按钮：用于选择多滑座车床。
- 【打开】按钮：单击该按钮后，在弹出的【选择文件】对话框中选择所需要的机床文件。
- 【选择】按钮：单击该按钮后，在特征树上选择用户创建的机床。

图 6-15 【加工编辑器】对话框

(4) 加工坐标系设置。单击【零件加工动作】对话框中的【参考加工轴系】按钮，系统弹出如图 6-16 所的【预设参考加工轴系 加工设定.1】对话框。单击该对话框中的加工坐标系原点感应区，然后在图形区选取如图 6-17 所示的点作为加工、坐标系的原点(选取后【预设参考加工轴系 加工设定.1】对话框中的基准面、基准轴和原点均由红色变为绿色，表明已定义加工坐标系)，系统创建完成加工坐标系。单击【确定】按钮，完成加工坐标系的设置。

(5) 选择目标加工零件。单击【零件加工动作】对话框中的【零件】按钮，在图 6-18 所示的特征树中选取【零件几何体】节点作为目标加工零件(也可以在图形区中选取)。在图形区的空白位置双击，系统回到【零件加工动作】对话框。

(6) 选择毛坯零件。单击【零件加工动作】对话框中的【生料】按钮，在图 6-19 所示的特征树中选取【生料.1】节点作为毛坯零件(也可以在图形区中选取)。在图形区的空白位置双击，系统回到【零件加工动作】对话框。

图 6-16 【预设参考加工轴系 加工设定.1】对话框

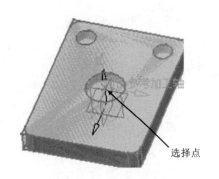

图 6-17 选择坐标原点

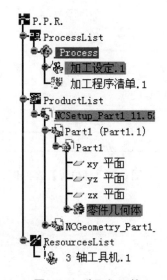

图 6-18 选取加工件

图 6-19 选取毛坯

(7) 设置安全平面。单击【零件加工动作】对话框中的【安全面】按钮 ◢ ，在图形区选取图 6-20 所示的面(毛坯零件的上表面)为安全平面参照，创建安全平面。

右击系统创建的安全平面，弹出如图 6-21 所示的快捷菜单，选择其中的【预留】命令，系统弹出如图 6-22 所示的【编辑参数】对话框，在其中的【厚度】微调框中输入数值"5"。单击【编辑参数】对话框中的【确定】按钮。

(8) 设置换刀点。在【零件加工动作】对话框中单击【位置】标签，切换到【位置】选项卡，然后在【刀具更换点】选项组的 X、Y、Z 微调框中分别输入值"0""0"和"100"，如图 6-23 所示，设置的换刀点如图 6-24 所示。单击【零件加工动作】对话框中的【确定】按钮，完成零件操作的定义。

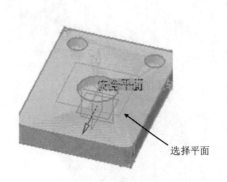

图 6-20　选择安全平面

图 6-21　快捷菜单

图 6-22　【编辑参数】对话框

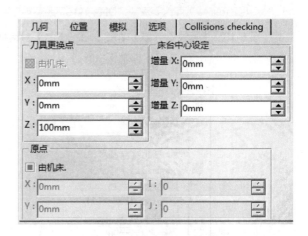

图 6-23　【位置】选项卡

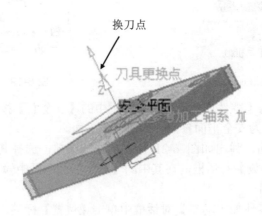

图 6-24　设置换刀点

6.2.2　设置加工参数

> **行业知识链接**：铣削不规则的工件及使用虎钳、分度头及专用夹具持工件时，不规则工件的重心及虎钳、分度头、专用夹具等应尽可能放在工作台的中间部位，避免工作台受力不匀产生变形。如图 6-25 所示是不同的模型轮廓，及不同的加工刀具，都属于加工参数设置。

图 6-25　模型面及加工刀具

1. 定义几何参数

定义几何参数是通过不同对话框中的【几何参数】选项卡设置需要加工的区域及相关参数。设置几何参数的一般操作步骤如下。

(1) 在特征树中选中如图 6-26 所示的【制造程序.1】节点，选择【插入】|【加工程序】|【减重槽】命令，弹出如图 6-27 所示的【槽铣.1】对话框。

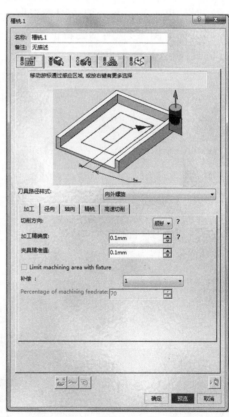

图 6-26　选择【制造程序.1】节点　　　　**图 6-27　【槽铣.1】对话框**

(2) 切换到【加工区域】选项卡 ，然后单击【开放减重槽】字样，此时【槽铣.1】对话框如图 6-28 所示。

该对话框中的部分选项说明如下。

● 【刀具路径】选项卡 ：用于设置刀具路径。

- 【加工区域】选项卡 ![icon]：用于设置几何参数。
- 【刀具参数】选项卡 ![icon]：用于设置刀具参数。
- 【进给与转速】选项卡 ![icon]：用于设置进给率与转速。
- 【进刀/退刀路径】选项卡 ![icon]：用于设置进给/退刀路径。

【槽铣.1】对话框中的图形示例区各项说明如下。

- 【检查图元预留】：双击该字样后，在弹出的对话框中可以设置阻碍元素或夹具的偏置量。
- 【上部预留量】：双击该字样后，在弹出的对话框中可以设置顶面的偏置量。
- 【硬边界预留量】：双击该字样后，在弹出的对话框中可以设置硬边界的偏置量。
- 【外形预留量】：双击该字样后，在弹出的对话框中可以设置软边界、硬边界或孤岛的偏置量。
- 【底部预留量】：双击该字样后，在弹出的对话框中可以设置底面的偏置量。
- 【封闭减重槽】：单击该字样可以在开放或者封闭的减重槽之间切换。

(3) 定义加工底面。移动光标到【槽铣.1】对话框中的底面感应区上，该区域的颜色发生变化，单击该区域，对话框消失，系统要求用户选取一个平面作为型腔加工的区域。

隐藏毛坯。在如图 6-29 所示的特征树中右击 NCGeometry_Part1_11.53.02 节点，在弹出的快捷菜单中选择【隐藏/显示】命令即可。

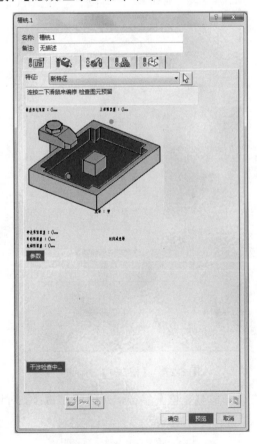

图 6-28　【加工区域】选项卡

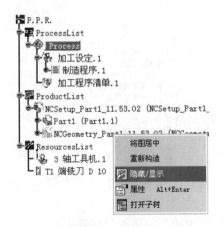

图 6-29　隐藏毛坯

在图形区选取如图 6-30 所示的零件底平面，系统返回到【槽铣.1】对话框，此时【槽铣.1】对话框中底面感应区和轮廓感应区的颜色改变为深绿色，表明已定义了底面和轮廓。如果要对选择的对象进行编辑，右击对象弹出快捷菜单，如图 6-31 所示，选择相应的编辑命令。

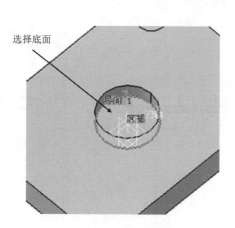

图 6-30　选择底面

图 6-31　快捷菜单

(4) 定义加工顶面。单击【槽铣.1】对话框中的顶面感应区，然后在图形区选取如图 6-32 所示的零件上表面，系统返回到【槽铣.1】对话框，此时【槽铣.1】对话框中顶面感应区的颜色改变为深绿色。

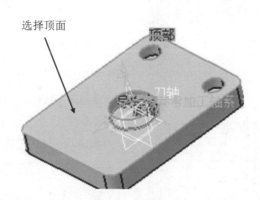

图 6-32　选择顶面

2. 定义刀具参数

定义刀具的参数在整个加工过程中起着非常重要的作用，需要根据加工方法及加工区域来确定刀具的参数。刀具参数的设置是通过【槽铣.1】对话框中的【刀具参数】选项卡来完成的。定义刀具参数的一般操作步骤如下。

(1) 进入刀具参数选项卡。在【槽铣.1】对话框中单击【刀具参数】标签，切换到【刀具参数】选项卡，如图 6-33 所示。

【刀具参数】选项卡中的各选项说明如下。

- 【刀库刀具】选项卡：用于从刀具库调用已有的刀具。
- 【自定义刀具】选项卡：用于自定义加工刀具。

【面铣刀】按钮 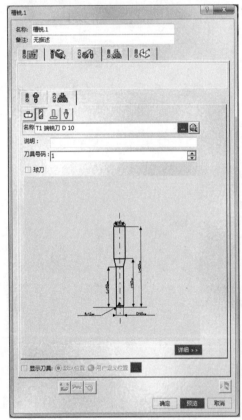：面铣刀刀具加工面大，用于加工较大面积的平面；

【端铣刀】按钮 ：端铣刀是用顶面加工的铣刀，是圆盘形的，只能用端面的刀刃进行切削；

【T 形铣刀】按钮 ：T 形铣刀结构为 T 字形，用于加工各种机械台面或其他构体上的 T 形槽；

【圆锥形铣刀】按钮 ：圆锥形铣刀的加工面和铅垂面有一定角度，用于加工斜面。

【名称】文本框：在该文本框中输入刀具的名称。

【说明】文本框：在该文本框中对刀具进行注释。

【刀具号码】微调框：在该微调框中输入刀具的编号。

【球刀】复选框：选中该复选框则选用球形铣刀。

(2) 选择刀具类型。在【槽铣.1】对话框中单击【端铣刀】按钮 ，选择立铣刀为加工刀具。

(3) 刀具命名。在【槽铣.1】对话框的【名称】文本框中输入 "T1 端铣刀 D10"。

(4) 设置刀具参数。

① 在【槽铣.1】对话框中设置如图 6-34 所示的刀具参数。

图 6-33　【槽铣.1】对话框

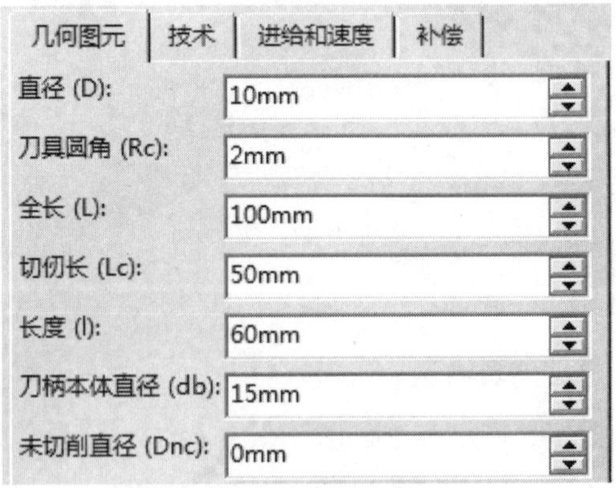

图 6-34　【几何图元】选项卡

【几何图元】选项卡的各选项说明如下。

● 【直径】微调框：用于设置刀具公称直径。

● 【刀具圆角】微调框：用于设置刀具圆角半径。

● 【全长】微调框：用于设置刀具总长度。

● 【切仞长】微调框：用于设置刀刃长度。

- 【长度】微调框：用于设置刀具长度。
- 【刀柄本体直径】微调框：用于设置刀柄直径。
- 【未切削直径】微调框：用于设置刀具去除切削刃后的直径。
② 切换到【技术】选项卡，然后设置如图 6-35 所示的参数。

【技术】选项卡的各选项说明如下。

- 【刀仞数目】微调框：用于设置刀具刃数。
- 【旋转方式】下拉列表框：用于设置刀具的旋转方向。
- 【切削品质】下拉列表框：用于设置加工质量。
- 【组合】下拉列表框：用于选择刀具的组成方式。
- 【刀齿材料】下拉列表框：用于选择刀刃材料。
- 【刀齿材料说明】文本框：用于输入刀刃描述信息。
- 【刀具背角】文本框：用于设置刀具背刀角度。
- 【径向刀具 rake 角度】微调框：用于设置刀具径向倾斜角度。
- 【最大插刀角度】微调框：用于设置最大倾入角度。
- 【最大加工长度】微调框：用于设置刀具的最大加工长度。
- 【最大刀具寿命】微调框：用于设置刀具的最长使用时间。
- 【切削水语法】文本框：用于描述有关切削液的设置。
- 【重量语法】文本框：用于描述刀具的重量。

其他选项卡中的参数均可以采用默认的设置。

3. 定义进给率与转速

进给率与转速是在【槽铣.1】对话框的【进给与转速】选项卡 中进行定义的，包括进给速度、切削速度、退刀速度和主轴转速等参数。定义进给率的一般操作步骤如下。

(1) 进入进给率与转速设置选项卡。在【槽铣.1】对话框中单击【进给与转速】标签 ，切换到【进给与转速】选项卡，如图 6-36 所示。

(2) 设置进给率与转速。在【槽铣.1】对话框的【进给与转速】选项卡 中设置图 6-36 所示的参数。

【进给与转速】选项卡中的各选项说明如下。

① 用户可通过【进给】区域设置刀具进给率的一些参数。

【自动计算刀具进给速度】复选框：选中该复选框后，系统将自动设置刀具进给率的所有参数。

- 【进刀】微调框：输入接近速度，即刀具从安全平面移动到工件表面时的速度，单位通常为 mm_mn(毫米/每分钟)。
- 【加工】微调框：输入刀具切削工件时的速度，单位通常为 mm_ mn(毫米/每分钟)。
- 【退刀】微调框：输入退刀速度，单位通常为 mm_mn(毫米/每分钟)。
- 【精加工】微调框：当取消选中【自动计算刀具进给速度】复选框后，该文本框被激活，用于设置精加工时的进刀速度。
- 【横越】复选框：选中该复选框后，其后的下拉列表框被激活，用于设置区域间跨越时的进给速度。
- 【减速】微调框：用于设置降速比率。

● 【单位】下拉列表框：用于选择进给速度的单位。

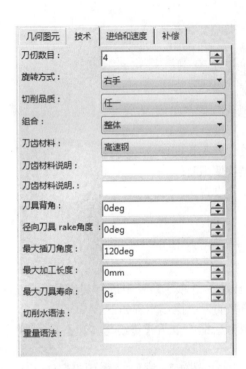

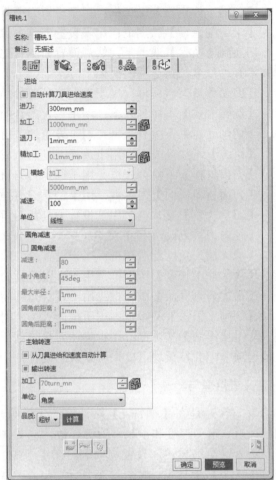

图 6-35　【技术】选项卡　　　　　　　　图 6-36　【进给与转速】选项卡

② 在【圆角减速】选项组中可设置加工拐角时降低进给率的一些参数。

● 【圆角减速】复选框：选中该复选框后，区域中的参数被激活。

● 【减速】微调框：用于输入降低进给速度的比率值。

● 【最小角度】微调框：用于输入降低进给速度的最小角度值。

● 【最大半径】微调框：用于输入降低进给速度的最大半径值。

● 【圆角前距离】微调框：输入的距离值表示加工拐角前多远开始降低进给速度。

● 【圆角后距离】微调框：输入的距离值表示加工拐角后多远开始恢复进给速度。

③ 在【主轴转速】选项组中可设置主轴参数。

● 【从刀具进给和速度自动计算】复选框：选中该复选框后，系统将自动设置主轴的转速。

● 【输出转速】复选框：选中该复选框后，用户可自定义主轴参数。

● 【加工】微调框：用于输入主轴的转速。

● 【单位】下拉列表框：用于选择主轴转速的单位。

4. 定义刀具路径参数

刀具路径参数就是用来规定刀具在加工过程中所走的轨迹。选择不同的加工方法，刀具的路径参数也有所不同。定义刀具路径参数的一般操作步骤如下。

(1) 进入刀具路径参数选项卡。在【槽铣.1】对话框中单击【刀具路径】标签 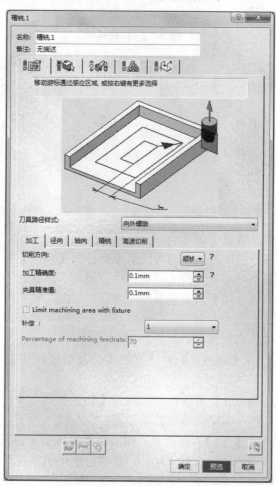，切换到【刀具路径】选项卡，如图 6-37 所示。该选项卡中的各选项说明如下。

图 6-37 【刀具路径】选项卡

① 【刀具路径样式】下拉列表框中提供了五种常见刀具的切削类型。

- 【向外螺旋】选项：由里向外螺旋铣削。选择该选项时的刀具路径如图 6-38 所示。
- 【向内螺旋】选项：由外向里螺旋铣削。选择该选项时的刀具路径如图 6-39 所示。
- 【前后】选项：往复铣削。选择该选项时的刀具路径如图 6-40 所示。
- 【零件上单向偏置】选项：沿部件偏移单方向铣削。选择该选项时的刀具路径如图 6-41 所示。
- 【零件上来回偏置】选项：沿部件偏移往复铣削，选择该选项时的刀具路径如图 6-42 所示。

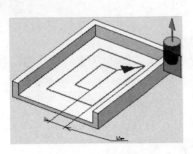
图 6-38　向外螺旋

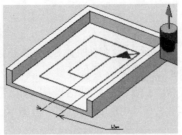
图 6-39　向内螺旋

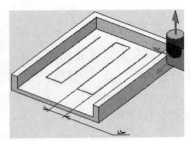
图 6-40　前后

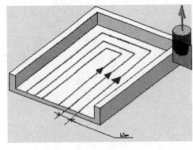
图 6-41　零件上单向偏置

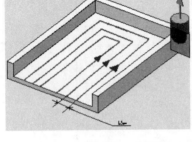
图 6-42　零件上来回偏置

②　【加工】选项卡中的参数说明如下。

●　【切削方向】下拉列表框：提供了两种铣削方向，即【顺铣】和【逆铣】。

●　【加工精确度】微调框：用于设置刀具理论轨迹相对于计算轨迹允许的最大偏差值。

●　【夹具精准值】微调框：用于设置夹具准确度。

●　Limit maching area with fixture 复选框：选中后，设置用夹具来限制加工区域。

●　【补偿】下拉列表框：用于设置刀具的补偿号。

(2)　定义刀具路径类型。在【槽铣.1】对话框的【刀具路径样式】下拉列表框中选择【向外螺旋】选项。

(3)　定义加工参数。在【槽铣.1】对话框中切换到【加工】选项卡，然后在【切削方向】下拉列表框中选择【顺铣】选项，其他选项采用系统默认设置。

(4)　定义径向参数。切换到【径向】选项卡，然后在【模式】下拉列表框中选择【刀径比例】选项，在【刀具直径百分比】微调框中输入值"50"，其他选项采用系统默认设置，如图 6-43 所示。

【径向】选项卡中各选项的说明如下。

●　【模式】下拉列表框：用于设置两个连续轨迹之间的距离，系统提供了以下三种模式。

【最大距离】选项：轨迹之间距离最大。

【刀径比例】选项：刀具直径比例。

【重叠比率】选项：步进比例。

●　【两路径间距离】微调框：用于输入两条轨迹之间的距离。

●　【刀具直径百分比】：选择【刀径比例】选项时，该微调框被激活，该微调框用刀具直径的比例来设置两条轨迹之间的距离。

●　【超出】微调框：用于设置当加工到边界时刀具处于加工面之外的部分，使用刀具的直径比例表示。

(5) 定义轴向参数。切换到【轴向】选项卡，然后在【模式】下拉列表框中选择【切层数目】选项，在【切层数】微调框中输入值，其他选项采用系统默认设置，如图 6-44 所示。

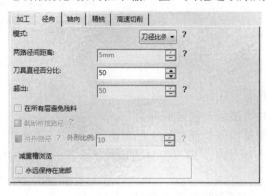

图 6-43 【径向】选项卡

图 6-44 【轴向】选项卡

【轴向】选项卡中各参数的说明如下。

● 【模式】下拉列表框中提供了以下三个选项。

【最大切削深度】选项：用于设置最大背吃刀量。

【切层数目】选项：用于设置分层切削。

【无最上层切削数据】选项：不计算顶层的分层切削。

● 如果在【模式】下拉列表框中选择【最大切削深度】和【无最上层切削数据】选项时，【最大切削深度】微调框被激活，该微调框用于设置每次的最大背吃刀量或顶层的最大背吃刀量。

● 如果在【模式】下拉列表框中选择【切层数目】和【无最上层切削数据】选项时，【切层数】微调框则被激活，该微调框用于设置分层数。

● 【自动脱模角】微调框：设置自动拔模角度。

● 【穿透】微调框：在软底面时，刀具在轴向超过零件的长度。

(6) 定义精加工参数。切换到【精铣】选项卡，然后在【模式】下拉列表框中选择【无精铣路径】选项，如图 6-45 所示。

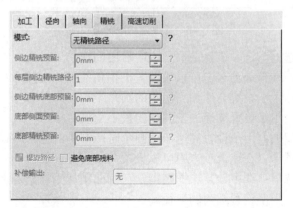

图 6-45 【精铣】选项卡

【精铣】选项卡中各参数的说明如下。

- 【模式】下拉列表框中提供了以下几种模式。

【无精铣路径】选项：无精加工进给。

【只在最后层侧精铣】选项：侧面精加工最后一层。

【在每一层侧精铣】选项：每层都精加工。

【只在底层精铣】选项：仅加工底面。

【在每一层和底层精铣】选项：每层都精加工侧面及底面。

【在最后一层和底层都精铣】选项：精加工侧面的最后一层及底面。

- 【侧边精铣预留】微调框：该微调框用来设置保留侧面精加工的厚度。
- 【每层侧边精铣路径】微调框：在分层进给加工时，用于设置每层粗加工进给包括的侧面精加工进给的分层数。
- 【侧边精铣底部预留】微调框：用来设置保留底面精加工的厚度。
- 【底部侧面预留】微调框：用来设置在底面上的侧面厚度。
- 【底部精铣预留】微调框：用来设置底面精加工厚度。
- 【螺旋路径】复选框：用于设置是否有无进给。
- 【避免底部残料】复选框：用于设置是否防止底面残料。
- 【补偿输出】下拉列表框：用于设置侧面精加工刀具补偿指令的创建。

(7) 定义高速铣削参数。切换到【高速切削】选项卡，然后取消选中【高速切削】复选框。【高速切削】选项卡如图 6-46 所示，各参数说明如下。

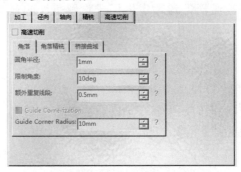

图 6-46 【高速切削】选项卡

- 【高速切削】复选框：选中该复选框则说明启用高速加工。
- 【角落】选项卡：在该选项卡中可以设置关于拐角的一些参数。

【圆角半径】微调框：用于设置高速加工拐角的圆角半径。

【限制角度】微调框：用于设置高速加工圆角的最小角度。

【额外重复线段】微调框：用于设置高速加工圆角时所产生的额外路径的重叠长度。

- 【角落精铣】选项卡：在该选项卡中可以设置关于拐角精加工的一些参数。

【侧边精铣圆角】复选框：选中该复选框则指定在侧面精加工的轨迹上应用圆角加工轨迹。

【圆角半径】微调框：用于设置圆角的半径。

【角度限制】微调框：用于设置圆角的最小角度。

- 【桥接曲线】选项卡：在该选项卡中可以设置关于圆角过渡的一些参数。

【转变半径】微调框：用于设置当由结束轨迹移动到新轨迹时，开始及结束过渡圆角的半径值。

【转变角度】微调框：用于设置当由结束轨迹移动到新轨迹时，开始及结束过渡圆角的角度值。

【转变长度】微调框：用于设置两条轨迹间过渡直线的最短长度。

6.2.3 刀路仿真和后处理

> **行业知识链接：** 固定轮廓铣加工用来铣削得到曲面轮廓，因为它是三轴加工方式，所以可以加工得到形状较为复杂的曲面轮廓。固定轮廓铣加工主要用于半精加工和精加工。如图 6-47 所示是一种固定轮廓铣削的走刀方式。

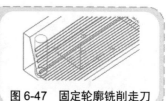

图 6-47　固定轮廓铣削走刀

1. 刀路仿真

刀路仿真可以让用户直观地观察刀具的运动过程，以检验各种参数定义的合理性。刀路仿真的一般操作步骤如下。

在【槽铣.1】对话框中单击【播放刀具路径】按钮，系统弹出如图 6-48 所示的【槽铣.1】对话框，且在图形区显示刀路轨迹，如图 6-49 所示。

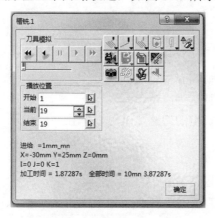

图 6-48　【槽铣.1】对话框

图 6-49　刀路轨迹

【槽铣.1】对话框中的部分按钮说明如下。

(1)　【刀具模拟】选项区域：该区域包含控制刀具运动的按钮。

按钮：单击该按钮则刀具位置恢复到当前加工操作的切削起点。

按钮：单击该按钮则刀具运动向后播放。

按钮：单击该按钮则刀具运动停止播放。

按钮：单击该按钮则刀具运动向前播放。

按钮：单击该按钮则刀具位置恢复到当前加工操作的切削终点。

滑块：用于控制刀具运动的速度。

(2)　刀路仿真的播放模式有以下六种，如图 6-50 所示，从上到下依次为：

加工仿真时连续显示刀路。

加工仿真时从平面到平面显示刀路。

加工仿真时按不同的进给量显示刀路。

加工仿真时从点到点显示刀路。

加工仿真时按后置处理停止指令显示，该模式显示文字语句。

加工仿真时显示选定截面上的刀具路径。

(3) 在刀具运动过程中，刀具有以下五种显示模式，如图 6-51 所示，从上到下依次为：

图 6-50　播放模式按钮

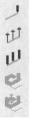

图 6-51　显示模式按钮

加工仿真时只在刀路当前切削点处显示刀具。

加工仿真时在每一个刀位点处都显示刀具的轴线。

仿真时在每一个刀位点处都显示刀具。

仿真时只显示加工表面的刀路。

加工仿真时只显示加工表面的刀路和刀具的轴线。

(4) 在刀路仿真时，其颜色显示模式有以下两种，如图 6-52 所示。

在刀路仿真时，刀路线条都用同一颜色显示，系统默认为绿色。

在刀路仿真时，刀路线条用不同的颜色显示，不同类型的刀路显示可以单独进行设置。

(5) 切削过程仿真有以下三种模式，如图 6-53 所示。

对从前一次的切削过程保存的加工操作进行切削仿真。

完整模式，对整个零件的加工操作或整个加工程序进行仿真。

静态/动态模式，对于选择的某个加工操作，在该加工操作之前的加工操作只显示其加工结果，动态显示所选择的加工操作的切削过程。

(6) 加工结果拍照：单击【相片】按钮 📷 ，系统切换到拍照窗口，图形区中快速显示切削后的结果。

(7) 切削结果分析有三种类型：加工余量分析、过切分析和刀具碰撞分析。

图 6-52　颜色显示按钮

图 6-53　仿真模式按钮

2. 后处理

后处理是为了将加工操作中的加工刀路，转换为数控机床可以识别的数控程序(NC 代码)。后处理的一般操作步骤如下。

(1) 选择【工具】|【选项】命令，弹出如图 6-54 所示的【选项】对话框；在【选项】对话框左边的列表中选择【加工】选项，然后单击【输出】标签；之后选中 IMS 单选按钮，单击【确定】按钮。

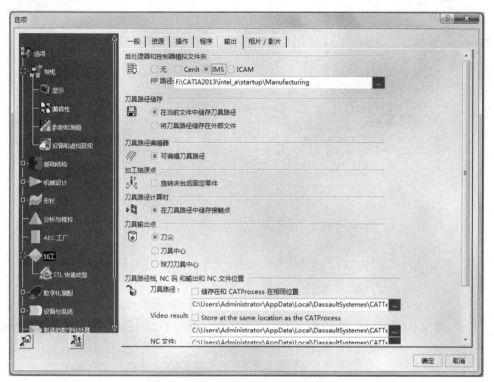

图 6-54　【选项】对话框

(2) 在图 6-55 所示的特征树中右击【制造程序.1】节点，在弹出的快捷菜单中选择【制造程序.1 对象】|【在交互式作业中产生 NC 码】命令，弹出如图 6-56 所示的【以互动方式产生 NC 码】对话框。

(3) 生成 NC 数据。

选择数据类型。在【以互动方式产生 NC 码】对话框中切换到【输入和输出】选项卡，然后在【NC 资料形式】下拉列表框中选择【NC 码】选项。

选择输出数据文件路径。单击【文件夹】按钮 ，系统弹出【另存为】对话框，在【保存在】下拉列表框中选择目录，采用系统默认的文件名，单击【保存】按钮完成输出数据的保存。

选择加工机床。在【以互动方式产生 NC 码】对话框中切换到【NC 码】选项卡，然后在其中的下拉列表框中选择 fanuc15b 选项，如图 6-57 所示。

在【以互动方式产生 NC 码】对话框中单击【执行】按钮，系统弹出 IMSpost-Runtime Message 对话框，如图 6-58 所示，采用系统默认的 NC 程序编号，单击 Continue 按钮。系统弹出【加工信息】对话框，单击【确定】按钮，如图 6-59 所示。系统即在选择的目录中生成数据文件。

(4) 查看刀位文件。用记事本打开文件 Process1_制造程序_1_I.aptsource，如图 6-60 所示。

(5) 查看 NC 代码。用记事本打开文件 Process1_制造程序_1_I.CATNCCode，如图 6-61 所示。

(6) 保存文件。选择【文件】|【保存】命令即可保存文件。

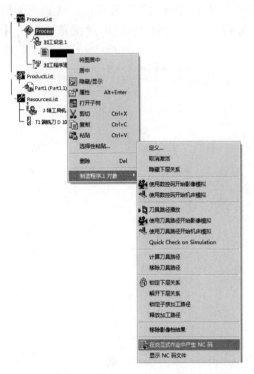

图 6-55　产生 NC 码命令

图 6-56　【以互动方式产生 NC 码】对话框

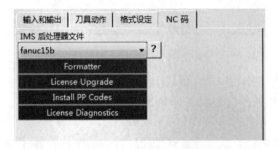

图 6-57　【NC 码】选项卡

图 6-58　IMSpost-Runtime Message 对话框

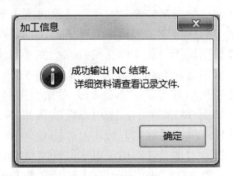

图 6-59　【加工信息】对话框

```
Process1_制造程序_1_I - 记事本
文件(F)  编辑(E)  格式(O)  查看(V)  帮助(H)
$$

——————————————
$$ 制造程序.1
$$   加工设定.1
$$*CATIA0
$$ 制造程序.1
$$       1.00000      0.00000      0.00000
40.00000
$$       0.00000      1.00000      0.00000
480.00000
$$       0.00000      0.00000      1.00000
20.00000
PARTNO 加工设定.1
$$ OPERATION NAME : 换刀.1
$$ 开始产生 : 换刀.1
TLAXIS/ 0.000000, 0.000000, 1.000000
$$ TOOLCHANGEBEGINNING
CUTTER/ 10.000000,  2.000000,  3.000000,
2.000000,  0.000000, $
          0.000000,  50.000000
TOOLNO/1, MILL, 1, 0,  10.000000,  100.000000, $
  100.000000,  100.000000,,  60.000000,,
50.000000, $
  1000.000000, MMPM,    70.000000, RPM, CLW, $
ON, , NOTE
TPRINT/T1 端铣刀 D 10, T1 端铣刀 D 10, T1 端铣刀 D
```

图 6-60 刀位文件

```
Process1_制造程序_1 - 记事本
文件(F)  编辑(E)  格式(O)  查看(V)  帮助(H)
%
O1000
(
***********************************
***********************  )
( *    INTELLIGENT MANUFACTORY SOFTWARE
WWW.IMS-SOFTWARE.COM        * )
( *    IMSPOST VERSION : 7.4R
                          * )
( *    USER VERSION : 1
                  * )
(
***********************************
***********************  )
N1 G49 G54 G80 G40 G90 G23 G94 G17 G98
( TOOL DATA : T1 端铣刀 D 1 )
N2 T1 M6
N3 G0 X-30. Y25. S70 M3
N4 G43 Z0 H1
N5 G1 Z-10. F300.
N6 G3 X-30. Y25. I0 J5. F1000.
N7 G1 Z0 F1.
N8 M30
%
```

图 6-61   NC 代码

课后练习

✎ 案例文件：ywj\06\01.CATPart、01.CATProcess
▶ 视频文件：光盘→视频课堂→第 6 教学日→6.2

练习案例分析如下。

本节课后练习创建腔体零件的加工参数设置，如图 6-62 所示是完成的腔体零件工件。

本节范例主要练习腔体零件工件的创建和加工参数设置，首先创建零件，之后进行参数设置。如图 6-63 所示是腔体零件参数设置的思路和步骤。

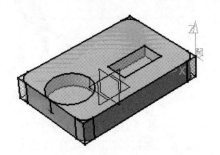

图 6-62 完成的腔体零件工件

图 6-63 腔体零件参数设置的步骤

练习案例操作步骤如下。

step 01 首先新建零件。首先选择 xy 平面作为草绘平面，单击【草图编辑器】工具栏中的【草图】按钮，单击【轮廓】工具栏中的【矩形】按钮，绘制 60×40 的矩形，如图 6-64 所示。

step 02　单击【基于草图的特征】工具栏中的【凸台】按钮，弹出【定义凸台】对话框，设置
　　　　【长度】为"10"，如图 6-65 所示，单击【确定】按钮，创建矩形凸台。

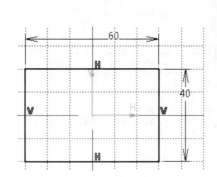

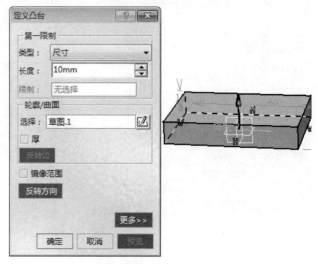

图 6-64　绘制 60×40 的矩形　　　　　　　　图 6-65　创建凸台

step 03　单击【修饰特征】工具栏中的【倒圆角】按钮，弹出【倒圆角定义】对话框，设置
　　　　【半径】为"5"，选择目标边线，如图 6-66 所示，单击【确定】按钮，创建 4 个倒圆角。
step 04　单击【草图编辑器】工具栏中的【草图】按钮，选择如图 6-67 所示的平面作为草
　　　　绘平面。

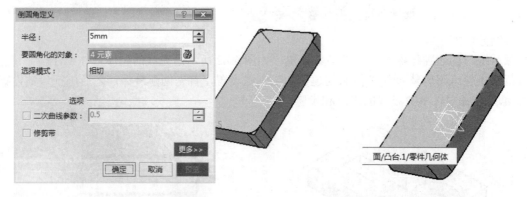

图 6-66　创建倒圆角　　　　　　　　图 6-67　选择草绘平面

step 05　单击【轮廓】工具栏中的【矩形】按钮，绘制 20×10 的矩形，如图 6-68 所示。
step 06　单击【基于草图的特征】工具栏中的【凹槽】按钮，弹出【定义凹槽】对话框，设置
　　　　【深度】为"5"，如图 6-69 所示，单击【确定】按钮，创建凹槽。
step 07　单击【草图编辑器】工具栏中的【草图】按钮，选择如图 6-70 所示的平面作为草绘
　　　　平面。
step 08　单击【轮廓】工具栏中的【圆】按钮，绘制直径为 20 的圆形，如图 6-71 所示。
step 09　单击【基于草图的特征】工具栏中的【凹槽】按钮，弹出【定义凹槽】对话框，设置
　　　　【深度】为"6"，如图 6-72 所示，单击【确定】按钮，创建凹槽，完成零件的创建。

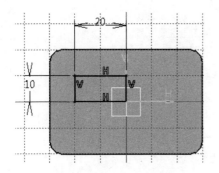

图 6-68　绘制 20×10 的矩形

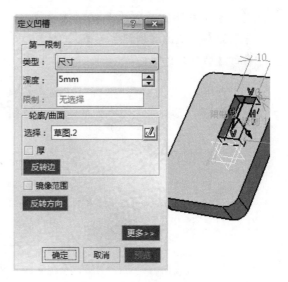

图 6-69　创建凹槽

图 6-70　选择草绘平面

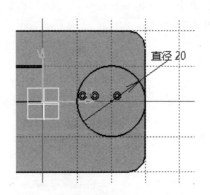

图 6-71　绘制直径为 20 的圆形

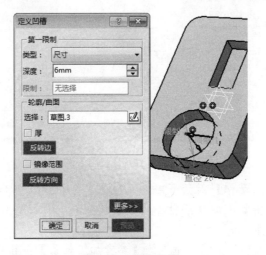

图 6-72　创建凹槽

step 10 最后进行加工参数设置。选择【开始】|【加工】|【曲面加工】命令，单击【几何管理】工具栏中的【创建生料】按钮▢，弹出【生料】对话框，如图 6-73 所示，选择零件，单击【确定】按钮。

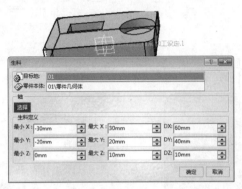

图 6-73 创建生料

step 11 选择【开始】|【加工】|【二轴半加工】命令，系统进入 2.5 轴铣削工作台。在 P.P.R.特征树中，双击 Process 节点中的【加工设定.1】节点，弹出【零件加工动作】对话框，如图 6-74 所示。

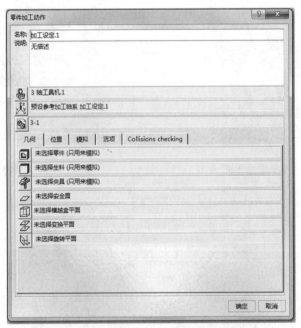

图 6-74 【零件加工动作】对话框

step 12 单击【零件加工动作】对话框中的【机床】按钮，弹出【加工编辑器】对话框，如图 6-75 所示。单击其中的【三轴工具机】按钮，保持系统默认设置。单击【确定】按钮，完成机床的选择。

step 13 单击【零件加工动作】对话框中的【参考加工轴系】按钮，弹出【预设参考加工轴系加工设定.1】对话框，如图 6-76 所示。单击加工坐标系原点感应区，选取点作为加工坐标系的原点。单击【确定】按钮，完成加工坐标系的定义。

图 6-75　设置机床

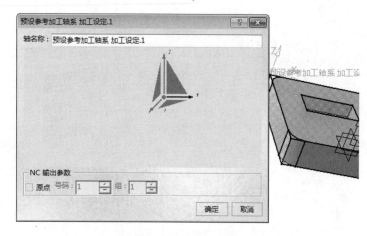

图 6-76　定义坐标系

step 14　单击【零件加工动作】对话框中的【设计用来模拟零件】按钮，选择加工零件，如图 6-77 所示。

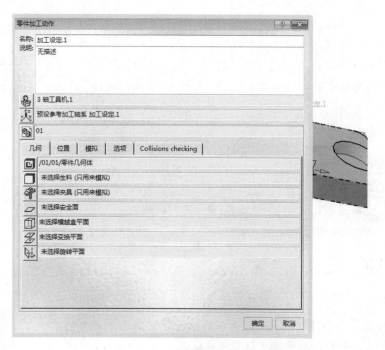

图 6-77　选择加工零件

step 15　单击【零件加工动作】对话框中的【用来模拟生料】按钮，选择生料，如图 6-78 所示。

step 16　单击【零件加工动作】对话框中的【安全面】按钮，选取安全平面。右击系统创建的安全平面，在弹出的快捷菜单中选择【预留】命令，弹出如图 6-79 所示的【编辑参数】对话框，在其中的【厚度】微调框中输入"10"，单击【确定】按钮，完成加工参数设置。

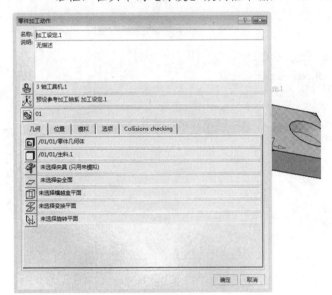

图 6-78 选择生料

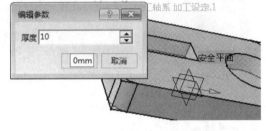

图 6-79 定义安全面

机械设计实践：插铣削可减小工件变形；可降低作用于铣床的径向切削力；刀具悬伸长度较大，这对于工件凹槽或表面的铣削加工十分有利；能实现对高温合金材料的切槽加工。如图 6-80 所示是插铣削加工刀路。

图 6-80 插铣削加工刀路

 第3课 2课时 2.5 轴铣削加工

6.3.1 平面铣削

行业知识链接：平面铣削就是对大面积的没有任何曲面或凸台的零件表面进行加工，一般选用平底立铣刀或面铣刀。如图 6-81 所示是一种平面铣削方式。

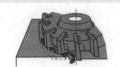

图 6-81 平面铣削

1. 平面铣削零件操作定义

2.5 轴的铣削加工分为平面铣削、粗加工、多型腔铣削、轮廓铣削、曲线铣削、凹槽铣削和点到点铣削这几种常见的铣削方式,它们的步骤和方法是相通的,都在 2.5 轴的加工环境下进行。进入 2.5 轴加工工作台后,屏幕上会出现 2.5 轴铣削加工时所需要的各种工具栏按钮及相应的下拉菜单。2.5 轴铣削加工工作台中常用的【加工动作】工具栏如图 6-82 所示。

图 6-82 【加工动作】工具栏

使用平面铣削加工方法,既可以进行粗加工又可进行精加工。对于加工余量大又不均匀的表面,采用粗加工,其铣刀直径应较小以减少切削力矩;对于精加工,其铣刀直径应较大,最好能包容整个待加工面。

1) 新建一个数控加工模型文件

选择【文件】|【新建】命令,弹出如图 6-83 所示的【新建】对话框。在【类型列表】列表框中选择 Process 选项,单击【确定】按钮,系统进入 2.5 轴铣削工作台。

2) 引入加工零件

在 P.P.R.特征树中,双击 Process 节点中的【加工设定.1】节点,如图 6-84 所示,系统弹出【零件加工动作】对话框。

单击【零件加工动作】对话框中的【产品或零件】按钮，弹出【选择文件】对话框,在列表框中选择文件,单击【打开】按钮,完成加工零件的引入。

图 6-83 【新建】对话框

图 6-84 从特征树引入零件

3) 零件操作定义

(1) 机床设置。单击【零件加工动作】对话框中的【机床】按钮，弹出【加工编辑器】对话框,单击其中的【三轴工具机】按钮，保持默认设置,然后单击【确定】按钮,完成机床的选择。

(2) 定义加工坐标系。单击【零件加工动作】对话框中的【参考加工轴系】按钮，弹出【预设参考加工轴系 加工设定.1】对话框。

单击【预设参考加工轴系 加工设定.1】对话框中的加工坐标系原点感应区，然后在图形区选取如图 6-85 所示的点作为加工坐标系的原点。【预设参考加工轴系 加工设定.1】对话框中的基准面、基准轴和原点均由红色变为绿色，表明已定义加工坐标系，系统创建完成加工坐标系。单击【预设参考加工轴系 加工设定.1】对话框中的【确定】按钮，完成加工坐标系的定义。

(3) 定义目标加工零件。单击【零件加工动作】对话框中的【设计用来模拟零件】按钮 ▣。

在如图 6-86 所示的特征树中右击 NCGeometry_Part.1 节点，在弹出的快捷菜单中选择【隐藏/显示】命令。

选取图形区中的模型作为目标加工零件，在图形区的空白处双击，系统回到【零件加工动作】对话框。

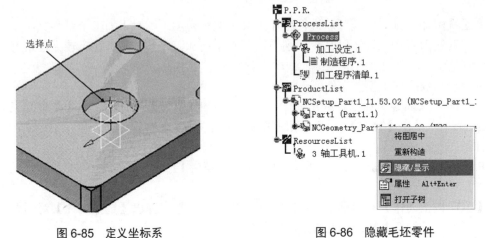

图 6-85　定义坐标系　　　　　　　　图 6-86　隐藏毛坯零件

(4) 定义毛坯零件。在如图 6-86 所示的特征树中右击 NCGeometry_Part.1 节点，在弹出的快捷菜单中选择【隐藏/显示】命令。

单击【零件加工动作】对话框中的【用来模拟生料】按钮 ▢，选取图形区中的模型作为毛坯零件，在图形区的空白处双击，系统回到【零件加工动作】对话框。

(5) 定义安全平面。单击【零件加工动作】对话框中的【安全面】按钮 �ি。

选择参照面。在图形区选取如图 6-87 所示的毛坯表面为安全平面参照，系统创建一个安全平面。

右击系统创建的安全平面，在弹出的快捷菜单中选择【预留】命令，系统弹出【编辑参数】对话框，在其中的【厚度】文本框中输入值"5"，单击【确定】按钮完成安全平面的定义。

单击【零件加工动作】对话框中的【确定】按钮，完成零件定义操作。

2. 平面铣削设置加工参数

1) 定义几何参数

(1) 隐藏毛坯零件。在特征树中右击 NCGeometry_Part.1 节点，在弹出的快捷菜单中选择【隐藏/显示】命令。

(2) 在特征树中选中【制造程序.1】节点，然后选择【插入】|【加工动作】|【面铣】命令，插入一个平面铣削操作，系统弹出如图 6-88 所示的【面铣.1】对话框。

(3) 定义加工平面。将光标移动到【面铣.1】对话框中的底面感应区上，该区域的颜色从深红色变为橙黄色，在该区域单击鼠标左键对话框消失，系统要求用户选择一个平面作为平面铣削的区域。在图形区选取如图 6-89 所示的模型表面，系统返回到【面铣.1】对话框，此时【面铣.1】对话框中的底平面和侧面感应区的颜色变为深绿色。

2) 定义刀具参数

(1) 在【面铣.1】对话框中单击【刀具参数】标签 ，切换到【刀具参数】选项卡。在【面铣.1】对话框中单击【面铣刀】按钮 ，选择面铣刀为加工刀具。

(2) 在【面铣.1】对话框的【名称】文本框中输入"T1 面铣刀 D50"，给刀具命名。

(3) 在【面铣.1】对话框中单击【详细】按钮，切换到【几何图元】选项卡，然后设置如图 6-90 所示的刀具参数。

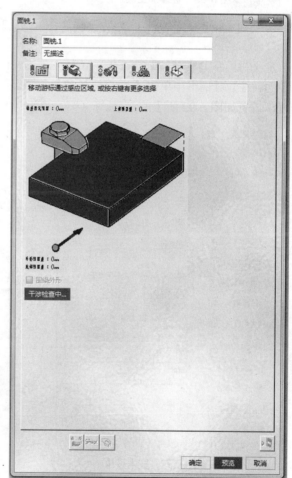

图 6-88 【面铣.1】对话框

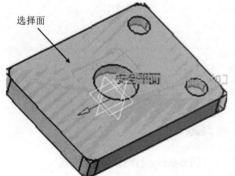

图 6-87 定义安全面

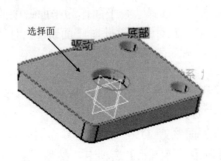
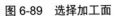

图 6-89　选择加工面

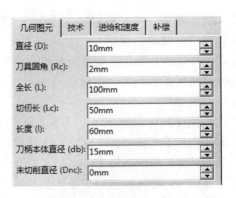

图 6-90　设置刀具参数

(4) 切换到【技术】选项卡，然后设置如图 6-91 所示的参数。其他选项卡中的参数均采用默认的设置。

3) 定义进给率与转速

在【面铣.1】对话框中单击【进给与转速】标签 ，切换到【进给与转速】选项卡，设置进给率与转速。设置如图 6-92 所示的参数。

图 6-91　刀具技术设置

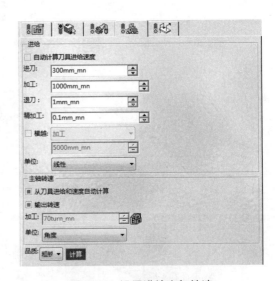

图 6-92　设置进给率与转速

4) 定义刀具路径参数

(1) 进入【刀具路径参数】选项卡。在【面铣.1】对话框中单击【刀具路径参数】标签 ，切换到【刀具路径参数】选项卡，如图 6-93 所示。

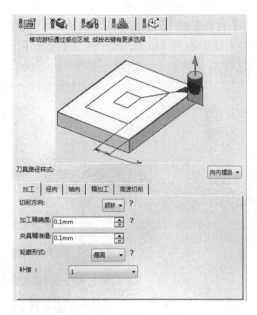

图 6-93　定义刀具路径

（2）定义刀具路径类型。在【面铣.1】对话框的【刀具路径样式】下拉列表框中选择【向内螺旋】选项。

（3）定义切削类型及有关参数。在【面铣.1】对话框中切换到【加工】选项卡，在【切削方向】下拉列表框中选择【顺铣】选项，其他选项采用系统默认设置。

（4）定义径向参数。切换到【径向】选项卡，然后在【模式】下拉列表框中选择【刀径比例】选项，在【刀具直径百分比】微调框中输入值"50"，其他选项采用系统默置。

（5）定义轴向参数。切换到【轴向】选项卡，然后在【模式】下拉列表框中选择【切层数目】选项，在【层次数量】微调框中输入值"1"。

（6）定义精加工参数。切换到【精加工】选项卡，然后在【模式】下拉列表框中选择【无精铣路径】选项。

（7）定义高速铣削参数。切换到【高速切削】选项卡，然后取消选中【高速切削】复选框。

5）定义进刀/退刀路径

（1）进入【进刀/退刀路径】选项卡。在【面铣.1】对话框中单击【进刀/退刀路径】标签，切换到【进刀/退刀路径】选项卡。

（2）定义进刀路径。在【辅助程序管理】列表框中选择【进刀】选项，然后在【模式】下拉列表框中选择【斜进】选项，选择螺旋进刀类型。

（3）定义退刀路径。在【辅助程序管理】列表框中选择【退刀】选项，然后在【模式】下拉列表框中选择【轴向】选项，选择直线退刀类型。

3. 平面铣削刀路仿真

在【面铣.1】对话框中单击【播放刀具路径】按钮，系统弹出【面铣.1】对话框，且在图形区显示刀路轨迹，如图 6-94 所示。在【面铣.1】对话框中单击【最近一次储存影片】按钮，然后单击【往前播放】按钮，即可观察刀具切削毛坯零件的运行情况。

在【面铣.1】对话框中单击【分析】按钮 🔍，系统弹出 Analysis 对话框，如图 6-95 所示。毛坯加工余量检测。在该对话框中选中【剩余材料】复选框，单击【应用】按钮，图形区中高亮显示毛坯加工余量，如图 6-96 所示，由于进行的是精加工，所以不存在加工余量。

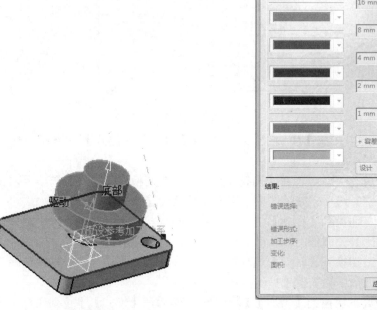

图 6-94　刀路模拟　　　　　　　　　　　图 6-95　Analysis 对话框

在 Analysis 对话框中取消选中【剩余材料】复选框，单击【应用】按钮，图形区中高亮显示毛坯加工过切情况，如图 6-97 所示，未出现过切。在 Analysis 对话框中单击【取消】按钮，然后在【面铣.1】对话框中单击【确定】按钮。

图 6-96　过切检测　　　　　　　　　　图 6-97　毛坯剩余材料检测

选择【文件】|【保存】命令，在弹出的【另存为】对话框中输入文件名"平面铣削.1"，单击【确定】按钮即可保存文件。

6.3.2 粗加工

> **行业知识链接：** 粗加工可以在一个加工操作中使用同一把刀具将毛坯的大部分材料切除，这种加工方法主要用于去除大量的工件材料，留少量余量以备进行精加工，可以提高加工效率，减少加工时间，降低成本并提高经济效益。如图 6-98 所示是一种粗铣削方式。

图 6-98 粗铣削

1. 粗加工零件操作定义

1） 新建一个数控加工模型文件

选择【文件】|【新建】命令，弹出【新建】对话框。在【类型列表】列表框中选择 Process 选项，单击【确定】按钮，系统进入 2.5 轴铣削工作台。

2） 零件操作定义

(1) 在 P.P.R.特征树中，双击 Process 节点中的【加工设定.1】节点，系统弹出【零件加工动作】对话框。

(2) 单击【零件加工动作】对话框中的【产品或零件】按钮 ，系统弹出【选择文件】对话框，在对话框的列表框中选择文件，单击【打开】按钮，完成加工零件的引入。

(3) 机床设置。单击【零件加工动作】对话框中的【机床】按钮 ，系统弹出【加工编辑器】对话框，单击其中的【三轴 6 工具机】按钮 ，保持系统默认设置，然后单击【确定】按钮，完成机床的选择。

(4) 定义加工坐标系。单击【零件加工动作】对话框中的【参考加工轴系】按钮 ，系统弹出【预设参考加工轴系 加工设定.1】对话框。

单击【预设参考加工轴系 加工设定.1】对话框中的加工坐标系原点感应区，然后在图形区选取如图 6-99 所示的点作为加工坐标系的原点。【预设参考加工轴系 加工设定.1】对话框中的基准面、基准轴和原点均由红色变为绿色，表明已定义加工坐标系，系统创建完成加工坐标系。单击【预设参考加工轴系 加工设定.1】对话框中的【确定】按钮，完成加工坐标系的定义。

(5) 定义目标加工零件。单击【零件加工动作】对话框中的【设计用来模拟零件】按钮 。

在如图 6-100 所示的特征树中右击 NCGeometry_Part1 节点，在弹出的快捷菜单中选择【隐藏/显示】命令。

选取图形区中的模型作为目标加工零件，在图形区的空白处双击，返回到【零件加工动作】对话框。

(6) 定义毛坯零件。在如图 6-100 所示的特征树中右击 NCGeometry_Part.1 节点，在弹出的快捷菜单中选择【隐藏/显示】命令。

单击【零件加工动作】对话框中的【用来模拟生料】按钮 ，选取图形区中的模型作为毛坯零件，在图形区的空白处双击，系统返回到【零件加工动作】对话框。

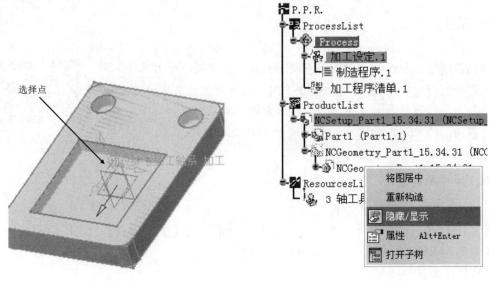

图 6-99　定义坐标系　　　　　　　　图 6-100　隐藏毛坯零件

(7) 定义安全平面。单击【零件加工动作】对话框中的【安全面】按钮 ⬚。

选择参照面。在图形区选取如图 6-101 所示的毛坯表面为安全平面参照，系统创建一个安全平面。

右击系统创建的安全平面，在弹出的快捷菜单中选择【预留】命令，系统弹出【编辑参数】对话框，在其中的【厚度】文本框中输入值"10"，单击【确定】按钮完成安全平面的定义。单击【零件加工动作】对话框中的【确定】按钮，完成零件定义操作。

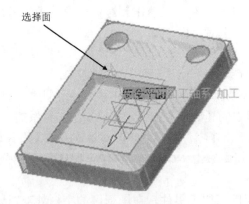

图 6-101　定义安全面

2. 粗加工设置加工参数

1) 定义几何参数

(1) 隐藏毛坯零件。在特征树中右击 NCGeometry_Part.1 节点，在弹出的快捷菜单中选择【隐藏/显示】命令。

(2) 在特征树中选中【制造程序.1】节点，然后选择【插入】|【加工动作】|【粗加工】|【两轴半粗铣】命令，插入一个平面铣削操作，系统弹出如图 6-102 所示的【两轴半粗铣.1】对话框。可以

选择顶面和底面，如图 6-103 所示。也可以选择限制边界，如图 6-104 所示。

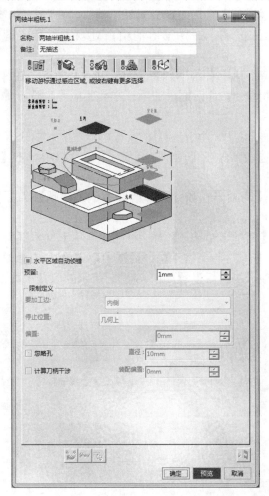

图 6-102　【两轴半粗铣.1】对话框

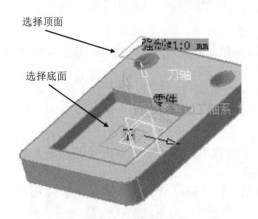

图 6-103　选择顶面和底面

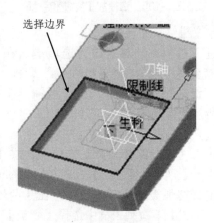

图 6-104　选择限制边界

(3) 定义加工区域。将光标移动到【两轴半粗铣.1】对话框中的目标零件感应区上，该区域颜色从深红色变为橙黄色。在该区域单击鼠标左键，对话框消失。在图形区选取如图 6-105 所示的零件为目标零件，系统自动计算加工区域。在图形区的空白处双击鼠标左键返回到【两轴半粗铣.1】对话框。

(4) 选择毛坯零件。在特征树中右击 NCGeometry_Part.1 节点，在弹出的快捷菜单中选择【隐藏/显示】命令。单击【两轴半粗铣.1】对话框中的毛坯零件感应区，选择如图 6-105 所示的零件作为毛坯零件。

2) 定义刀具参数

(1) 进入【刀具参数】选项卡。在【两轴半粗铣.1】对话框中单击【刀具参数】标签 🔧，切换到【刀具参数】选项卡。

(2) 选择刀具类型。在【两轴半粗铣.1】对话框中单击【端铣刀】按钮 🔲，选择端铣刀为加工刀具。

(3) 设置刀具命名。在【两轴半粗铣.1】对话框的【名称】文本框中输入"T1 端铣刀 D10"。

(4) 设置刀具参数。在【两轴半粗铣.1】对话框中取消选中【球刀】复选框，单击【详细】按钮，切换到【几何图元】选项卡，然后设置如图 6-106 所示的刀具参数。其他选项卡中的参数均采用默认的设置。

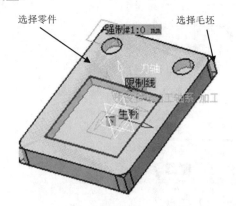

图 6-105　选择加工零件和毛坯

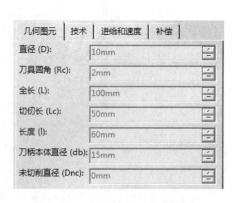

图 6-106　【几何图元】选项卡

3) 定义进给率和转速

(1) 进入进给率与转速设置选项卡。在【两轴半粗铣.1】对话框中单击【进给与转速】标签 🔧，切换到【进给与转速】选项卡。

(2) 设置进给率与转速。在【两轴半粗铣.1】对话框的【进给与转速】选项卡 🔧 中设置如图 6-107 所示的参数。

4) 定义刀具路径参数

(1) 进入【刀具路径参数】选项卡。在【两轴半粗铣.1】对话框中单击【刀具路径参数】标签 🔧，切换到【刀具路径参数】选项卡，如图 6-108 所示。

(2) 定义切削类型及有关参数。在【两轴半粗铣.1】对话框中切换到【加工】选项卡，然后在【刀具路径形式】下拉列表框中选择【螺旋】选项，其他选项采用系统默认设置。

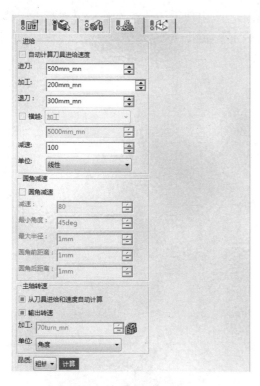

图 6-107　设置进给率与转速

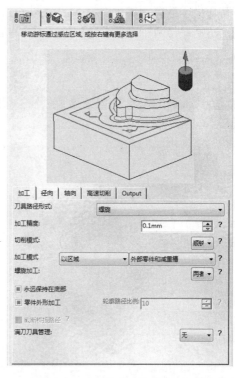

图 6-108　【刀具路径参数】选项卡

(3) 定义径向参数。切换到【径向】选项卡，然后在【重叠】下拉列表框中选择【重叠比率】选项。在【刀具直径比例】微调框中输入值"50"。

(4) 定义轴向参数。切换到【轴向】选项卡，然后在【最大切深】微调框中输入值"5"。

5) 定义进刀/退刀路径

(1) 进入【进刀/退刀路径】选项卡。在【两轴半粗铣.1】对话框中单击【进刀/退刀路径】标签 ，切换到【进刀/退刀路径】选项卡，如图 6-109 所示。

(2) 定义进刀路径。在【辅助程序管理】选项组的列表框中选择【自动】选项，然后在【模式】下拉列表框中选择【斜进】选项，选择斜进进刀类型。

(3) 定义进刀参数。在【两轴半粗铣.1】对话框下方的文本框中输入参数，其他选项采用系统默认设置。

3. 粗加工刀路仿真

在【两轴半粗铣.1】对话框中单击【播放刀具路径】按钮 ，系统弹出【两轴半粗铣.1】对话框，且在图形区显示刀路轨迹，如图 6-110 所示。在【两轴半粗铣.1】对话框中单击【最近一次储存影片】按钮 ，然后单击【往前播放】按钮 ，观察刀具切削毛坯零件的运行情况。

在【两轴半粗铣.1】对话框中单击【分析】按钮 ，系统弹出 Analysis 对话框。毛坯加工余量检测。在 Analysis 对话框中选中【剩余材料】复选框，取消选中【过切】复选框，单击【应用】按钮，图形区中高亮显示毛坯加工余量，如图 6-111 所示，由于进行的是精加工，所以不存在加工余量。

在 Analysis 对话框中取消选中【剩余材料】复选框，选中【过切】复选框，单击【应用】按钮，图形区中高亮显示毛坯加工过切情况，如图 6-112 所示，未出现过切。在 Analysis 对话框中单击【取消】按钮，然后在【两轴半粗铣.1】对话框中单击【确定】按钮。

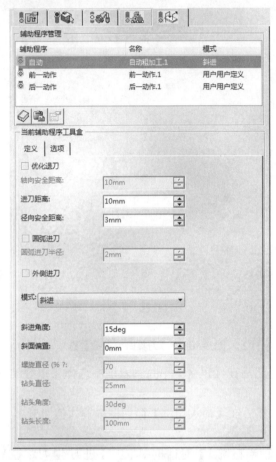

图 6-109   【进刀/退刀路径】选项卡

图 6-110   刀路仿真

图 6-111   余量检测

图 6-112   过切检测

选择【文件】|【保存】命令，在弹出的【另存为】对话框中输入文件名"粗加工.1"，单击【确定】按钮即可保存文件。

6.3.3 多型腔铣削

行业知识链接：多型腔铣削就是在一个加工操作中，使用同一把刀具完成对整个零件型腔以及侧壁的粗加工及精加工。多型腔铣削与前面介绍的粗加工类似，但多型腔铣削加工可以进一步进行精加工。如图 6-113 所示的零件适合多型腔铣削。

图 6-113　多型腔零件

1. 多型腔铣削零件操作定义

1）打开零件并进入加工工作台

(1) 选择【文件】|【打开】命令，弹出【选择文件】对话框。在【查找范围】下拉列表框中找到并选择文件，单击【打开】按钮。

(2) 选择【开始】|【加工】|【二轴半加工】命令，切换到 2.5 轴加工工作台。

2）零件操作定义

(1) 在 P.P.R.特征树中，双击 Process 节点下的【加工设定.1】节点，弹出【零件加工动作】对话框。

(2) 机床设置。单击【零件加工动作】对话框中的【机床】按钮🖳，系统弹出【加工编辑器】对话框，单击其中的【三轴工具机】按钮🖳，保持默认设置，然后单击【确定】按钮，完成机床的选择。

(3) 定义加工坐标系。单击【零件加工动作】对话框中的【参考加工轴系】按钮🗽，系统弹出【预设参考加工轴系　加工设定.1】对话框。

单击【预设参考加工轴系　加工设定.1】对话框中的加工坐标系原点感应区，然后在图形区选取的图 6-114 所示的点作为加工坐标系的原点。【预设参考加工轴系　加工设定.1】对话框中的基准面、基准轴和原点均由红色变为绿色，表明已定义加工坐标系，系统创建完成加工坐标系。单击【预设参考加工轴系　加工设定.1】对话框中的【确定】按钮，完成加工坐标系的定义。

(4) 定义目标加工零件。单击【零件加工动作】对话框中的【设计用来模拟零件】按钮🖾。

在如图 6-115 所示的特征树中右击 NCGeometry_Part1 节点，在弹出的快捷菜单中选择【隐藏/显示】命令。

选取图形区中的模型作为目标加工零件，在图形区的空白处双击，系统返回到【零件加工动作】对话框。

(5) 定义毛坯零件。在如图 6-115 所示的特征树中右击 NCGeometry_Part.1 节点，在弹出的快捷菜单中选择【隐藏/显示】命令。

单击【零件加工动作】对话框中的【用来模拟生料】按钮🗖，选取图形区中的模型作为毛坯零件，在图形区的空白处双击，系统返回到【零件加工动作】对话框。

(6) 定义安全平面。单击【零件加工动作】对话框中的【安全面】按钮◿。

选择参照面。在图形区选取如图 6-116 所示的毛坯表面为安全平面参照，系统创建一个安全平面。

右击系统创建的安全平面，在弹出的快捷菜单中选择【预留】命令，弹出【编辑参数】对话框，在其中的【厚度】文本框中输入值 10，单击【确定】按钮完成安全平面的定义。单击【零件加工动作】对话框中的【确定】按钮，完成零件定义操作。

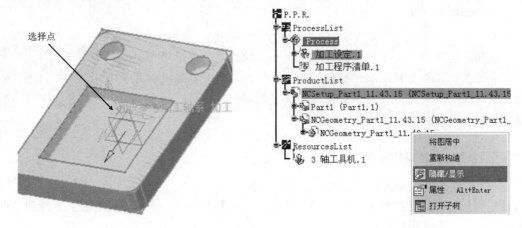

图 6-114　选择坐标系　　　　　　　　　　图 6-115　隐藏毛坯

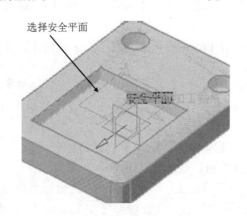

图 6-116　定义安全平面

2. 多型腔铣削设置加工参数

1) 定义几何参数

(1) 隐藏毛坯零件。在特征树中右击 NCGeometry_Part.1 节点，在弹出的快捷菜单中选择【隐藏/显示】命令。

(2) 在特征树中选中【制造程序.1】节点，然后选择【插入】|【多重减重槽步序】|【高级加工】命令，插入一个多型腔加工操作，系统弹出如图 6-117 所示的【高级加工.1】对话框。

(3) 定义加工区域。移动鼠标指针到【高级加工.1】对话框中的元件感应区上，该区域的颜色从深红色变为橙黄色。单击该区域，对话框消失，然后在图形区单击目标加工零件，在图形区的空白处双击，返回到【高级加工.1】对话框。

(4) 单击【高级加工.1】对话框中的加工区域排序感应区，在图形区中依次选择的图 6-118 所示的面，在图形区的空白处双击，返回到【高级加工.1】对话框。

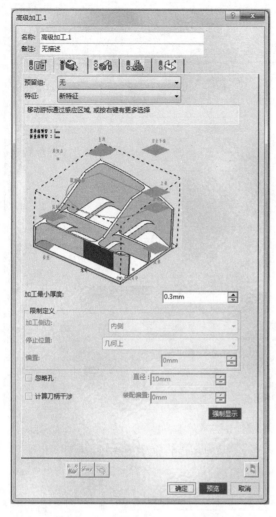

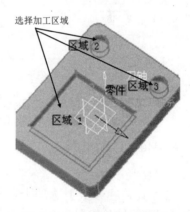

图 6-117 【高级加工.1】对话框

图 6-118 设置加工区域排序

2) 定义刀具参数

(1) 进入【刀具参数】选项卡。在【高级加工.1】对话框中单击【刀具参数】标签 ，切换到【刀具参数】选项卡。

(2) 选择刀具类型。在【高级加工.1】对话框中单击【端铣刀】按钮 ，选择端铣刀为加工刀具。

(3) 刀具命名。在【高级加工.1】对话框的【名称】文本框中输入"Tl 端铣刀 D10"。

(4) 设置刀具参数。单击【详细】按钮，切换到【几何图元】选项卡，然后设置如图 6-119 所示的刀具参数。其他选项卡中的参数均采用默认的设置。

3) 定义进给率与转速

(1) 进入进给率与转速设置选项卡。在【高级加工.1】对话框中单击【进给与转速】标签 ，切换到【进给与转速】选项卡。

(2) 设置进给率与转速。在【高级加工.1】对话框的【进给与转速】选项卡 中设置如图 6-120 所示的参数。

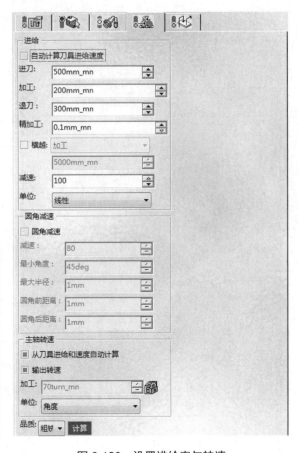

| 几何图元 | 技术 | 进给和速度 | 补偿 |

直径 (D): 10mm

刀具圆角 (Rc): 2mm

全长 (L): 100mm

切仞长 (Lc): 50mm

长度 (l): 60mm

刀柄本体直径 (db): 15mm

未切削直径 (Dnc): 0mm

图 6-119　【几何图元】选项卡　　　　　图 6-120　设置进给率与转速

4)　定义刀具路径参数

(1)　进入【刀具路径参数】选项卡。在【高级加工.1】对话框中单击【刀具路径参数】标签，切换到【刀具路径参数】选项卡，如图 6-121 所示。

【刀具路径参数】选项卡中的选项说明如下。

● 　【加工方式】下拉列表框：用于选择加工策略类型。

【只有中心】选项：选择该选项，则只加工型腔的中部，即图 6-122 中标注有①的部分。这种加工策略在侧壁和底面都留有加工余量。

【中心和侧边】选项：选择该选项，在型腔中部的粗加工完成之后，还进行侧壁(即图 6-121 中标注有②的部分)的精加工。

● 　【中心/侧边/底部定义】选项组：用于定义型腔的中部、侧壁和底面。

【侧边预留厚度】微调框：用于设置型腔侧壁留有的加工余量。

【水平区域最小预留厚度】微调框：用于设置型腔底部最小的加工余量。

【加工水平区域直到最小预留】复选框：设置的型腔底部最小加工余量有效。

● 　【加工精度】微调框：用于设置加工公差。

● 　【切削模式】下拉列表框：用于定义切削模式，包括顺铣和逆铣两种模式。

● 　【加工模式】下拉列表框：用于定义加工模式，包括只有减重槽、外部零件以及外部零件和减重槽三种模式。

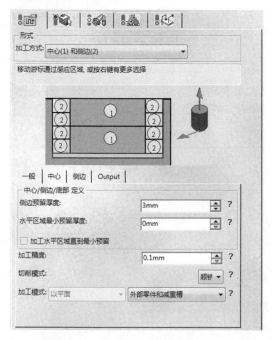

图 6-121　【刀具路径参数】选项卡

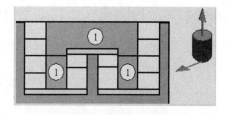

图 6-122　只有中心加工方式

(2) 定义型腔中部参数。切换到【中心】选项卡，然后在【刀具路径形式】下拉列表框中选择【螺纹】选项，其余采用系统默认设置，如图 6-123 所示。

【中心】选项卡中的选项说明如下。

● 【加工】选项卡：用于设置型腔中部的加工参数。

【刀具路径形式】下拉列表框：用于选择刀具路径类型，包括螺纹、同中心和来回三种类型。

【螺旋移动】下拉列表框：用于选择螺旋铣削时的走刀方向。

【永远停留在底部】复选框：选中该复选框，可以使刀具在两个加工区域之间的连接轨迹保持在正在加工的平面上。

【外形铣制时强制切削模式】复选框：选中该复选框，即在零件轮廓上实行强制切削模式。

【满刀刀具管理】下拉列表框：该下拉列表框用于选择刀具管理的模式。

● 【径向】选项卡：该选项卡用于设置加工型腔中部时的径向参数。

● 【轴向】选项卡：该选项卡用于设置加工型腔中部时的轴向参数。

● HSM 选项卡：该选项卡用于设置高速加工操作中的参数。

● 【区域】选项卡：该选项卡用于设置是否将不满足条件的型腔过滤。

(3) 定义侧壁参数。切换到【侧边】选项卡，设置如图 6-124 所示的参数。

【侧边】选项卡中的选项说明如下。

● 【加工中】选项卡：该选项卡用于设置铣削侧壁时的加工参数。

【底部精加工裕留】微调框：用于设置侧壁精加工后在底部留有的加工余量。

【补偿输出】下拉列表框：用于设置输出补偿。

● 【轴向】选项卡：该选项卡用于设置加工侧壁时的轴向参数。

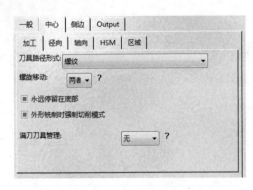

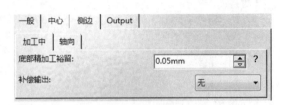

图 6-123　【中心】选项卡　　　　　　图 6-124　【侧边】选项卡

5)　定义进刀/退刀路径

(1)　进入【进刀/退刀路径】选项卡。在【高级加工.1】对话框中单击【进刀/退刀路径】标签 ，切换到【进刀/退刀路径】选项卡，如图 6-125 所示。

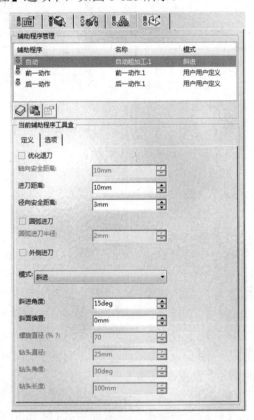

图 6-125　【进刀/退刀路径】选项卡

　　(2)　定义进刀/退刀类型。在【辅助程序管理】列表框中选择【自动】选项，然后在【模式】下拉列表框中选择【斜进】选项，选择斜进进刀/退刀。

　　(3)　定义进刀/退刀路径。在【高级加工.1】对话框下方的文本框中输入参数。

　　【进刀/退刀路径】选项卡中的各选项说明如下。

① 【辅助程序管理】列表框：列出了不同情况下的进刀和退刀方式。

【自动】选项：定义在切削过程中刀具与材料之间相遇的避让路径。

【前一动作】选项：定义刀具从安全平面到切削之前的运动路径。

【后一动作】选项：定义刀具从切削过程返回安全平面的运动。

② 【模式】下拉列表框：提供了五种进刀/退刀模式。选择不同的模式可以激活相应的文本框，并可以设置相应的参数。

(4) 定义切削前的运动。在【辅助程序管理】列表框中选择【前一动作】选项，然后在【模式】下拉列表框中选择【用户用户定义】选项，单击【新增垂直平面动作】按钮，如图 6-126 所示。

(5) 定义切削后的运动。在【辅助程序管理】列表框中选择【后一动作】选项，然后在【模式】下拉列表框中选择【用户用户定义】选项，单击【新增垂直平面动作】按钮。

3. 多型腔铣削刀路仿真

在【高级加工.1】对话框中单击【播放刀具路径】按钮，弹出【高级加工.1】对话框，且在图形区显示刀路轨迹，如图 6-127 所示。在【高级加工.1】对话框中单击【最近一次储存影片】按钮，然后单击【往前播放】按钮，观察刀具切削毛坯零件的运行情况。

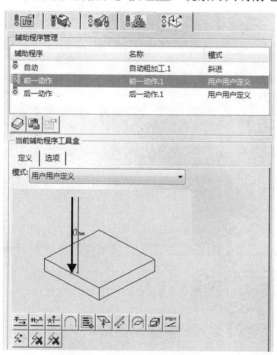

图 6-126 定义切削前后的动作

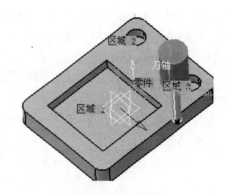

图 6-127 刀路仿真

在【高级加工.1】对话框中单击【分析】按钮，系统弹出 Analysis 对话框。在 Analysis 对话框中选中【剩余材料】复选框，取消选中【过切】复选框，单击【应用】按钮，图形区中高亮显示毛坯加工余量，如图 6-128 所示，由于进行的是精加工，所以不存在加工余量。

在 Analysis 对话框中取消选中【剩余材料】复选框，选中【过切】复选框，单击【应用】按钮，图形区中高亮显示毛坯加工过切情况，如图 6-129 所示，未出现过切。在 Analysis 对话框中单击【取消】按钮，然后在【高级加工.1】对话框中单击【确定】按钮。

图 6-128　余量检测　　　　　　　　　图 6-129　过切检测

选择【文件】|【保存】命令，在弹出的【另存为】对话框中输入文件名"多型腔铣削.1"，单击【确定】按钮即可保存文件。

6.3.4　轮廓铣削

行业知识链接：轮廓铣削就是对零件的外形轮廓进行切削，包括两平面间轮廓铣削、两曲线间轮廓铣削、曲线与曲面间轮廓铣削和端平面铣削四种加工类型。如图 6-130 所示是轮廓铣削刀路。

图 6-130　轮廓铣削刀路

1. 轮廓铣削零件操作定义

两平面间轮廓铣削就是沿着零件的轮廓线对两边界平面之间的加工区域进行切削。下面以两平面间轮廓为例介绍轮廓铣削加工的一般操作步骤。

1)　打开零件并进入加工工作台

(1)　选择【文件】|【打开】命令，弹出【选择文件】对话框。在【查找范围】下拉列表框中找到并选择文件，单击【打开】按钮。

(2)　选择【开始】|【加工】|【二轴半加工】命令，切换到 2.5 轴加工工作台。

2)　零件操作定义

(1)　在 P.P.R.特征树中，双击 Process 节点下的【加工设定.1】节点，弹出【零件加工动作】对话框。

(2)　机床设置。单击【零件加工动作】对话框中的【机床】按钮，弹出【加工编辑器】对话框，单击其中的【三轴工具机】按钮，保持默认设置，然后单击【确定】按钮，完成机床的选择。

(3)　定义加工坐标系。单击【零件加工动作】对话框中的【参考加工轴系】按钮，弹出【预设参考加工轴系 加工设定.1】对话框。

单击【预设参考加工轴系 加工设定.1】对话框中的加工坐标系原点感应区，然后在图形区选取如图 6-131 所示的点作为加工坐标系的原点。【预设参考加工轴系 加工设定.1】对话框中的基准面、基准轴和原点均由红色变为绿色，表明已定义加工坐标系，系统创建完成加工坐标系。单击【预设参考

加工轴系 加工设定.1】对话框中的【确定】按钮，完成加工坐标系的定义。

(4) 定义目标加工零件。单击【零件加工动作】对话框中的【设计用来模拟零件】按钮🔲。

在如图 6-132 所示的特征树中右击 NCGeometry_Part1 节点，在弹出的快捷菜单中选择【隐藏/显示】命令。

选取图形区中的模型作为目标加工零件，在图形区的空白处双击，系统返回到【零件加工动作】对话框。

(5) 定义毛坯零件。在如图 6-132 所示的特征树中右击 NCGeometry_Part.1 节点，在弹出的快捷菜单中选择【隐藏/显示】命令。

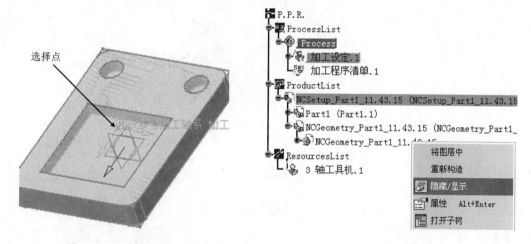

图 6-131　选择坐标系　　　　　　　　图 6-132　隐藏毛坯

单击【零件加工动作】对话框中的【用来模拟生料】按钮🔲，选取图形区中的模型作为毛坯零件，在图形区空白处双击，系统返回到【零件加工动作】对话框。

(6) 定义安全平面。单击【零件加工动作】对话框中的【安全面】按钮◿。

选择参照面。在图形区选取如图 6-133 所示的毛坯表面为安全平面参照，系统创建一个安全平面。

右击创建的安全平面，在弹出的快捷菜单中选择【预留】命令，弹出【编辑参数】对话框，在其中的【厚度】文本框中输入值"10"，单击【确定】按钮完成安全平面的定义。单击【零件加工动作】对话框中的【确定】按钮，完成零件定义操作。

2. 轮廓铣削设置加工参数

1) 定义几何参数

(1) 隐藏毛坯零件。在特征树中右击 NCGeometry_Part.1 节点，在弹出的快捷菜单中选择【隐藏/显示】命令。

(2) 在特征树中选中【制造程序.1】节点，然后选择【插入】|【加工动作】|【外形切削】命令，插入一个轮廓加工操作，弹出如图 6-134 所示的【外形铣削.1】对话框。

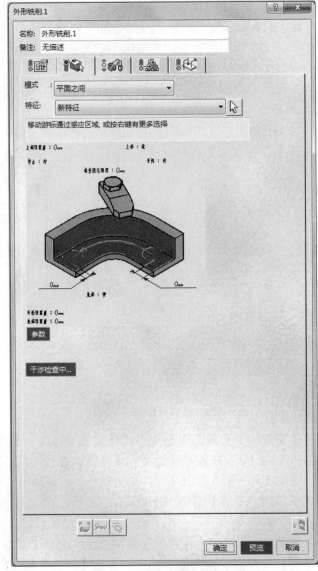

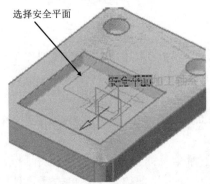

选择安全平面

图 6-133　定义安全平面　　　　　图 6-134　【外形铣削.1】对话框

【外形铣削.1】对话框中的部分选项说明如下。

● 【模式】下拉列表框：用于选择轮廓铣削的类型。

【平面之间】：两平面间轮廓铣削。

【曲线之间】：两曲线间轮廓铣削。

【曲线和曲面之间】：曲线和曲面间轮廓铣削。

【以刀侧仞外形】：端平面轮廓铣削。

● 【停止：内】/【开始：内】：右击对话框中的文字，弹出快捷菜单，进行刀具起点和终点的设置，如图 6-135 和图 6-136 所示。

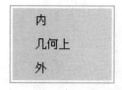

图 6-135　右键快捷菜单

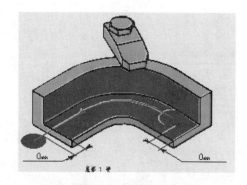

图 6-136　设置停止位置为外

(3)　定义加工区域。移动鼠标指针到【外形铣削.1】对话框中的底面感应区上，该区域的颜色从深红色变为橙黄色。单击该区域，对话框消失，然后在图形区选择如图 6-137 所示的面。

单击【外形铣削.1】对话框中的顶面感应区，在图形区中选择如图 6-137 所示的顶面。

2)　定义刀具参数

(1)　进入【刀具参数】选项卡。在【外形铣削.1】对话框中单击【刀具参数】标签 ，切换到【刀具参数】选项卡。

(2)　选择刀具类型。在【外形铣削.1】对话框中单击【端铣刀】按钮，选择端铣刀为加工刀具。

(3)　刀具命名。在【外形铣削.1】对话框的【名称】文本框中输入"T1 端铣刀 D10"。

(4)　设置刀具参数。单击【详细】按钮，切换到【几何图元】选项卡，然后设置如图 6-138 所示的刀具参数。其他选项卡中的参数均采用默认的设置。

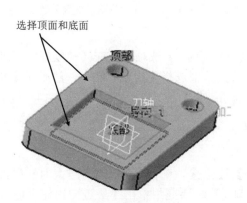

图 6-137　选择加工面

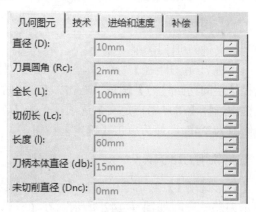

图 6-138　【几何图元】选项卡

3)　定义进给率与转速

(1)　进入进给率与转速设置选项卡。在【外形铣削.1】对话框中单击【进给与转速】标签 ，切换到【进给与转速】选项卡。

(2)　设置进给率与转速。在【外形铣削.1】对话框的 选项卡中设置如图 6-139 所示的参数。

4)　定义刀具路径参数

进入【刀具路径参数】选项卡。在【外形铣削.1】对话框中单击【刀具路径参数】标签 ，切换到【刀具路径参数】选项卡，进行如图 6-140 所示的参数设置。

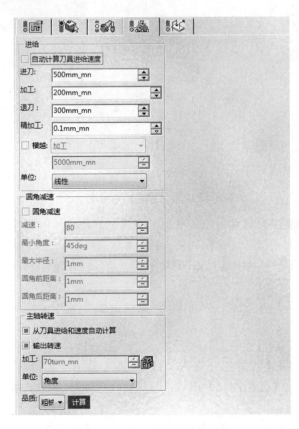

图 6-139　设置进给率与转速

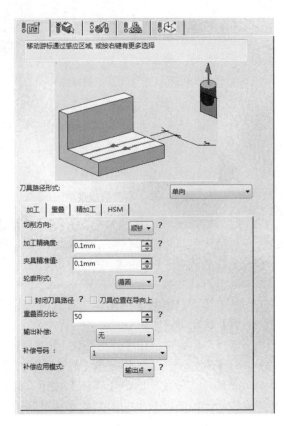

图 6-140　【刀具路径参数】选项卡

5)　定义进刀/退刀类型

单击【进刀/退刀路径】标签 ，切换到【进刀/退刀路径】选项卡，在【辅助程序管理】列表框中选择【层间返回进刀】选项，右击，在弹出的快捷菜单中选择【启动】命令，然后在【模式】下拉列表框中选择【用户用户定义】选项，单击【新增轴向动作】按钮 。双击如图 6-141 所示的距离数值，修改为"4"，最后单击【确定】按钮。

3. 轮廓铣削刀路仿真

在【外形铣削.1】对话框中单击【播放刀具路径】按钮 ，弹出【外形铣削.1】对话框，且在图形区显示刀路轨迹，如图 6-142 所示。在【外形铣削.1】对话框中单击【最近一次储存影片】按钮 ，然后单击【往前播放】按钮 ，观察刀具切削毛坯零件的运行情况。

在【外形铣削.1】对话框中单击【分析】按钮 ，系统弹出 Analysis 对话框。在该对话框中选中【剩余材料】复选框，取消选中【过切】复选框，单击【应用】按钮，图形区中高亮显示毛坯加工余量，如图 6-143 所示，由于进行的是精加工，所以不存在加工余量。

在 Analysis 对话框中取消选中【剩余材料】复选框，选中【过切】复选框，单击【应用】按钮，图形区中高亮显示毛坯加工过切情况，如图 6-144 所示，未出现过切。在 Analysis 对话框中单击【取消】按钮，然后在【外形铣削.1】对话框中单击【确定】按钮。

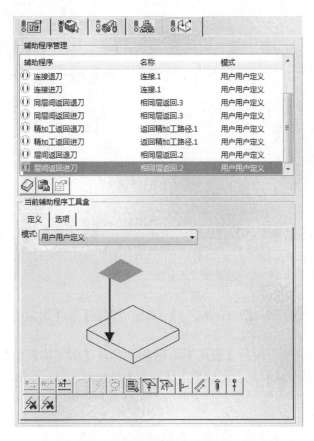

图 6-141 定义层间返回进刀

图 6-142 刀路仿真

图 6-143 余量检测

图 6-144 过切检测

选择【文件】|【保存】命令，在弹出的【另存为】对话框中输入文件名"轮廓铣削.1"，单击
【确定】按钮即可保存文件。

6.3.5 曲线铣削

> **行业知识链接：** 曲线铣削就是选取一系列曲线来驱动刀具的运动，以铣削出所需要的外形，所选的曲线可以是连续的，也可以是不连续的。曲线铣削加工中只需定义引导曲线这个必要的参数。如图 6-145 所示是曲线铣削方法。

图 6-145　曲线铣削

1. 曲线铣削零件操作定义

1) 打开零件并进入加工工作台

(1) 选择【文件】|【打开】命令，弹出【选择文件】对话框。在【查找范围】下拉列表框中找到并选择文件，单击【打开】按钮。

(2) 选择【开始】|【加工】|【二轴半加工】命令，切换到 2.5 轴加工工作台。

2) 零件操作定义

(1) 在 P.P.R.特征树中，双击 Process 节点下的【加工设定.1】节点，弹出【零件加工动作】对话框。

(2) 机床设置。单击【零件加工动作】对话框中的【机床】按钮，弹出【加工编辑器】对话框，单击其中的【三轴工具机】按钮，保持默认设置，然后单击【确定】按钮，完成机床的选择。

(3) 定义加工坐标系。单击【零件加工动作】对话框中的【参考加工轴系】按钮，弹出【预设参考加工轴系 加工设定.1】对话框。

单击【预设参考加工轴系 加工设定.1】对话框中的加工坐标系原点感应区，然后在图形区选取如图 6-146 所示的点作为加工坐标系的原点。【预设参考加工轴系 加工设定.1】对话框中的基准面、基准轴和原点均由红色变为绿色，表明已定义加工坐标系，创建完成加工坐标系。单击【预设参考加工轴系 加工设定.1】对话框中的【确定】按钮，完成加工坐标系的定义。

(4) 定义目标加工零件。单击【零件加工动作】对话框中的【设计用来模拟零件】按钮。

在如图 6-147 所示的特征树中右击 NCGeometry_Part1 节点，在弹出的快捷菜单中选择【隐藏/显示】命令。

选取图形区中的模型作为目标加工零件，在图形区空白处双击，返回到【零件加工动作】对话框。

(5) 定义毛坯零件。在如图 6-147 所示的特征树中右键单击【NCGeometry_Part.1】节点，在弹出的快捷菜单中选择【隐藏/显示】命令。

单击【零件加工动作】对话框中的【用来模拟生料】按钮，选取图形区中的模型作为毛坯零件，在图形区空白处双击，系统返回到【零件加工动作】对话框。

(6) 定义安全平面。单击【零件加工动作】对话框中的【安全面】按钮。

选择参照面。在图形区选取如图 6-148 所示的毛坯表面为安全平面参照，创建一个安全平面。

右击创建的安全平面，在弹出的快捷菜单中选择【预留】命令，弹出【编辑参数】对话框，在其中的【厚度】文本框中输入值"10"，单击【确定】按钮完成安全平面的定义。单击【零件加工动作】对话框中的【确定】按钮，完成零件定义操作。

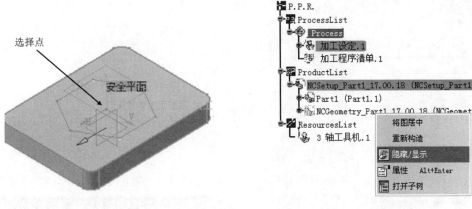

图 6-146 选择坐标系　　　　　图 6-147 隐藏毛坯

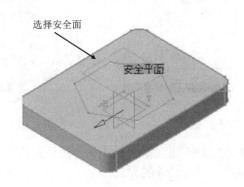

图 6-148 定义安全平面

2. 曲线铣削设置加工参数

1) 定义几何参数

(1) 隐藏毛坯零件。在特征树中右击 NCGeometry_Part.1 节点，在弹出的快捷菜单中选择【隐藏/显示】命令。

(2) 在特征树中选中【制造程序.1】节点，然后选择【插入】|【加工动作】|【沿着曲线】命令，插入一个曲线加工操作，系统弹出如图 6-149 所示的【沿曲线.1】对话框。

(3) 单击对话框中的引导曲线感应区，系统弹出如图 6-150 所示的【边界选择】工具条。在图形区选择曲线，单击工具条中的 OK 按钮，返回到【沿曲线.1】对话框。

2) 定义刀具参数

(1) 进入【刀具参数】选项卡。在【沿曲线.1】对话框中单击【刀具参数】标签，切换到【刀具参数】选项卡。

(2) 选择刀具类型。在【沿曲线.1】对话框中单击【端铣刀】按钮，选择端铣刀为加工刀具。

(3) 刀具命名。在【沿曲线.1】对话框的【名称】文本框中输入"T1 端铣刀 D10"。

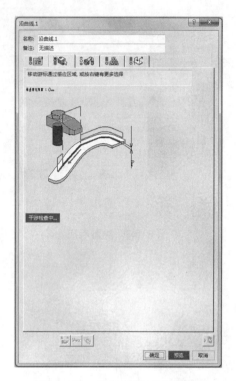

图 6-149　【沿曲线.1】对话框

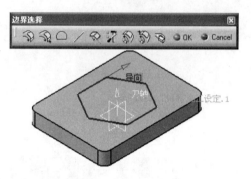

图 6-150　选择路径曲线

（4）设置刀具参数。单击【详细】按钮，切换到【几何图元】选项卡，然后设置如图 6-151 所示的刀具参数。其他选项卡中的参数均采用默认的设置。

3）定义进给率与转速

（1）进入进给率与转速设置选项卡。在【沿曲线.1】对话框中单击【进给与转速】标签，切换到【进给与转速】选项卡。

（2）设置进给率与转速。在【沿曲线.1】对话框的【进给与转速】选项卡中设置如图 6-152 所示的参数。

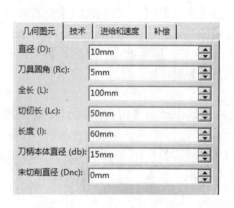

图 6-151　【几何图元】选项卡

图 6-152　设置进给率与转速

4) 定义刀具路径参数

进入【刀具路径参数】选项卡。在【沿曲线.1】对话框中单击【刀具路径参数】标签 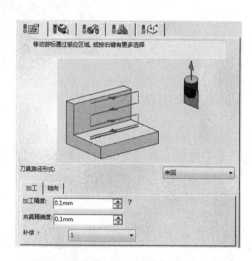，切换到【刀具路径参数】选项卡，进行如图 6-153 所示的设置。

5) 定义进刀/退刀类型

单击【进刀/退刀路径】标签 ，切换到【进刀/退刀路径】选项卡，在【辅助程序管理】列表框中选择【进刀】选项，然后在【模式】下拉列表框中选择【斜进】选项；在【辅助程序管理】列表框中选择【退刀】选项，然后在【模式】下拉列表框中选择【用户用户定义】选项，单击【新增延刀轴至平面动作】按钮 ，如图 6-154 所示，最后单击【确定】按钮。

图 6-153　【刀具路径参数】选项卡

图 6-154　定义进刀/退刀

3. 曲线铣削刀路仿真

在【沿曲线.1】对话框中单击【播放刀具路径】按钮 ，系统弹出【沿曲线.1】对话框，且在图形区显示刀路轨迹，如图 6-155 所示。在【沿曲线.1】对话框中单击【最近一次储存影片】按钮 ，然后单击【往前播放】按钮 ，观察刀具切削毛坯零件的运行情况。

在【沿曲线.1】对话框中单击【分析】按钮 ，系统弹出 Analysis 对话框。在该对话框中选中【剩余材料】复选框，取消选中【过切】复选框，单击【应用】按钮，图形区中高亮显示毛坯加工余量。

在 Analysis 对话框中取消选中【剩余材料】复选框，选中【过切】复选框，单击【应用】按钮，图形区中高亮显示毛坯加工过切情况。在 Analysis 对话框中单击【取消】按钮，然后在【沿曲线.1】对话框中单击【确定】按钮。

选择【文件】|【保存】命令，在弹出的【另存为】对话框中输入文件名"曲线铣削.1"，单击【确定】按钮即可保存文件。

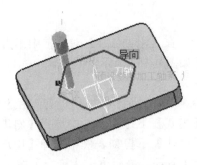

图 6-155　刀路仿真

6.3.6　凹槽铣削

　　行业知识链接：凹槽铣削可以对各种不同形状的凹槽类特征进行加工，该铣削方法与轮廓铣削中的两平面间轮廓铣削加工类型类似。如图 6-156 所示是一种凹槽铣削方式。

图 6-156　凹槽铣削

1. 凹槽铣削零件操作定义

1)　打开零件并进入加工工作台

(1)　选择【文件】|【打开】命令，弹出【选择文件】对话框。在【查找范围】下拉列表框中找到并选择文件，单击【打开】按钮。

(2)　选择【开始】|【加工】|【二轴半加工】命令，切换到 2.5 轴加工工作台。

2)　零件操作定义

(1)　在 P.P.R.特征树中，双击 Process 节点下的【加工设定.1】节点，弹出【零件加工动作】对话框。

(2)　机床设置。单击【零件加工动作】对话框中的【机床】按钮，弹出【加工编辑器】对话框，单击其中的【三轴工具机】按钮，保持默认设置，然后单击【确定】按钮，完成机床的选择。

(3)　定义加工坐标系。单击【零件加工动作】对话框中的【参考加工轴系】按钮，弹出【预设参考加工轴系 加工设定.1】对话框。

　　单击【预设参考加工轴系 加工设定.1】对话框中的加工坐标系原点感应区，然后在图形区选取如图 6-157 所示的点作为加工坐标系的原点。【预设参考加工轴系 加工设定.1】对话框中的基准面、基准轴和原点均由红色变为绿色，表明已定义加工坐标系，创建完成加工坐标系。单击【预设参考加工轴系 加工设定.1】对话框中的【确定】按钮，完成加工坐标系的定义。

(4)　定义目标加工零件。单击【零件加工动作】对话框中的【设计用来模拟零件】按钮。

　　在如图 6-158 所示的特征树中右击 NCGeometry_Part1 节点，在弹出的快捷菜单中选择【隐藏/显示】命令。

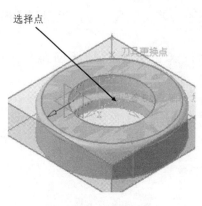

选择点

图 6-157　选择坐标系

图 6-158　隐藏毛坯

　　选取图形区中的模型作为目标加工零件，在图形区空白处双击，系统返回到【零件加工动作】对话框。

　　(5) 定义毛坯零件。在如图 6-158 所示的特征树中右击 NCGeometry_Part.1 节点，在弹出的快捷菜单中选择【隐藏/显示】命令。

　　单击【零件加工动作】对话框中的【用来模拟生料】按钮□，选取图形区中的模型作为毛坯零件，在图形区空白处双击，系统返回到【零件加工动作】对话框。

　　(6) 定义安全平面。单击【零件加工动作】对话框中的【安全面】按钮◿。

　　选择参照面。在图形区选取如图 6-159 所示的毛坯表面为安全平面参照，系统创建一个安全平面。

　　右击系统创建的安全平面，在弹出的快捷菜单中选择【预留】命令，弹出【编辑参数】对话框，在其中的【厚度】文本框中输入值“10”，单击【确定】按钮完成安全平面的定义。单击【零件加工动作】对话框中的【确定】按钮，完成零件定义操作。

选择安全面

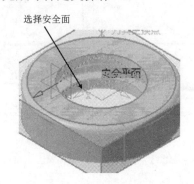

图 6-159　定义安全平面

2. 凹槽铣削设置加工参数

1) 定义几何参数

(1) 隐藏毛坯零件。在特征树中右击 NCGeometry_Part.1 节点，在弹出的快捷菜单中选择【隐藏/显示】命令。

（2）在特征树中选中【制造程序.1】节点，然后选择【插入】|【加工动作】|【环槽铣】命令，插入一个槽铣加工操作，系统弹出如图 6-160 所示的【槽加工.1】对话框。

（3）单击对话框中的顶面感应区，在图形区选择顶面，双击空白区域，返回到【槽加工.1】对话框。

（4）单击对话框中的底面感应区，在图形区选择底面，双击空白区域，返回到【槽加工.1】对话框，如图 6-161 所示。

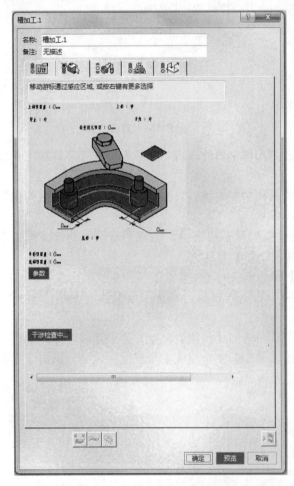

图 6-160　【槽加工.1】对话框　　　　图 6-161　选择顶面和底面

2）定义刀具参数

（1）进入【刀具参数】选项卡。在【槽加工.1】对话框中单击【刀具参数】标签，切换到【刀具参数】选项卡。

（2）刀具命名。在【槽加工.1】对话框的【名称】文本框中输入"T1 T-型铣刀 D50"。

（3）设置刀具参数。单击【详细】按钮，切换到【几何图元】选项卡，然后设置如图 6-162 所示的刀具参数。其他选项卡中的参数均采用默认的设置。

3) 定义进给率与转速

(1) 进入进给率与转速设置选项卡。在【槽加工.1】对话框中单击【进给与转速】标签 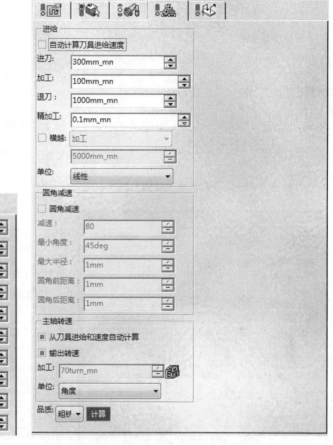，切换到【进给与转速】选项卡。

(2) 设置进给与转速。在【槽加工.1】对话框的【进给与转速】选项卡 中设置如图 6-163 所示的参数。

图 6-162 【几何图元】选项卡

图 6-163 设置进给率与转速

4) 定义刀具路径参数

进入【刀具路径参数】选项卡。在【槽加工.1】对话框中单击【刀具路径参数】标签 ，切换到【刀具路径参数】选项卡，进行如图 6-164 和图 6-165 所示的设置。

5) 定义进刀/退刀类型

单击【进刀/退刀路径】标签 ，切换到【进刀/退刀路径】选项卡，在【辅助程序管理】列表框中选择【进刀】选项，然后依次单击【移除所有动作】按钮 、【新增水平动作】按钮 和【新增延刀轴至平面动作】按钮 ，如图 6-166 所示；在【辅助程序管理】列表框中选择【退刀】选项，然后依次单击【移除所有动作】按钮 、【新增水平动作】按钮 和【新增延刀轴至平面动作】按钮 ，如图 6-167 所示，最后单击【确定】按钮。

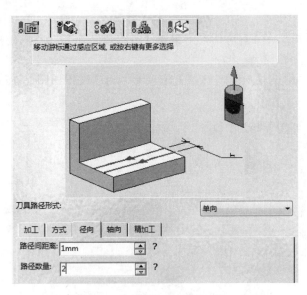

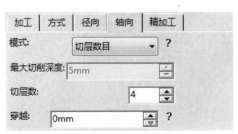

图 6-164　【刀具路径参数】选项卡

图 6-165　设置【轴向】参数

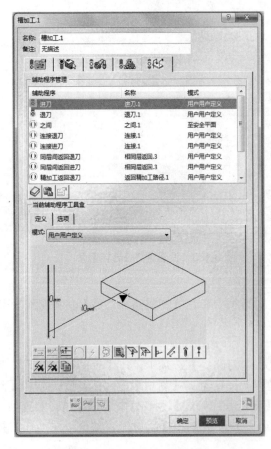

图 6-166　定义进刀参数

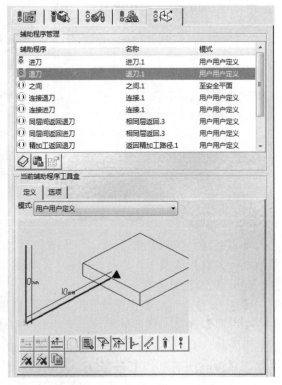

图 6-167　定义退刀参数

3. 凹槽铣削刀路仿真

在【槽加工.1】对话框中单击【播放刀具路径】按钮，系统弹出【槽加工.1】对话框，且在图形区显示刀路轨迹，如图 6-168 所示。在【槽加工.1】对话框中单击【最近一次储存影片】按钮，然后单击【往前播放】按钮，观察刀具切削毛坯零件的运行情况。

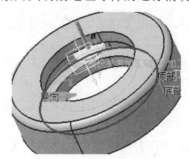

图 6-168　刀路仿真

在【槽加工.1】对话框中单击【分析】按钮，系统弹出 Analysis 对话框。在该对话框中选中【剩余材料】复选框，取消选中【过切】复选框，单击【应用】按钮，图形区中高亮显示毛坯加工余量，如图 6-169 所示。

在 Analysis 对话框中取消选中【剩余材料】复选框，选中【过切】复选框，单击【应用】按钮，图形区中高亮显示毛坯加工过切情况，如图 6-170 所示。在 Analysis 对话框中单击【取消】按钮，然后在【槽加工.1】对话框中单击【确定】按钮。

图 6-169　余量检测

图 6-170　过切检测

选择【文件】|【保存】命令，在弹出的【另存为】对话框中输入文件名"凹槽铣削.1"，单击【确定】按钮即可保存文件。

6.3.7　点到点铣削

行业知识链接：点位铣削指的是对孔的加工，生产中最常见的孔加工设备是钻床。如图 6-171 所示是立式钻床，主要用于钻孔。

图 6-171　立式钻床

CATIA V5-6 R2014中文版模具设计和加工培训教程

1. 点到点铣削零件操作定义

点到点铣削就是选取一系列的点元素，作为刀具的驱动路径进行铣削，该铣削加工操作不需要设置任何几何参数。

1) 打开零件并进入加工工作台

(1) 选择【文件】|【打开】命令，弹出【选择文件】对话框。在【查找范围】下拉列表框中找到并选择文件，单击【打开】按钮。

(2) 选择【开始】|【加工】|【二轴半加工】命令，切换到2.5轴加工工作台。

2) 零件操作定义

(1) 在 P.P.R.特征树中，双击 Process 节点下的【加工设定.1】节点，弹出【零件加工动作】对话框。

(2) 机床设置。单击【零件加工动作】对话框中的【机床】按钮，弹出【加工编辑器】对话框，单击其中的【三轴工具机】按钮，保持默认设置，然后单击【确定】按钮，完成机床的选择。

(3) 定义加工坐标系。单击【零件加工动作】对话框中的【参考加工轴系】按钮，弹出【预设参考加工轴系 加工设定.1】对话框。

单击【预设参考加工轴系 加工设定.1】对话框中的加工坐标系原点感应区，然后在图形区选取如图 6-172 所示的点作为加工坐标系的原点。【预设参考加工轴系 加工设定.1】对话框中的基准面、基准轴和原点均由红色变为绿色，表明已定义加工坐标系，系统创建完成加工坐标系。单击【预设参考加工轴系 加工设定.1】对话框中的【确定】按钮，完成加工坐标系的定义。

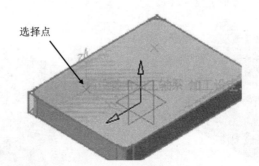

图 6-172 选择坐标系

(4) 定义目标加工零件。单击【零件加工动作】对话框中的【设计用来模拟零件】按钮。
在特征树中右击 NCGeometry_Part1 节点，在弹出的快捷菜单中选择【隐藏/显示】命令。
选取图形区中的模型作为目标加工零件，在图形区空白处双击，返回到【零件加工动作】对话框。

(5) 定义毛坯零件。在特征树中右击 NCGeometry_Part.1 节点，在弹出的快捷菜单中选择【隐藏/显示】命令。

单击【零件加工动作】对话框中的【用来模拟生料】按钮，选取图形区中的模型作为毛坯零件，在图形区空白处双击，返回到【零件加工动作】对话框。

(6) 定义安全平面。单击【零件加工动作】对话框中的【安全面】按钮 ◢。

选择参照面。在图形区选取如图 6-173 所示的毛坯表面为安全平面参照，创建一个安全平面。

右击系统创建的安全平面，在弹出的快捷菜单中选择【预留】命令，弹出【编辑参数】对话框，在其中的【厚度】文本框中输入值 "10"，单击【确定】按钮完成安全平面的定义。单击【零件加工动作】对话框中的【确定】按钮，完成零件定义操作。

2. 点到点铣削设置加工参数

1) 定义几何参数

(1) 在特征树中选中【制造程序.1】节点，然后选择【插入】|【加工动作】|【点至点】命令，插入点到点铣削加工操作，弹出【点到点.1】对话框，如图 6-174 所示。

图 6-173　定义安全平面

图 6-174　【点到点.1】对话框

【点到点.1】对话框中的部分按钮说明如下。

- 🖾 按钮：在刀位点列表框中选择一个刀位点，单击此按钮，弹出该刀位点的定义对话框，用户可以通过该对话框对刀位点进行编辑修改。
- ✖ 按钮：单击此按钮，可以删除所选的刀位点。
- ⬆ 按钮：单击此按钮，可以将所选的刀位点在列表中向上移动一个位置。

- 🔽 按钮：单击此按钮，可以将所选的刀位点在列表中向下移动一个位置。
- ↗ 按钮：单击此按钮，可以在图形区中直接选取几何点作为刀具的驱动点。
- ↗ 按钮：单击此按钮，可以设定一个矢量方向，从当前刀位点沿着设定的矢量方向偏移一定的距离。
- ↗ 按钮：单击此按钮，可以通过确定一条驱动直线和一条边界直线来求取这两条直线的交点，投影到所指定的平面上作为刀位点。

(2) 设置加工路径。在【点到点.1】对话框中，单击【至点】按钮 ↗，在图形区依次选取如图 6-175 所示的点 1 和点 2，在绘图区空白处双击，返回到【点到点.1】对话框。

(3) 定义刀具路径。在【点到点.1】对话框中切换到【方式】选项卡，在【沿轴偏移量】微调框输入值"–1"，如图 6-176 所示。

【方式】选项卡中的各个选项说明如下。

- 【第一补偿】下拉列表框：该下拉列表框用于选择切入时的刀具补偿类型。
- 【加工精度】微调框：在微调框中输入加工误差。
- 【沿轴偏置量】微调框：设置刀具的背吃刀量或者向上的偏置高度，负值是向下切削的深度，正值是向上抬刀的高度。

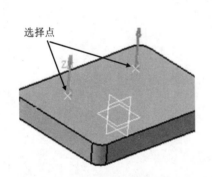

图 6-175　选择加工路径上的点

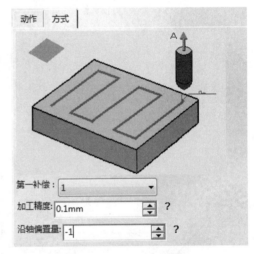

图 6-176　【方式】选项卡

2) 定义刀具参数

(1) 进入【刀具参数】选项卡。在【点到点.1】对话框中单击【刀具参数】标签 🔧，切换到【刀具参数】选项卡。在【点到点.1】对话框的【名称】文本框中输入"T1 端铣刀 D10"。

(2) 设置刀具参数。在【点到点.1】对话框中单击【详细】按钮，切换到【几何图元】选项卡，然后设置如图 6-177 所示的刀具参数。其他选项卡中的参数均采用默认的设置。

3) 定义进给率与转速

(1) 进入进给率与转速设置选项卡。在【点到点.1】对话框中单击【进给与转速】标签 🔧，切换到【进给与转速】选项卡。

(2) 设置进给率与转速。在【点到点.1】对话框的【进给与转速】选项卡中设置如图 6-178 所示的参数。

图 6-177 【几何图元】选项卡

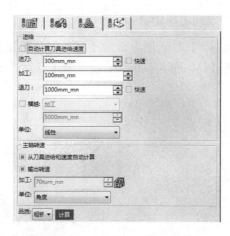

图 6-178 【进给与转速】选项卡

4) 定义进刀/退刀路径

(1) 进入【进刀/退刀路径】选项卡。在【点到点.1】对话框中单击【进刀/退刀路径】标签 ，切换到【进刀/退刀路径】选项卡，如图 6-179 所示。

(2) 定义进刀方式。

在【辅助程序管理】列表框中选择【进刀】选项，然后在【模式】下拉列表框中选择【用户用户定义】选项。依次单击【移除所有动作】按钮 和【新增延刀轴至平面动作】按钮 。

(3) 定义退刀方式。

在【辅助程序管理】选项组的列表框中选择【退刀】选项，然后在【模式】下拉列表框中选择【用户用户定义】选项。依次单击【移除所有动作】按钮 和【新增延刀轴至平面动作】按钮 。

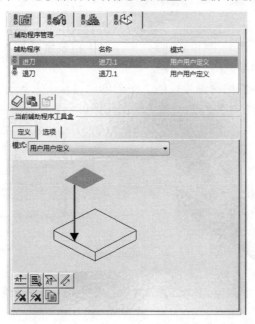

图 6-179 【进刀/退刀路径】选项卡

3. 点到点铣削刀路仿真

在【点到点.1】对话框中单击【播放刀具路径】按钮，系统弹出【点到点.1】对话框且在图形区显示刀路轨迹，如图 6-180 所示。单击【点到点.1】对话框中的【确定】按钮。

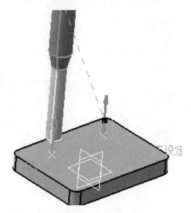

图 6-180　刀路仿真

选择【文件】|【保存】命令，在弹出的【另存为】对话框中输入文件名"点到点铣削.1"，单击【确定】按钮即可保存文件。

课后练习

案例文件：ywj\06\01.CATPart、01.CATProcess

视频文件：光盘→视频课堂→第 6 教学日→6.3

练习案例分析如下。

本节课后练习腔体零件的两轴半铣削工序，工序属于粗铣削类型，也属于腔体铣削，如图 6-181 所示是完成的腔体零件的两轴半铣削工序刀路。

本节范例主要练习腔体零件的两轴半铣削工序的创建过程，首先打开零件，之后创建工序，最后进行模拟。如图 6-182 所示是腔体零件的两轴半铣削工序的创建思路和步骤。

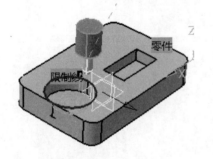

图 6-181　完成的腔体零件的两轴半铣削工序刀路

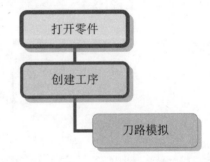

图 6-182　腔体零件的两轴半铣削工序的操作步骤

练习案例操作步骤如下。

step 01　首先打开加工零件，如图 6-183 所示。

step 02　接着创建加工工序。在特征树中选中【制造程序.1】节点，然后选择【插入】|【加工动

作】|【粗加工】|【两轴半粗铣】命令，插入一个平面铣削操作，弹出如图 6-184 所示的【两轴半粗铣.1】对话框。单击【两轴半粗铣.1】对话框中的"元件"区域。在图形区选取加工零件为目标零件。在图形区空白处双击，返回到【两轴半粗铣.1】对话框。

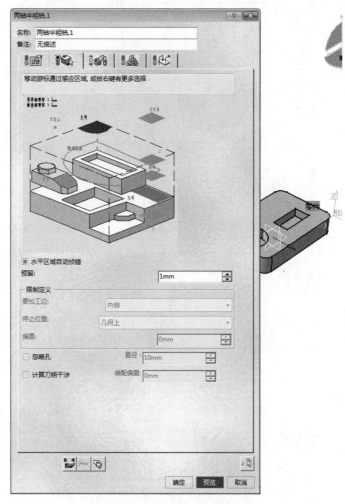

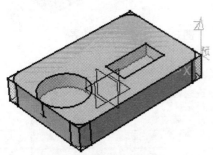

图 6-183　打开加工零件　　　　图 6-184　选择加工区域

step 03　单击【两轴半粗铣.1】对话框中的"生料"感应区，选择创建的毛坯作为毛坯零件，如图 6-185 所示。

step 04　单击【两轴半粗铣.1】对话框中的限制曲线区域，选择如图 6-186 所示的封闭曲线，单击【边界选择】工具栏中的 OK 按钮。

step 05　在【两轴半粗铣.1】对话框中单击【刀具参数】标签 ⚙，切换到【刀具参数】选项卡，设置如图 6-187 所示的刀具参数。

step 06　在【两轴半粗铣.1】对话框中单击【进给与转速】标签 ⚙，切换到【进给与转速】选项卡，设置如图 6-188 所示的参数。

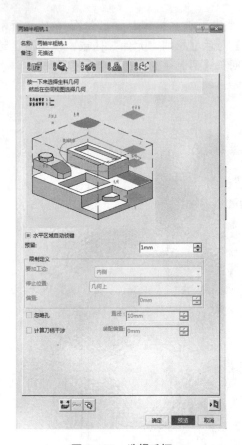

图 6-185　选择毛坯

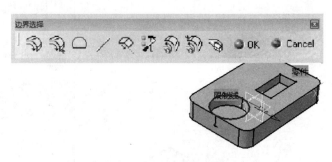

图 6-186　选择加工边界

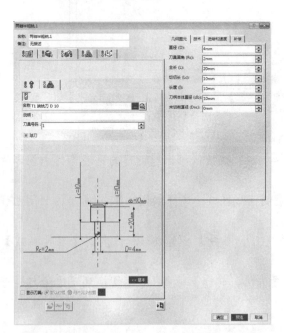

图 6-187　设置刀具参数

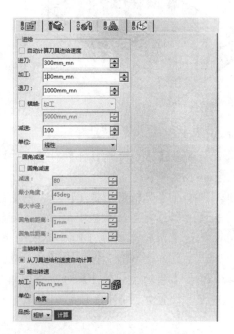

图 6-188　设置进给率与转速

step 07 在【两轴半粗铣.1】对话框中单击【刀具路径参数】标签 🔲 ，切换到【刀具路径参数】选项卡，如图 6-189 所示。在其中【加工】选项卡的【刀具路径形式】下拉列表框中选择【螺旋】选项，其他选项采用系统默认设置。

step 08 在【两轴半粗铣.1】对话框中单击【进刀/退刀路径】标签 🔧 ，切换到【进刀/退刀路径】选项卡，如图 6-190 所示。在【辅助程序管理】列表框中选择【自动】选项，然后在【模式】下拉列表框中选择【螺旋】选项，设置螺旋进刀类型。完成创建加工工序。

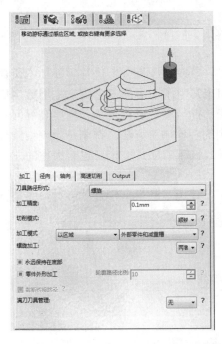

图 6-189 设置刀具路径参数

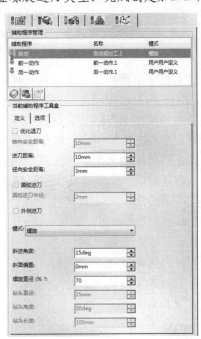

图 6-190 设置进刀/退刀路径参数

step 09 最后进行模拟。在【两轴半粗铣.1】对话框中单击【播放刀具路径】按钮 ，弹出【两轴半粗铣.1】对话框，且在图形区显示刀路轨迹，如图 6-191 所示，单击【往后播放】按钮 ，播放刀具路径。单击【确定】按钮，完成盖板槽加工。

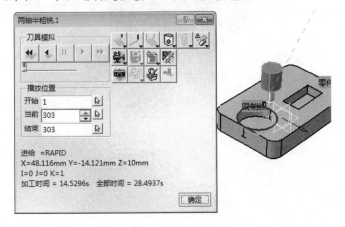

图 6-191 刀路仿真

机械设计实践：曲面类零件的特点是加工表面为空间曲面，在加工过程中，加工面与铣刀始终为点接触。表面精加工多采用球头铣刀进行。如图 6-192 所示，曲面加工过程中要使用球头铣刀。

图 6-192　曲面加工区域

阶段进阶练习

　　本教学日主要介绍数控加工的准备工作。数控加工一般在数控机床上进行零件加工，数控机床加工与传统机床加工的工艺规程从总体上说是一致的，但也发生了明显的变化。它是用数字信息控制零件和刀具位移的机械加工方法。它是解决零件品种多变、批量小、形状复杂、精度高等问题和实现高效化和自动化加工的有效途径。之后介绍了 2.5 轴铣削的各种加工方法。铣削是指使用旋转的多刃刀具切削工件，是高效率的加工方法。铣削用的机床有卧式铣床或立式铣床，也有大型的龙门铣床。这些机床可以是普通机床，也可以是数控机床。

　　如图 6-193 所示是一个下壳体模型，创建该零件后，使用本教学日学过的各种命令来创建壳体模型的型腔加工和点位孔的加工。

　　一般创建步骤和方法如下。

　　(1)　创建下壳体模型。

　　(2)　设置几何体和刀具。

　　(3)　创建型腔加工工序。

　　(4)　创建点位加工工序。

图 6-193　下壳体模型

设计师职业培训教程

第 7 教学日

　　CATIA V5 的曲面铣削加工应用广泛，可以满足各种加工方法的需要。在曲面加工工作台中，可以先在零件上定义加工区域，然后对这些加工区域指定加工操作，即面向加工区域；也可以将加工操作定义为，每个操作都具有一定的加工面积的一系列加工操作，即面向加工操作。本教学日将详细介绍等高线粗加工、投影粗加工、投影加工和等高线加工方式。CATIA V5 的曲面铣削加工适用很多场合，适应多种多样的加工方法。

　　本教学日将详细介绍轮廓驱动加工、等参数加工、螺旋加工、清根加工和加工特征方法的设置和应用。之后将介绍车削加工的方法，其中包括粗车加工、沟槽车削加工和凹槽车削加工等。车削加工需要创建圆柱毛坯，与铣削模型有区别。

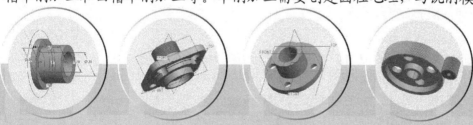

1 课时 设计师职业知识——数控加工工艺

1. 数控加工工艺的特点

数控加工工艺与普通加工工艺基本相同，在设计零件的数控加工工艺时，首先要遵循普通加工工艺的基本原则与方法，同时还需要考虑数控加工本身的特点和零件编程的要求。由于数控机床本身自动化程度较高，控制方式不同，设备费用也高，使数控加工工艺相应形成了以下六个特点。

1) 工艺内容具体、详细

数控加工工艺与普通加工工艺相比，在工艺文件的内容和格式上都有较大区别，如加工顺序、刀具的配置及使用顺序、刀具轨迹和切削参数等方面，都要比普通机床加工工艺中的工序内容更详细。在用通用机床加工时，许多具体的工艺问题，如工艺中各工步的划分与顺序安排、刀具的几何形状、走刀路线及切削用量等，在很大程度上都是由操作工人根据自己的实践经验和习惯自行考虑而决定的，一般无须工艺人员在设计工艺规程时进行过多的规定。而在数控加工时，上述这些具体工艺问题，必须由编程人员在编程时给予预先确定。

2) 工艺要求准确、严密

数控机床虽然自动化程度较高，但自适性差。它不能像通用机床那样在加工时根据加工过程中出现的问题，可以自由地进行人为调整。例如，在数控机床上进行深孔加工时，它就不知道孔中是否已挤满了切屑，何时需要退一下刀，待清除切屑后再进行加工，而是一直到加工结束为止。所以在数控加工的工艺设计中，必须注意加工过程中的每一个细节，尤其是对图形进行数学处理、计算和编程时，一定要力求准确无误，以使数控加工顺利进行。在实际工作中，由于一个小数点或一个逗号的差错就可能酿成重大机床事故和质量事故。

3) 应注意加工的适应性

由于数控加工自动化程度高，可多坐标联动，质量稳定，工序集中，但价格昂贵，操作技术要求高等特点均比较突出，因此要注意数控加工的特点，在选择加工方法和对象时更要特别慎重，甚至有时还要在基本不改变工件原有性能的前提下，对其形状、尺寸和结构等做适应数控加工的修改，这样才能既充分发挥出数控加工的优点，又达到较好的经济效益。

4) 可自动控制加工复杂表面

在进行简单表面的加工时，数控加工与普通加工没有太大的差别。但是对于一些复杂曲面或有特殊要求的表面，数控加工就表现出与普通加工根本不同的加工方法。例如，对于一些曲线或曲面的加工，普通加工是通过划线、靠模、钳工和成形加工等方法进行加工，这些方法不仅生产效率低，而且还很难保证加工精度；而数控加工则采用多轴联动进行自动控制加工，这种方法的加工质量是普通加工方法所无法比拟的。

5) 工序集中

由于现代数控机床具有精度高、切削参数范围广、刀具数量多、多坐标及多工位等特点，因此在工件的一次装夹中可以完成多道工序的加工，甚至可以在工作台上装夹几个相同的工件进行加工，这样就大大缩短了加工工艺路线和生产周期，减少了加工设备和工件的运输量。

    6)   采用先进的工艺装备

数控加工中广泛采用先进的数控刀具和组合夹具等工艺装备，以满足数控加工中高质量、高效率和高柔性的要求。

2. 数控加工工艺的主要内容

工艺安排是进行数控加工的前期准备工作，它必须在编制程序之前完成，因为只有在确定工艺设计方案以后，编程才有依据，否则如果加工工艺设计考虑不周全，往往会成倍增加工作量，有时甚至出现加工事故。

概括起来，数控加工工艺主要包括如下内容。

- 选择适合在数控机床上加工的零件，并确定零件的数控加工内容。
- 分析零件图样，明确加工内容及技术要求。
- 确定零件的加工方案，制定数控加工工艺路线，如工序的划分及加工顺序的安排等。
- 数控加工工序的设计，如零件定位基准的选取、夹具方案的确定、工步的划分、刀具的选取及切削用量的确定等。
- 数控加工程序的调整，对刀点和换刀点的选取，确定刀具补偿，确定刀具轨迹。
- 分配数控加工中的容差。
- 处理数控机床上的部分工艺指令。
- 数控加工专用技术文件的编写。

数控加工专用技术文件不仅是进行数控加工和产品验收的依据，同时也是操作者遵守和执行的规程，还为产品零件重复生产积累了必要的工艺资料，并进行了技术储备。这些由工艺人员作出的工艺文件，是编程人员在编制加工程序单时依据的相关技术文件。

不同的数控机床，其工艺文件的内容也有所不同。一般来讲，数控铣床的工艺文件应包括如下几项。

- 编程任务书。
- 数控加工工序卡片。
- 数控机床调整单。
- 数控加工工具卡片。
- 数控加工进给路线图。
- 数控加工程序单。

其中最为重要的是数控加工工序卡片和数控加工刀具卡片。前者说明了数控加工顺序和加工要素；后者是刀具使用的依据。

为了加强技术文件管理，数控加工工艺文件也应向标准化、规范化方向发展。但目前尚无统一的国家标准，各企业可根据本部门的特点制定上述有关工艺文件。

第 2 课 2课时 曲面铣削加工

7.2.1 等高线粗加工

> **行业知识链接**：等高线粗加工就是以垂直于刀具轴线 Z 轴的刀路，逐层切除毛坯零件中的材料。如图 7-1 所示是曲面的等高线加工刀路。

图 7-1 曲面的等高线加工刀路

1. 等高线粗加工零件操作定义

曲面铣削是一种刀具沿曲面外形运动的加工类型。加工时机床的 X 轴、Y 轴和 Z 轴联动。曲面加工主要针对型腔面、特殊模型、复杂零件的半精加工和精加工。曲面铣削的刀具在加工中，下插和上升也要进行切削，因此曲面铣削刀具主要是球刀。

进入曲面加工工作台后，屏幕上会出现曲面铣削加工时所需要的各种工具按钮，如图 7-2 所示为【加工程序】工具栏，这些命令也可以在软件菜单栏中找到。

图 7-2 【加工程序】工具栏

1) 打开模型文件并进入加工模块

(1) 选择【文件】|【打开】命令，弹出【选择文件】对话框。在【查找范围】下拉列表框中找到并选择文件，单击【打开】按钮。

(2) 选择【开始】|【加工】|【曲面加工】命令，切换到曲面加工工作台。

2) 创建毛坯零件

(1) 创建如图 7-3 所示的毛坯零件。

在【几何管理】工具栏中单击【创建生料】按钮，弹出如图 7-4 所示的【生料】对话框。在图形区选择目标加工零件作为参照，系统自动创建一个毛坯零件，且【生料】对话框中显示毛坯零件的尺寸参数，在【生料】对话框中修改毛坯零件的尺寸。单击【生料】对话框中的【确定】按钮，完成毛坯零件的创建。

(2) 创建如图 7-5 所示的点，创建的点在定义加工坐标系时作为坐标系的原点。

切换工作台。双击刚创建的生料，系统进入"创成式外形设计"工作台(如果系统进入的不是"创成式外形设计"工作台，则需切换到该工作台)。

单击【参考图元】工具栏中的【点】按钮，在弹出的【点定义】对话框的【点类型】下拉列表框中选择【之间】选项，分别在【点 1】和【点 2】文本框中右击，在弹出的快捷菜单中选择【创建中点】命令，然后在图形区选择两条相对的边线，如图 7-5 所示。

在【点定义】对话框中，单击【中点】和【确定】按钮。双击特征树中的 Process 节点回到曲面铣削工作台。

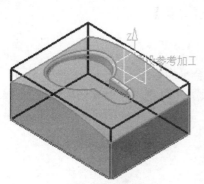

图 7-3　创建毛坯零件　　　　　　　　图 7-4　【生料】对话框

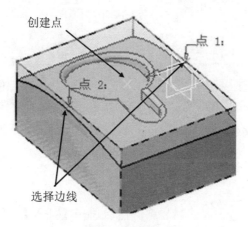

图 7-5　创建点

3)　零件操作定义

(1) 在 P.P.R.特征树中，双击 Process 节点下的【加工设定.1】节点，弹出【零件加工动作】对话框。

(2) 机床设置。单击【零件加工动作】对话框中的【机床】按钮，弹出【加工编辑器】对话框，单击其中的【三轴工具机】按钮，保持默认设置，然后单击【确定】按钮，完成机床的选择。

(3) 定义加工坐标系。单击【零件加工动作】对话框中的【参考加工轴系】按钮，弹出【预设参考加工轴系 加工设定.1】对话框。单击【预设参考加工轴系 加工设定.1】对话框中的加工坐标系原点感应区，然后在图形区选取如图 7-6 所示的点作为加工坐标系的原点。【预设参考加工轴系 加工设定.1】对话框中的基准面、基准轴和原点均由红色变为绿色，表明已定义加工坐标系，创建完成加工坐标系。单击【预设参考加工轴系 加工设定.1】对话框中的【确定】按钮，完成加工坐标系的定义。

(4) 定义目标加工零件。单击【零件加工动作】对话框中的【零件】按钮 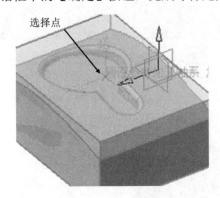。选取图形区中的模型作为目标加工零件，在图形区空白处双击，系统返回到【零件加工动作】对话框。

(5) 定义毛坯零件。单击【零件加工动作】对话框中的【生料】按钮 📦，选取图形区中创建的毛坯作为毛坯零件，在图形区空白处双击，系统返回到【零件加工动作】对话框。

(6) 定义安全平面。

单击【零件加工动作】对话框中的【安全面】按钮 ▱。

选择参照面。在图形区选取如图 7-7 所示的毛坯表面为安全平面参照，创建一个安全平面。

右击系统创建的安全平面，在弹出的快捷菜单中选择【预留】命令，弹出【编辑参数】对话框，在其中的【厚度】文本框中输入值 "10"，单击【确定】按钮完成安全平面的定义。单击【零件加工动作】对话框中的【确定】按钮，完成零件定义操作。

图 7-6　选择坐标系

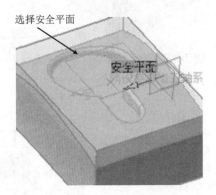

图 7-7　定义安全平面

2. 等高线粗加工设置加工参数

1) 定义几何参数

(1) 在特征树中选中【制造程序.1】节点，然后选择【插入】|【加工程序】|【粗加工步序】|【等高降层粗铣】命令，插入一个等高线粗加工操作，弹出如图 7-8 所示的【等高降层粗铣.1】对话框。

(2) 定义加工区域。切换到【刀具参数】选项卡 📷，然后单击【等高降层粗铣.1】对话框中的零件本体图元感应区，在图形区选取整个目标加工零件作为加工对象，会自动计算出一个加工区域，在图形区空白处双击，返回到【等高降层粗铣.1】对话框。选择加工边界时，有两种情况，一种是选取加工边界内侧，另一种是加工边界外侧，如图 7-9 和图 7-10 所示。

2) 定义刀具参数

(1) 进入【刀具参数】选项卡。在【等高降层粗铣.1】对话框中单击【刀具参数】标签 📷，切换到【刀具参数】选项卡。

(2) 选择刀具类型。在【等高降层粗铣.1】对话框中单击【端铣刀】按钮 🔳，选择端铣刀为加工刀具。

(3) 刀具命名。在【等高降层粗铣.1】对话框的【名称】文本框中输入 "T1 端铣刀 D10"。

(4) 设置刀具参数。选中【球刀】复选框。单击【详细】按钮，切换到【几何图元】选项卡，然后设置如图 7-11 所示的刀具参数。其他选项卡中的参数均采用默认的设置。

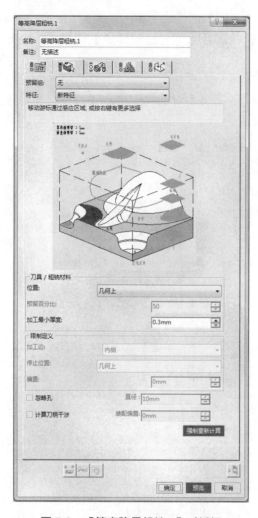

图 7-8 【等高降层粗铣.1】对话框

图 7-9 选取加工边界的加工轨迹(内侧)

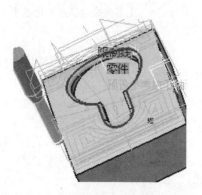

图 7-10 选取加工边界的加工轨迹(外侧)

几何图元	技术	进给和速度	补偿

直径 (D):	10mm
刀具圆角 (Rc):	2mm
全长 (L):	100mm
切刃长 (Lc):	50mm
长度 (l):	60mm
刀柄本体直径 (db):	15mm
未切削直径 (Dnc):	0mm

图 7-11 【几何图元】选项卡

3) 定义进给率与转速

(1) 进入进给率与转速设置选项卡。在【等高降层粗铣.1】对话框中单击【进给与转速】标签, 切换到【进给与转速】选项卡。

(2) 设置进给率与转速。在【等高降层粗铣.1】对话框的【进给与转速】选项卡 中设置如图 7-12 所示的参数。

4) 定义刀具路径参数

(1) 进入【刀具路径参数】选项卡。在【等高降层粗铣.1】对话框中单击【刀具路径参数】标签 , 切换到【刀具路径参数】选项卡, 如图 7-13 所示。

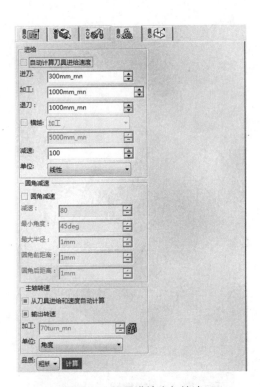

图 7-12 设置进给率与转速　　　图 7-13 【刀具路径参数】选项卡

【刀具路径参数】选项卡中的选项说明如下。

● 【加工模式】下拉列表框:包括五种加工类型。

【以区域】:按照加工区域逐个进行加工。

【以平面】:按照刀路平面逐层进行加工。

【只有减重槽】:只加工型腔。

【外部零件】:只加工零件的外部。

【外部零件和减重槽】:全部加工。

● 【刀具路径形式】下拉列表框:选择刀路的形式。

【单向下一个】:单向切削。

【来回】:往复切削。

【涡旋】:涡旋切削。该方法与螺旋切削的区别在于,螺旋切削在高速铣削时层之间的过渡是圆弧光滑过渡，而涡旋铣削的层间过渡是直线过渡。

【只有外形】：切削轮廓。

【HSM 涡旋】：同心圆切削。

【螺旋】：螺旋铣削。

【以单向在零件上预留】：刀路的形状是从加工零件的轮廓偏置生成的，并且刀路形式是单向切削。

【以来回在零件上预留】：与上面一种刀路形式的区别在于刀路是往复的。

- 【减重槽中距离形式】复选框：选中此复选框后，其后的下拉列表框将被激活，用户可在其中选择一种型腔的切削刀路形式。
- 【切削模式】下拉列表框：选择一种铣削方向是顺铣或是逆铣。
- 【永远停留在底部】复选框：当在【刀具路径形式】下拉列表框中选择【螺旋】选项时，该复选框将被激活，选中后进行多型腔铣削加工时，刀路贴着底面走。
- 【加工零件外形】复选框：当在【刀具路径形式】下拉列表框中选择【来回】或者【螺旋】选项时，该复选框将被激活，选中后在进行来回或者螺旋切削的过程中，先沿着轮廓切削一圈。

(2) 设置【加工中】选项卡。切换到【加工中】选项卡，在【加工模式】下拉列表框中选择【以平面】和【外部零件和减重槽】选项。在【刀具路径形式】下拉列表框中选择【螺旋】选项。选中【减重槽中距离形式】复选框，在其下拉列表框中选择【HSM 涡旋】选项。其他选项采用系统默认设置。

(3) 定义径向参数。切换到【径向】选项卡，然后在【重叠】下拉列表框中选择【重叠比率】选项，在【刀具直径比例】文本框中输入值"3"。

(4) 定义轴向参数。切换到【轴向】选项卡，然后在【最大切深】文本框中输入值"3"。其他选项卡采用系统默认的设置。

5) 定义进刀/退刀路径

(1) 进入【进刀/退刀路径】选项卡。在【等高降层粗铣.1】对话框中单击【进刀/退刀路径】标签，切换到【进刀/退刀路径】选项卡，如图 7-14 所示。在【辅助程序管理】列表框中选择【自动】选项，然后在【模式】下拉列表框选择【斜进】选项。

(2) 在【辅助程序管理】选项组的列表框中选择【前一动作】选项，然后单击【新增水平动作】按钮。

(3) 在【辅助程序管理】区域选项组的列表框中选择【后一动作】选项，然后单击【新增水平动作】按钮。

3. 等高线粗加工刀路仿真

在【等高降层粗铣.1】对话框中单击【播放刀具路径】按钮，系统弹出【等高降层粗铣.1】对话框，且在图形区显示刀路轨迹，如图 7-15 所示。在【等高降层粗铣.1】对话框中单击【最近一次储存影片】按钮，然后单击【往前播放】按钮，观察刀具切削毛坯零件的运行情况。

选择【文件】|【保存】命令，在弹出的【另存为】对话框中输入文件名，单击【保存】按钮即可保存文件。

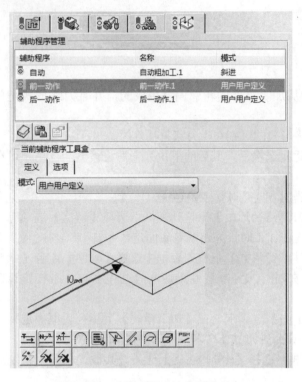

图 7-14　【进刀/退刀路径】选项卡

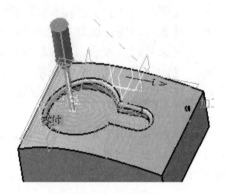

图 7-15　刀路仿真

7.2.2　投影粗加工

行业知识链接：投影粗加工就是以某个平面作为投影面，所有刀路都在与该平面平行的平面上。如图 7-16 所示是投影加工的示意图。

图 7-16　投影加工

1. 投影粗加工设置加工参数

1)　打开加工模型文件

选择【文件】|【打开】命令，弹出【选择文件】对话框。在【查找范围】下拉列表框中找到并选择加工文件，单击【打开】按钮。

2)　设置加工参数

(1)　定义几何参数。

在如图 7-17 所示的特征树中右击 NCGeometry_Part1 节点，在弹出的快捷菜单中选择【隐藏/显示】命令。

在特征树中选中【制造程序.1】节点，然后选择【插入】|【加工程序】|【粗加工步序】|【导向式降层粗铣】命令，插入一个投影粗加工操作，弹出如图 7-18 所示的【导向式降层粗铣.1】对话框。

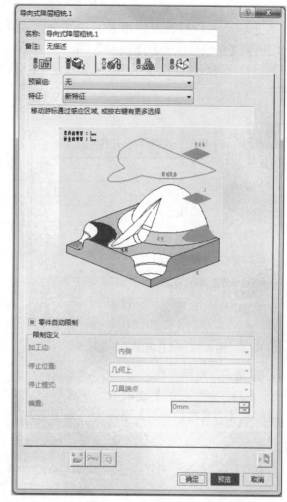

图 7-18 【导向式降层粗铣.1】对话框

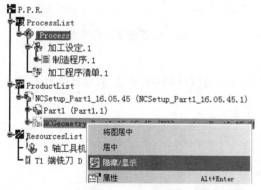

图 7-17 隐藏毛坯

定义加工区域。将光标移动到【导向式降层粗铣.1】对话框中的零件本体图元上，该区域的颜色从深红色变为橙黄色，单击该区域，对话框消失，在图形区单击目标加工零件，系统会自动计算加工区域。在图形区空白处双击，返回到【导向式降层粗铣.1】对话框。

(2) 定义刀具参数。

进入【刀具参数】选项卡。在【导向式降层粗铣.1】对话框中单击【刀具参数】标签 🛠️，切换到【刀具参数】选项卡。

选择刀具类型。在【导向式降层粗铣.1】对话框中单击【端铣刀】按钮 🔲，选择端铣刀为加工刀具。

刀具命名。在【导向式降层粗铣.1】对话框的【名称】文本框中输入"T1 端铣刀 D5"。

设置刀具参数。选中【球刀】复选框。单击【详细】按钮，切换到【几何图元】选项卡，然后设置如图 7-19 所示的刀具参数。其他选项卡中的参数均采用系统默认的设置。

(3) 定义进给率与转速。

进入进给率与转速设置选项卡。在【导向式降层粗铣.1】对话框中单击【进给与转速】标签 🖳，切换到【进给与转速】选项卡。

设置进给率与转速。在【导向式降层粗铣.1】对话框的【进给与转速】选项卡 🖳 中设置如图 7-20 所示的参数。

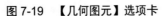

图 7-19 【几何图元】选项卡   图 7-20 设置进给率与转速

(4) 定义刀具路径参数。

进入【刀具路径参数】选项卡。在【导向式降层粗铣.1】对话框中单击【刀具路径参数】标签 🖳，切换到【刀具路径参数】选项卡，如图 7-21 所示。

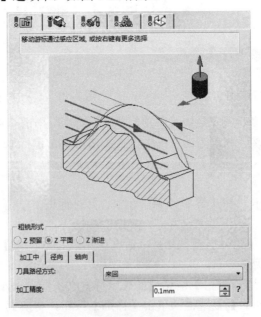

图 7-21 【刀具路径参数】选项卡

定义切削类型。在【导向式降层粗铣.1】对话框的【粗铣形式】选项组中选中【Z 平面】单选按钮。

定义加工中参数。切换到【加工中】选项卡，然后在【刀具路径方式】下拉列表框中选择【来回】选项。

定义径向参数。切换到【径向】选项卡，然后在【刀径间最大距离】文本框中输入值"3"，在【重叠侧】下拉列表框中选择【几何右侧】选项。

定义轴向参数。单击【轴向】选项卡，在【最大切深】文本框中输入值"5"。

【刀具路径参数】选项卡中的部分选项说明如下。

【粗铣形式】选项组：包含三种加工刀路类型。

● 【Z 预留】单选按钮：每层加工刀路是从零件的加工表面沿着 Z 轴偏置的。

● 【Z 平面】单选按钮：每层加工刀路在垂直于刀具轴线(Z 轴)的平面内。

● 【Z 渐进】单选按钮：系统自动计算零件毛坯上表面与加工零件表面之间的距离并进行等分，得到加工刀路。

(5) 定义进刀/退刀路径。

进入【进刀/退刀路径】选项卡。在【导向式降层粗铣.1】对话框中单击【进刀/退刀路径】标签，切换到【进刀/退刀路径】选项卡，如图 7-22 所示。

定义进刀方式。在【辅助程序管理】列表框中选择【进刀】选项，然后在【模式】下拉列表框中选择【返回】选项。依次双击对话框中的尺寸数值，可以修改参数。

定义退刀方式。在【辅助程序管理】列表框中选择【退刀】选项，然后在【模式】下拉列表框中选择【沿刀具轴】选项。双击对话框中的尺寸数值，修改参数，如图 7-23 所示。

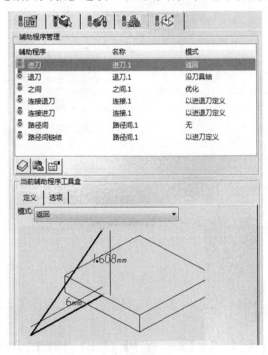

图 7-22 【进刀/退刀路径】选项卡

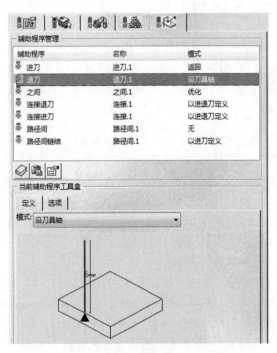

图 7-23 设置退刀方式

2. 投影粗加工刀路仿真

在【导向式降层粗铣.1】对话框中单击【播放刀具路径】按钮 🔳，系统弹出【导向式降层粗铣.1】对话框，且在图形区显示刀路轨迹，如图 7-24 所示。在【导向式降层粗铣.1】对话框中单击【最近一次储存影片】按钮 🔳，然后单击【往前播放】按钮 ▶，观察刀具切削毛坯零件的运行情况。

选择【文件】|【保存】命令，在弹出的【另存为】对话框中输入文件名，单击【保存】按钮即可保存文件。

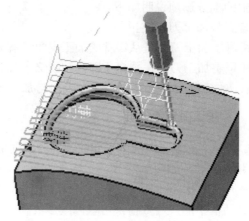

图 7-24　刀路仿真

7.2.3　投影加工

行业知识链接：投影加工就是以一系列与刀具轴线(Z 轴)平行的平面，与零件的加工表面相交得到加工的刀路。如图 7-25 所示属于投影加工刀路。

图 7-25　投影加工刀路

1. 投影加工设置加工参数

1）　打开加工模型文件

选择【文件】|【打开】命令，弹出【选择文件】对话框。在【查找范围】下拉列表框中找到并选择加工文件，单击【打开】按钮。

2）　设置加工参数

(1) 定义几何参数。

在如图 7-26 所示的特征树中右击 NCGeometry_Part1 节点，在弹出的快捷菜单中选择【隐藏/显示】命令。

在特征树中选中【制造程序.1】节点，然后选择【插入】|【加工程序】|【扫掠步序】|【导向切削】命令，插入一个投影加工操作，弹出如图 7-27 所示的【导向切削.1】对话框。

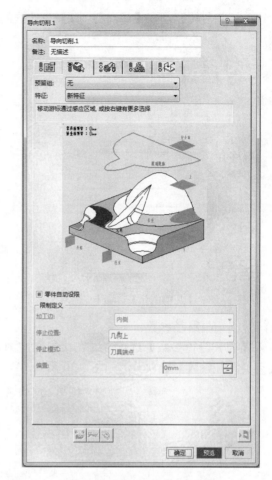

图 7-27　【导向切削.1】对话框

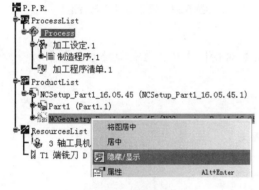

图 7-26　隐藏毛坯

定义加工区域。将光标移动到【导向切削.1】对话框中的零件本体图元上，该区域的颜色从深红色变为橙黄色，单击该区域，对话框消失，在图形区单击目标加工零件，系统会自动计算加工区域。在图形区空白处双击，返回到【导向切削.1】对话框。

设置加工余量。双击【导向切削.1】对话框中的"零件面预留：1mm"文字，弹出【编辑参数】对话框，可以修改数值。

(2) 定义刀具参数。

进入【刀具参数】选项卡。在【导向切削.1】对话框中单击【刀具参数】标签 ，切换到【刀具参数】选项卡。

选择刀具类型。在【导向切削.1】对话框中单击【端铣刀】按钮 ，选择端铣刀为加工刀具。

刀具命名。在【导向切削.1】对话框的【名称】文本框中输入"T1 端铣刀 D5"。

设置刀具参数。选中【球刀】复选框，单击【详细】按钮，切换到【几何图元】选项卡，然后设置如图 7-28 所示的刀具参数。其他选项卡中的参数均采用默认的设置。

(3) 定义进给率与转速。

进入进给率与转速设置选项卡。在【导向切削.1】对话框中单击【进给与转速】标签 ，切换到【进给与转速】选项卡。

设置进给率与转速。在【导向切削.1】对话框的【进给与转速】选项卡 中设置如图 7-29 所示的参数。

图 7-28 【几何图元】选项卡

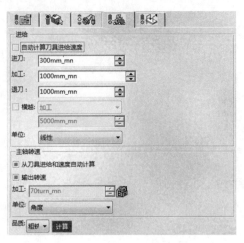

图 7-29 设置进给率与转速

(4) 定义刀具路径参数。

进入【刀具路径参数】选项卡。在【导向切削.1】对话框中单击【刀具路径参数】标签 ，切换到【刀具路径参数】选项卡，如图 7-30 所示。

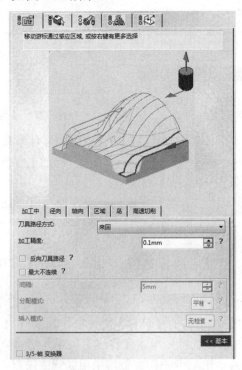

图 7-30 【刀具路径参数】选项卡

定义加工中参数。切换到【加工中】选项卡，然后在【刀具路径方式】下拉列表框中选择【来回】选项。在【加工精度】文本框中输入"0.1"。

定义径向参数。切换到【径向】选项卡，然后在【刀径间最大距离】文本框中输入"5"，在【重叠侧】下拉列表框中选择【几何右侧】选项。

定义轴向参数。切换到【轴向】选项卡，在【最大切深】文本框中输入"2"。其他选项采用默认设置。

(5) 定义进刀/退刀路径。

进入【进刀/退刀路径】选项卡。在【导向切削.1】对话框中单击【进刀/退刀路径】标签，切换到【进刀/退刀路径】选项卡，如图 7-31 所示。

定义进刀方式。在【辅助程序管理】列表框中选择【进刀】选项，然后在【模式】下拉列表框中选择【返回】选项。依次双击对话框中的尺寸数值，都修改为"20"。

定义退刀方式。在【辅助程序管理】列表框中选择【退刀】选项，然后在【模式】下拉列表框中选择【沿刀具轴】选项。双击对话框中的尺寸数值，修改为6，如图 7-32 所示。

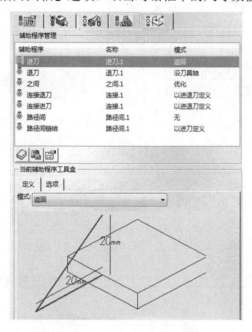

图 7-31　【进刀/退刀路径】选项卡

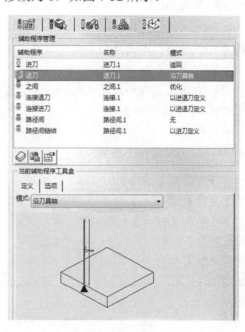

图 7-32　设置退刀方式

2. 投影加工刀路仿真

在【导向切削.1】对话框中单击【播放刀具路径】按钮，系统弹出【导向切削.1】对话框，且在图形区显示刀路轨迹，如图 7-33 所示。在【导向切削.1】对话框中单击【最近一次储存影片】按钮，然后单击【往前播放】按钮，观察刀具切削毛坯零件的运行情况。

选择【文件】|【保存】命令，即可保存文件。

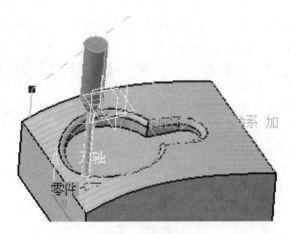

图 7-33　刀路仿真

7.2.4　等高线加工

　　行业知识链接： 等高线加工就是以垂直于刀具轴线的平面切削零件加工表面，计算出加工刀路。其几何参数示意图与投影加工的基本相同，区别在于等高线加工没有起始位置和终止位置这两个参数。如图 7-34 所示是等高线加工。

图 7-34　等高线加工

　　1. 等高线加工设置加工参数

1)　打开加工模型文件

选择【文件】|【打开】命令，弹出【选择文件】对话框。在【查找范围】下拉列表框中找到并选择加工文件，单击【打开】按钮。

2)　设置加工参数

(1)　定义几何参数。

在如图 7-35 所示的特征树中右击 NCGeometry_Part1 节点，在弹出的快捷菜单中选择【隐藏/显示】命令。

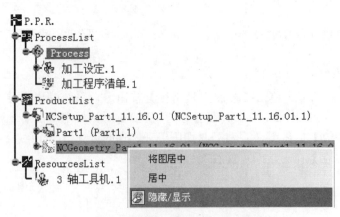

图 7-35　隐藏毛坯

在特征树中选中【制造程序.1】节点，然后选择【插入】|【加工程序】|【等高线加工】命令，插入一个等高线加工操作，弹出如图7-36所示的【等高线.1】对话框。

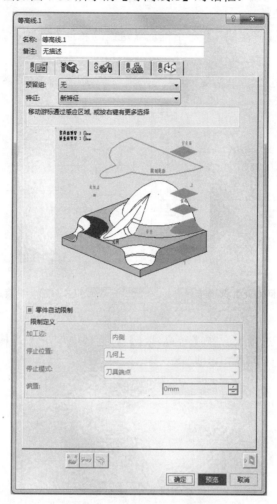

图7-36 【等高线.1】对话框

定义加工区域。将光标移动到【等高线.1】对话框中的零件本体图元上，该区域的颜色从深红色变为橙黄色，单击该区域，对话框消失，在图形区单击目标加工零件，系统会自动计算加工区域。在图形区空白处双击，返回到【等高线.1】对话框。

(2) 定义刀具参数。

进入【刀具参数】选项卡。在【等高线.1】对话框中单击【刀具参数】标签![icon]，切换到【刀具参数】选项卡。

选择刀具类型。在【等高线.1】对话框单击【端铣刀】按钮![icon]，选择端铣刀为加工刀具。

刀具命名。在【等高线.1】对话框的【名称】文本框中输入"T1 端铣刀 D5"。

设置刀具参数。选中【球刀】复选框。单击【详细】按钮，切换到【几何图元】选项卡，然后设置如图7-37所示的刀具参数。其他选项卡中的参数均采用默认的设置。

(3) 定义进给率与转速。

进入进给率与转速设置选项卡。在【等高线.1】对话框中单击【进给与转速】标签 🔧，切换到【进给与转速】选项卡。

设置进给率与转速。在【等高线.1】对话框的【进给与转速】选项卡 🔧 中设置如图 7-38 所示的参数。

图 7-37　【几何图元】选项卡　　　　图 7-38　设置进给率与转速

(4) 定义刀具路径参数。

进入【刀具路径参数】选项卡。在【等高线.1】对话框中单击【刀具路径参数】标签 📊，切换到【刀具路径参数】选项卡，如图 7-39 所示。

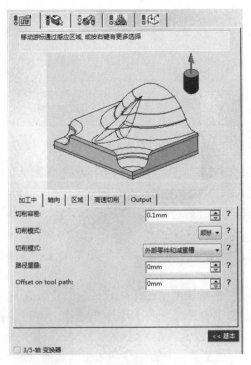

图 7-39　【刀具路径参数】选项卡

定义加工中参数。切换到【加工中】选项卡，然后在【切削模式】下拉列表框中选择【顺铣】选项。在【切削容差】文本框中输入"0.1"。

定义轴向参数。切换到【轴向】选项卡，在【路径间距离】文本框中输入值"1"。其他选项采用系统默认设置。

(5) 定义进刀/退刀路径。

进入【进刀/退刀路径】选项卡。在【等高线.1】对话框中单击【进刀/退刀路径】标签，切换到【进刀/退刀路径】选项卡，如图 7-40 所示。

定义进刀方式。在【辅助程序管理】列表框中选择【进刀】选项，然后在【模式】下拉列表框中选择【圆弧或斜进】选项。双击对话框中的"1.2mm"尺寸数值，修改为"10"。双击对话框中的"15deg"数值，修改为"10"。

定义退刀方式。在【辅助程序管理】列表框中选择【退刀】选项，然后在【模式】下拉列表框中选择【用户用户定义】选项。依次单击【移除所有动作】按钮和【新增轴向动作】按钮，如图 7-41 所示。

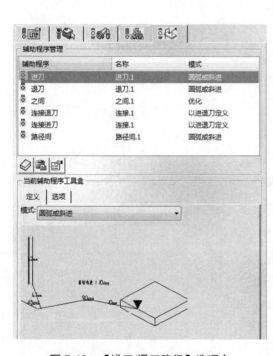

图 7-40　【进刀/退刀路径】选项卡

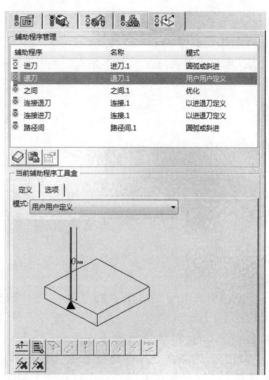

图 7-41　设置退刀方式

2. 等高线加工刀路仿真

在【等高线.1】对话框中单击【播放刀具路径】按钮，系统弹出【等高线.1】对话框，且在图形区显示刀路轨迹，如图 7-42 所示。在【等高线.1】对话框中单击【最近一次储存影片】按钮，然后单击【往前播放】按钮，观察刀具切削毛坯零件的运行情况。

选择【文件】|【保存】命令，即可保存文件。

图 7-42　刀路仿真

7.2.5　轮廓驱动加工

行业知识链接： 轮廓驱动加工是以所选择加工区域的轮廓线作为引导线，来驱动刀具运动的加工方式。如图 7-43 所示是轮廓加工刀路。

图 7-43　轮廓加工

1. 轮廓驱动设置加工参数

1) 打开加工模型文件

选择【文件】|【打开】命令，弹出【选择文件】对话框。在【查找范围】下拉列表框中找到并选择加工文件，单击【打开】按钮。

2) 设置加工参数

(1) 定义几何参数。

在特征树中选中【制造程序.1】节点，然后选择【插入】|【加工程序】|【外形导向加工】命令，插入一个轮廓驱动加工操作，弹出如图 7-44 所示的【外形导向.1】对话框。

定义加工区域。将光标移动到【外形导向.1】对话框中的零件本体图元上，该区域的颜色从深红色变为橙黄色，右击该区域，在弹出的快捷菜单中选择【选择修剪面】命令，在图形区选择加工区域，如图 7-45 所示。在图形区空白处双击，返回到【外形导向.1】对话框。

(2) 定义刀具参数。

选用"T1 端铣刀 D5"作为刀具。

(3) 定义进给率与转速。

进入进给率与转速设置选项卡。在【外形导向.1】对话框

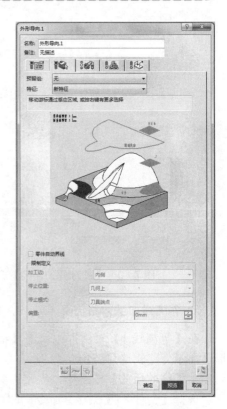

图 7-44　【外形导向.1】对话框

中单击【进给与转速】标签 ，切换到【进给与转速】选项卡。

设置进给率与转速。在【外形导向.1】对话框的【进给与转速】选项卡 中设置如图 7-46 所示的参数。

选择模型表面

刀轴

零件

图 7-45　选择加工区域

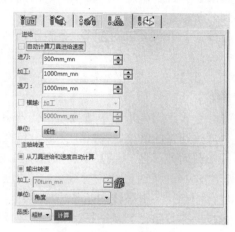

图 7-46　设置进给率与转速

(4)　定义刀具路径参数。

进入【刀具路径参数】选项卡。在【外形导向.1】对话框中单击【刀具路径参数】标签 ，切换到【刀具路径参数】选项卡，如图 7-47 所示。

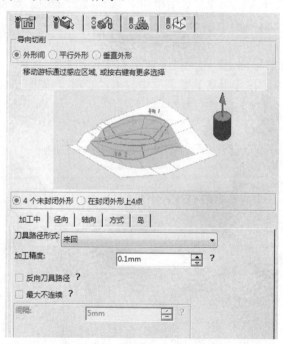

图 7-47　【刀具路径参数】选项卡

【刀具路径参数】选项卡中的选项说明如下。

- 【导向切削】选项组：定义引导策略，包括三种轮廓驱动加工的策略。

【外形间】单选按钮：用户可以选择两条轮廓边界曲线作为引导线，系统通过在两条曲线进行插值计算得到刀路。

【平行外形】单选按钮：选择一条轮廓边界曲线作为引导线，加工区域上的刀路平行于所指定的引导线。

【垂直外形】单选按钮：选择一条轮廓边界曲线作为引导线，加工区域上的刀路都垂直于所指定的引导线。

- 【4 个未封闭外形】单选按钮：当选中【外形间】单选按钮后，此单选按钮被激活，用户可以通过四条曲线来定义加工区域，包括两条引导线和两条边界曲线。
- 【在封闭外形上 4 点】单选按钮：当选中【外形间】单选按钮后，此单选按钮被激活，用户需要选择一条封闭的轮廓线来定义加工区域，并在轮廓线上选择 4 个点，分割封闭的轮廓线，得到两条引导线和两条边界线。
- 【反向刀具路径】复选框：如果需要反向刀路轨迹，则选中该复选框。
- 【最大不连续】复选框：选中此复选框后，可设置刀路上刀位的分布情况。

在【外形导向.1】对话框的【导向切削】选项组中选中【平行外形】单选按钮。单击对话框中的【导向 1】感应区，系统弹出【边线选择】工具条。在图形区选取如图 7-48 所示的曲线，单击【边线选择】工具条中的 OK 按钮。

定义加工中参数。在【外形导向.1】对话框中切换到【加工中】选项卡，然后在【刀具路径形式】下拉列表框中选择【来回】选项，在【加工精度】文本框中输入值"0.1"，其他参数采用系统默认设置。

定义径向参数。在【外形导向.1】对话框中切换到【径向】选项卡，然后在【刀具预留】下拉列表框中选择【常数 3D】选项，在【距离】微调框中输入"1.9"，如图 7-49 所示。

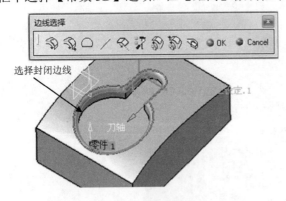

图 7-48 选择引导线

图 7-49 【径向】选项卡

【径向】选项卡中的选项说明如下。

① 【刀具预留】下拉列表框：定义刀路在径向的距离方式。

【常数 2D】选项：所有刀路在垂直投影方向的平面上是平行且等距的，然后投影到加工区域上，形成刀路。

【以残料高】选项：通过定义残余高度来确定刀路的径向距离。

【常数 3D】选项：选择该选项后定义刀路直接在加工区域上测量的步进距离，可以在【距离】微调框中输入距离值。

② 【距离】微调框：刀路的步进距离。

定义轴向参数。在【外形导向.1】对话框中切换到【轴向】选项卡，在【多重路径】下拉列表框中选择【以切深数目和最大切深】选项，在【层数】文本框中输入值"1"，在【最大切深】文本框中输入值"1"。

定义方式参数。在【外形导向.1】对话框中切换到【方式】选项卡，然后设置如图 7-50 所示的参数。

【方式】选项卡中的选项说明如下。

● 【小刀精修】下拉列表框(清根加工)：该下拉列表框用于确定是否在轮廓驱动加工后自动对残料区域进行清根。

● 【导向 1 上位置】下拉列表框：该下拉列表框用于设定刀具与引导轮廓的起始相对位置，包括【几何上】、【之内】和【之外】三个选项。

● 【导向 1 上预留】文本框：设置在加工操作开始时刀具偏离引导线的距离。

其他选项卡中的参数采用系统默认设置。

(5) 定义进刀/退刀路径。

进入【进刀/退刀路径】选项卡。在【外形导向.1】对话框中单击【进刀/退刀路径】标签，切换到【进刀/退刀路径】选项卡，如图 7-51 所示。

定义进刀方式。在【辅助程序管理】列表框中选择【进刀】选项，然后在【模式】下拉列表框中选择【返回】选项。双击对话框中的"1.608mm"尺寸数值，修改为"10"。双击对话框中的"6mm"数值，修改为"10"。

定义退刀方式。在【辅助程序管理】列表框中选择【退刀】选项，然后在【模式】下拉列表框中选择【沿刀具轴】选项。

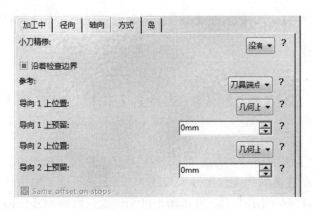

图 7-50 【方式】选项卡

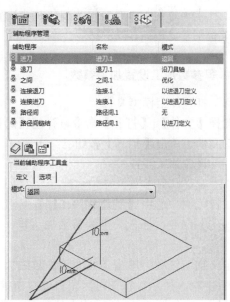

图 7-51 【进刀/退刀路径】选项卡

2. 轮廓驱动刀路仿真

在【外形导向.1】对话框中单击【播放刀具路径】按钮 📷，系统弹出【外形导向.1】对话框，且在图形区显示刀路轨迹，如图 7-52 所示。在【外形导向.1】对话框中单击【最近一次储存影片】按钮 📷，然后单击【往前播放】按钮 ▶，观察刀具切削毛坯零件的运行情况。

选择【文件】|【保存】命令，即可保存文件。

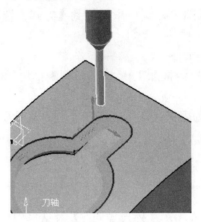

图 7-52　刀路仿真

7.2.6　等参数加工

> **行业知识链接**：等参数加工是由所加工的曲面等参数线 U、V 来确定切削路径的。用户需要选取加工曲面和 4 个端点作为几何参数，所选择的多个曲面必须是相邻且共边的。如图 7-53 所示是平面参数铣削示意图。

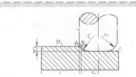

图 7-53　平面参数铣削示意图

1. 等参数加工设置加工参数

1)　打开加工模型文件

选择【文件】|【打开】命令，弹出【选择文件】对话框。在【查找范围】下拉列表框中找到并选择加工文件，单击【打开】按钮。

2)　设置加工参数

(1)　定义几何参数。

在特征树中选中【制造程序.1】节点，然后选择【插入】|【加工程序】|【多轴加工程序】|【等参数加工】命令，插入一个等参数加工操作，系统弹出如图 7-54 所示的【曲面等参数线加工.1】对话框。

定义加工区域。单击【曲面等参数线加工.1】对话框中的加工曲面感应区，在图形区选择加工区域，如图 7-55 所示。在图形区空白处双击鼠标左键返回到【曲面等参数线加工.1】对话框。单击角落点感应区，在如图 7-56 所示的点处单击，确定 1~4 的四个点，双击图形区空白处，返回到【曲面等参数线加工.1】对话框中。

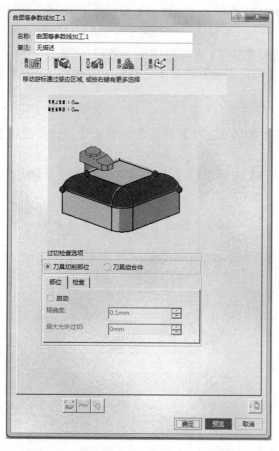

图 7-54　【曲面等参数线加工.1】对话框

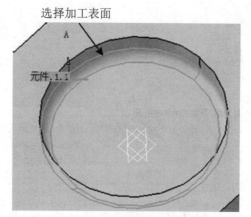

图 7-55　选择加工区域

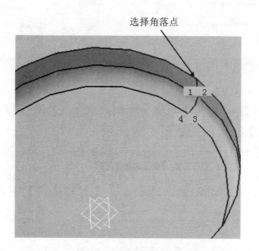

图 7-56　选择角落点

(2)　定义刀具参数。

　　进入【刀具参数】选项卡。在【曲面等参数线加工.1】对话框中单击【刀具参数】标签，切
换到【刀具参数】选项卡。

选择刀具类型。在【曲面等参数线加工.1】对话框中单击【端铣刀】按钮，选择端铣刀为加工刀具。

刀具命名。在【曲面等参数线加工.1】对话框的【名称】文本框中输入"T1 端铣刀 D10"。

设置刀具参数。单击【详细】按钮，切换到【几何图元】选项卡，然后设置如图 7-57 所示的刀具参数。其他选项卡中的参数均采用默认的设置。

(3) 定义进给率与转速。

进入进给率与转速设置选项卡。在【曲面等参数线加工.1】对话框中单击【进给与转速】标签，切换到【进给与转速】选项卡。

设置进给率与转速。在【曲面等参数线加工.1】对话框的【进给与转速】选项卡中设置如图 7-58 所示的参数。

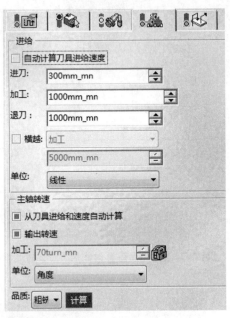

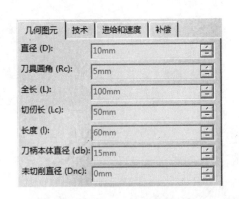

| 图 7-57　【几何图元】选项卡 | 图 7-58　设置进给率与转速 |

(4) 定义刀具路径参数。

进入【刀具路径参数】选项卡。在【曲面等参数线加工.1】对话框中单击【刀具路径参数】标签，切换到【刀具路径参数】选项卡，如图 7-59 所示。

定义加工参数。切换到【加工】选项卡，进行如图 7-59 所示的设置。

定义径向参数。切换到【径向】选项卡，进行如图 7-60 所示的设置。

定义刀具轴参数。切换到【刀具轴】选项卡，在【刀轴模式】下拉列表框中选择【固定轴】选项，如图 7-61 所示。

(5) 定义进刀/退刀路径。

进入【进刀/退刀路径】选项卡。在【曲面等参数线加工.1】对话框中单击【进刀/退刀路径】标签，切换到【进刀/退刀路径】选项卡，如图 7-62 所示。

定义进刀方式。在【辅助程序管理】列表框中选择【进刀】选项，然后在【模式】下拉列表框中选择【用户用户定义】选项。单击【新增轴向动作】按钮。

定义退刀方式。在【辅助程序管理】列表框中选择【退刀】选项，然后在【模式】下拉列表框中选择【用户用户定义】选项。单击【新增轴向动作】按钮。

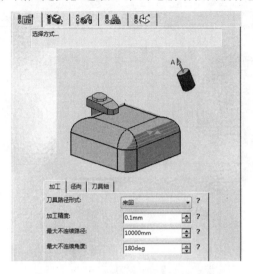

图 7-59　【刀具路径参数】选项卡

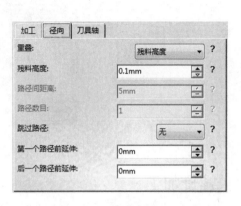

图 7-60　【径向】选项卡

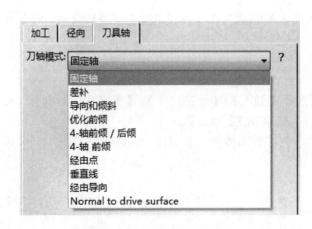

图 7-61　【刀具轴】选项卡

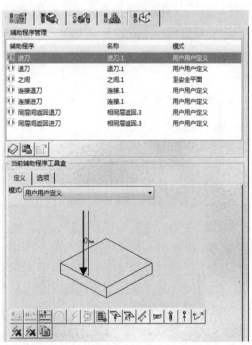

图 7-62　【进刀/退刀路径】选项卡

2. 等参数加工刀路仿真

在【曲面等参数线加工.1】对话框中单击【播放刀具路径】按钮，系统弹出【曲面等参数线加工.1】对话框，且在图形区显示刀路轨迹，如图 7-63 所示。在【曲面等参数线加工.1】对话框中单击

【最近一次储存影片】按钮，然后单击【往前播放】按钮，观察刀具切削毛坯零件的运行情况。
选择【文件】|【保存】命令，即可保存文件。

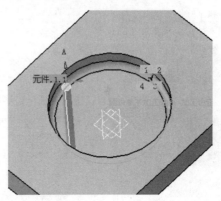

图 7-63   刀路仿真

7.2.7   螺旋加工

　　行业知识链接：螺旋加工就是在选定的加工区域中，对指定角度以下的平坦区域进行精加工。如图 7-64 所示是螺旋加工零件。

图 7-64   螺旋加工零件

1. 螺旋加工设置加工参数

1)   打开加工模型文件

选择【文件】|【打开】命令，弹出【选择文件】对话框。在【查找范围】下拉列表框中找到并选择加工文件，单击【打开】按钮。

2)   设置加工参数

(1)   定义几何参数。

在特征树中选中【制造程序.1】节点，然后选择【插入】|【加工程序】|【涡旋铣削】命令，插入一个螺旋加工操作，系统弹出如图 7-65 所示的【涡旋铣削.1】对话框。

定义加工区域。单击【涡旋铣削.1】对话框中的零件本体图元感应区，在图形区选择加工区域，在图形区空白处双击，返回到【涡旋铣削.1】对话框。

(2)   定义刀具参数。

进入【刀具参数】选项卡。在【涡旋铣削.1】对话框中单击【刀具参数】标签，切换到【刀具参数】选项卡。

选择刀具类型。在【涡旋铣削.1】对话框单击【端铣刀】按钮，选择端铣刀为加工刀具。

刀具命名。在【涡旋铣削.1】对话框中的【名称】文本框中输入"T1 端铣刀 D10"。

设置刀具参数。单击【详细】按钮，切换到【几何图元】选项卡，然后设置如图 7-66 所示的刀具参数。其他选项卡中的参数均采用默认的设置。

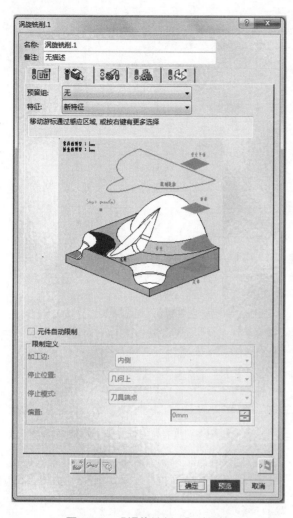

图 7-65　【涡旋铣削.1】对话框

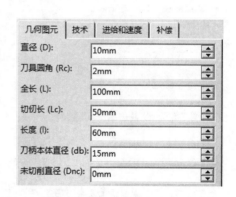

图 7-66　【几何图元】选项卡

（3）定义进给率与转速。

进入进给率与转速设置选项卡。在【涡旋铣削.1】对话框中单击【进给与转速】标签 ▦▦，切换到【进给与转速】选项卡。

设置进给率与转速。在【涡旋铣削.1】对话框的【进给与转速】选项卡 ▦ 中设置如图 7-67 所示的参数。

（4）定义刀具路径参数。

进入【刀具路径参数】选项卡。在【涡旋铣削.1】对话框中单击【刀具路径参数】标签 ▦，切换到【刀具路径参数】选项卡。

定义加工中参数。切换到【加工中】选项卡，进行如图 7-68 所示的设置。

图 7-67　设置进给率与转速

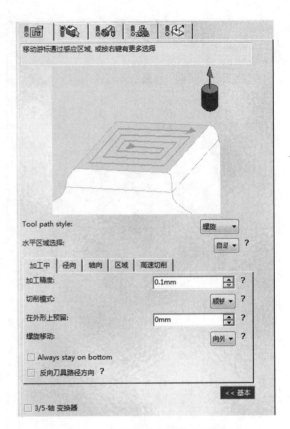

图 7-68　【刀具路径参数】选项卡

定义径向参数。切换到【径向】选项卡，在【路径间最大距离】文本框中输入"1"。

定义轴向参数。切换到【轴向】选项卡，在【最大切深】微调框中输入"1"，如图 7-69 所示。

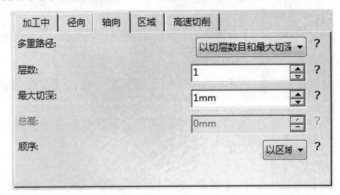

图 7-69　【轴向】选项卡

(5) 定义进刀/退刀路径。

进入【进刀/退刀路径】选项卡。在【涡旋铣削.1】对话框中单击【进刀/退刀路径】标签，切换到【进刀/退刀路径】选项卡，如图 7-70 所示。

定义进刀方式。在【辅助程序管理】列表框中选择【进刀】选项，然后在【模式】下拉列表框中选择【返回】选项。分别双击两个尺寸数值，都修改为"20"。

定义退刀方式。在【辅助程序管理】列表框中选择【退刀】选项，然后在【模式】下拉列表框中选择【沿刀具轴】选项。

2. 螺旋加工刀路仿真

在【涡旋铣削.1】对话框中单击【播放刀具路径】按钮，系统弹出【涡旋铣削.1】对话框，且在图形区显示刀路轨迹，如图 7-71 所示。在【涡旋铣削.1】对话框中单击【最近一次储存影片】按钮，然后单击【往前播放】按钮，观察刀具切削毛坯零件的运行情况。

选择【文件】|【保存】命令，即可保存文件。

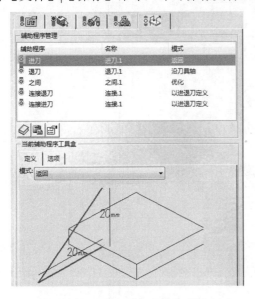

图 7-70　【进刀/退刀路径】选项卡

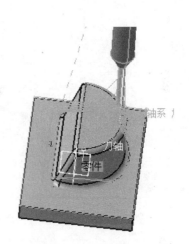

图 7-71　刀路仿真

7.2.8　清根加工

行业知识链接：清根加工是以两个面之间的交线作为运动路径，来切削上一个加工操作留在两个面之间的残料。如图 7-72 所示是清根加工示意图。

图 7-72　清根加工示意图

1. 清根加工设置加工参数

1)　打开加工模型文件

选择【文件】|【打开】命令，弹出【选择文件】对话框。在【查找范围】下拉列表框中找到并选择加工文件，单击【打开】按钮。

2)　设置加工参数

(1)　定义几何参数。

在特征树中选中【制造程序.1】节点，然后选择【插入】|【加工程序】|【残料清角】命令，插入

一个螺旋加工操作，系统弹出如图 7-73 所示的【清角.1】对话框。

定义加工区域。单击【清角.1】对话框中的零件本体图元感应区，在图形区选择加工区域，在图形区空白处双击，返回到【清角.1】对话框。

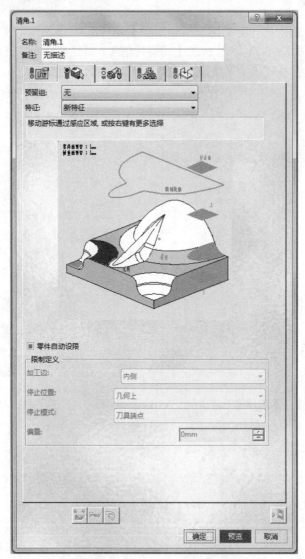

图 7-73 【清角.1】对话框

(2) 定义刀具参数。

进入【刀具参数】选项卡。在【清角.1】对话框中单击【刀具参数】标签，切换到【刀具参数】选项卡。

选择刀具类型。在【清角.1】对话框单击【端铣刀】按钮，选择端铣刀为加工刀具。

刀具命名。在【清角.1】对话框的【名称】文本框中输入"T1 端铣刀 D10"。

(3) 定义进给率与转速。

进入进给率与转速设置选项卡。在【清角.1】对话框中单击【进给与转速】标签，切换到

【进给与转速】选项卡。

设置进给率与转速。在【清角.1】对话框的【进给与转速】选项卡 中设置如图 7-74 所示的参数。

(4) 定义刀具路径参数。

进入【刀具路径参数】选项卡。在【清角.1】对话框中单击【刀具路径参数】标签 ，切换到【刀具路径参数】选项卡。

定义加工中参数。切换到【加工中】选项卡，进行如图 7-75 所示的设置。

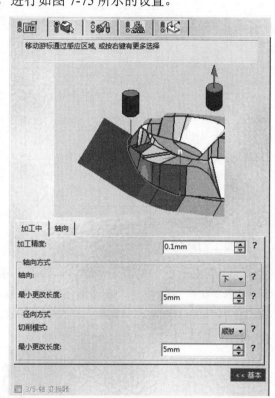

图 7-74　设置进给率与转速　　　　图 7-75　【刀具路径参数】选项卡

定义轴向参数。切换到【轴向】选项卡，设置参数，如图 7-76 所示。

(5) 定义进刀/退刀路径。

进入【进刀/退刀路径】选项卡。在【清角.1】对话框中单击【进刀/退刀路径】标签 ，切换到【进刀/退刀路径】选项卡，如图 7-77 所示。

定义进刀方式。在【辅助程序管理】列表框中选择【进刀】选项，然后在【模式】下拉列表框中选择【返回】选项。分别双击两个尺寸数值，修改为"6"和"10"。

定义退刀方式。在【辅助程序管理】列表框中选择【退刀】选项，然后在【模式】下拉列表框中选择【沿刀具轴】选项。

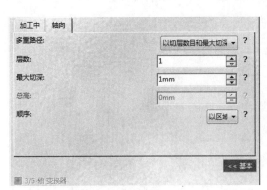

图 7-76　【轴向】选项卡

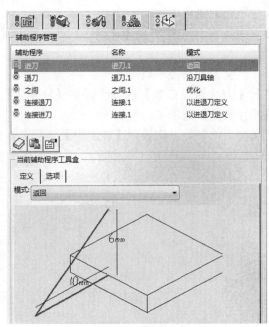

图 7-77　【进刀/退刀路径】选项卡

2. 清根加工刀路仿真

在【清角.1】对话框中单击【播放刀具路径】按钮，系统弹出【清角.1】对话框，且在图形区显示刀路轨迹，如图 7-78 所示。在【清角.1】对话框中单击【最近一次储存影片】按钮，然后单击【往前播放】按钮，观察刀具切削毛坯零件的运行情况。

选择【文件】|【保存】命令，即可保存文件。

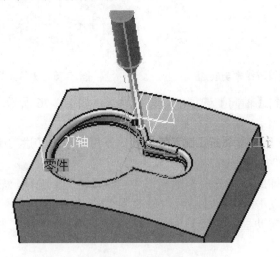

图 7-78　刀路仿真

7.2.9　加工特征

图 7-79　内腔加工特征

1. 设置加工参数

前面介绍了曲面加工的各种加工操作。曲面加工可以有两种建立方式：一种是面向加工操作；另一种是面向加工区域。面向加工操作的建立方式是逐个定义加工操作，并选择该加工操作所要加工的区域、使用的刀具等加工操作所需的参数。面向加工区域是首先建立需要进行加工的区域，接着在加工区域上建立加工操作。这一节将介绍加工区域的定义方法，包括加工区域、二次加工区域和偏置区域。

下面将具体讲解设置加工区域的一般操作步骤。

(1) 选择【文件】|【打开】命令，系统弹出【选择文件】对话框。在【查找范围】下拉列表框中找到并选择加工文件，单击【打开】按钮。

(2) 选择命令。选择【插入】|【加工特征】|【铣削特征】|【加工和斜面区域】命令，弹出如图 7-80 所示的【加工区域】对话框。

(3) 定义加工区域。单击【加工区域】对话框中的目标零件感应区，选取如图 7-81 所示的零件作为加工对象，系统自动判断加工区域。在图形区空白处双击，系统返回到【加工区域】对话框。

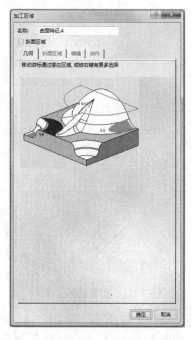

图 7-80　【加工区域】对话框

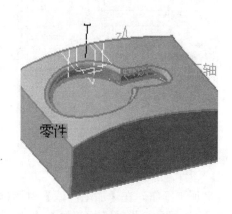

图 7-81　选择目标零件

(4) 定义参数。在【加工区域】对话框中选中【斜面区域】复选框，切换到【斜面区域】选项卡，然后设置如图 7-82 所示的参数。

【斜面区域】选项卡中的选项说明如下。

- 【预留组】下拉列表框：用于选择已经定义的偏置区域。
- 【刀具】选项组：用于设置加工的刀具参数。
- 【参考】下拉列表框：用于选择参考加工刀具。
- 【本体直径】微调框：用于输入加工刀具切削部分的直径。
- 【刀具圆角】微调框：用于定义加工刀具的圆角半径。
- 【精度】微调框：用于设置加工的公差。
- 【零件上预留】微调框：用于设置加工余量。
- 【重叠】微调框：用于设置不同加工区域重叠的部分。
- 在【斜度】选项组中，可以在【下部】和【上部】微调框中设置加工区域的划分角度。在色带上，蓝色代表平坦区域，其角度范围是 0°～下部值；黄色代表斜面区域，角度范围是下部值～上部值；红色区域是陡峭区域，角度范围是上部值～90°。

(5) 计算加工区域。在【斜面区域】选项卡中单击【计算】按钮，系统计算加工区域，其结果如图 7-83 所示。

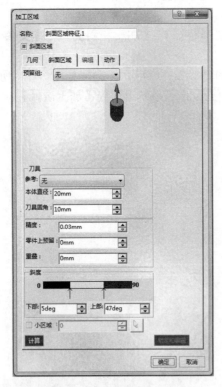

图 7-82 【斜面区域】选项卡

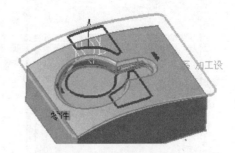

图 7-83 计算的加工区域

(6) 定义加工操作。在【加工区域】对话框中切换到【动作】选项卡，如图 7-84 所示，然后单击【插入层】文本框，此时【加工区域】对话框消失。根据系统提示，在特征树中选中【制作程序.1】节点为插入点，系统返回到【加工区域】对话框。

此时【加工区域】对话框中的列表框变为可选，依次选择【垂直】、【中间】和【水平】选项，分别在【指定动作】选项组的【指定】下拉列表框中选择加工选项。

(7) 单击【加工区域】对话框中的【确定】按钮，完成加工区域的定义。此时，在特征树中出现了添加的加工操作节点，如图 7-85 所示。

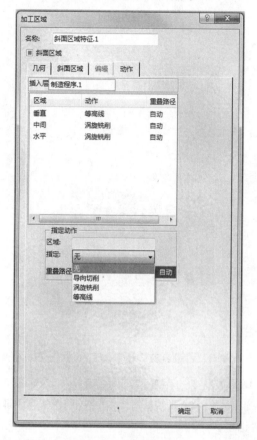

图 7-84 【动作】选项卡

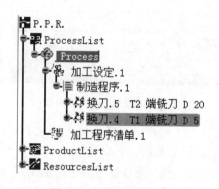

图 7-85 添加的加工节点

2. 设置二次加工区域

二次加工区域功能可以计算已完成的加工操作，以及残留在加工零件上的未切削区域，并可以在这些区域上定义加工操作，从而减少铣削时间。下面将具体讲解设置二次加工区域的一般操作步骤。

(1) 选择【文件】|【打开】命令，弹出【选择文件】对话框。在【查找范围】下拉列表框中找到并选择加工文件，单击【打开】按钮。

(2) 选择命令。选择【插入】|【加工特征】|【铣削特征】|【再加工区域】命令，弹出如图 7-86 所示的【再加工区域】对话框。

(3) 定义加工区域。单击【再加工区域】对话框中的【载入位置】按钮，选取特征树中最新的一个加工节点，单击【计算】按钮，系统自动判断加工区域，如图 7-87 所示。

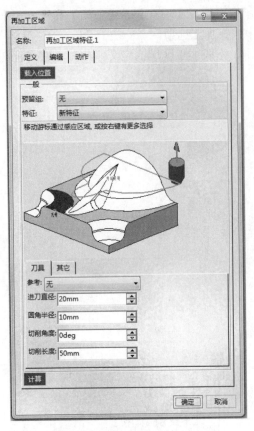

图 7-86 【再加工区域】对话框

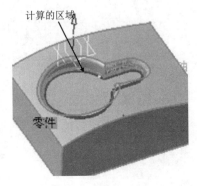

图 7-87 设置加工区域

(4) 定义加工操作。在【再加工区域】对话框中切换到【动作】选项卡,如图 7-88 所示,然后单击【插入层】文本框,此时【加工区域】对话框消失。根据系统提示,在特征树中选中【制作程序.1】节点为插入点,系统返回到【再加工区域】对话框。

在【刀具参考】下拉列表框中选择【T1 端铣刀 D5】选项。在【指定】下拉列表框中选择【导向切削】选项,最后单击【确定】按钮,完成加工节点的添加。

3. 建立几何区域

建立几何区域命令可以建立点集、线串、曲面以及平面等几何元素的集合,这些几何区域可以在加工操作设置时,在几何参数选项卡中被选择作为几何参数。

(1) 建立点元素。选择【文件】|【打开】命令,弹出【选择文件】对话框。在【查找范围】下拉列表框中找到并选择加工文件,单击【打开】按钮。

选择命令。选择【插入】|【加工特征】|【铣削特征】|【几何区域】命令,弹出如图 7-89 所示的【几何区域】对话框,单击【几何区域】对话框中的【点】按钮 · 。

定义点元素。单击【几何区域】对话框中的点感应区,对话框消失,然后选取如图 7-90 所示的点,在图形区空白处双击,返回对话框。单击【确定】按钮,完成点元素的建立。

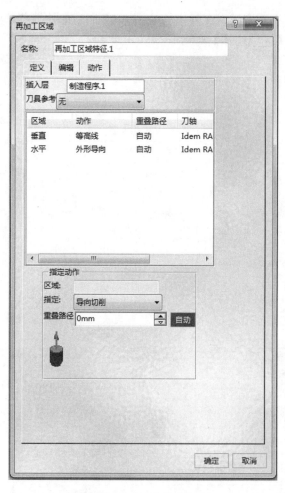

图 7-88 【动作】选项卡

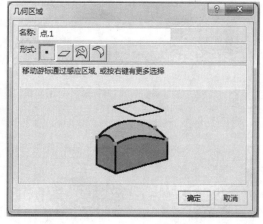

图 7-89 【几何区域】对话框

在图 7-91 所示的特征树中双击【等高降层粗铣.1】节点，系统弹出【等高降层粗铣.1】对话框，如图 7-92 所示。

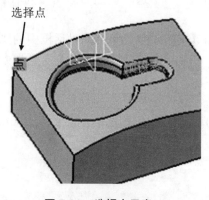

图 7-90 选择点元素

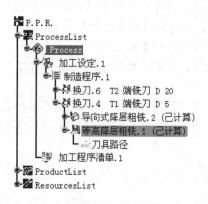

图 7-91 双击节点

单击【几何参数】标签 ，切换到【几何参数】选项卡，如图 7-92 所示。

右击【等高降层粗铣.1】对话框中的"起始点"感应区，在弹出的如图 7-92 所示的快捷菜单中选择【选择区域】命令，系统弹出如图 7-93 所示的【区域选择】对话框。

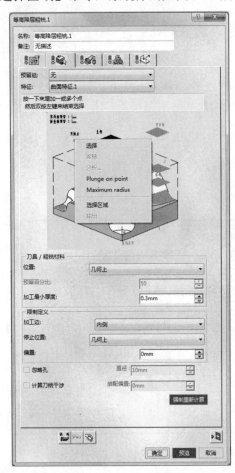

图 7-92 【等高降层粗铣.1】对话框

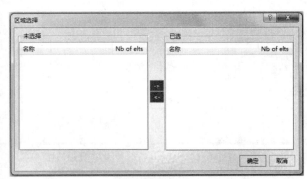

图 7-93 【区域选择】对话框

在【区域选择】对话框的【未选择】列表框中选择【点.1】选项，然后单击【向右】按钮 ，此时【点.1】选项移动到【已选】列表框中。

单击【区域选择】对话框中的【确定】按钮，此时【等高降层粗铣.1】对话框中的"起始点"感应区变成绿色，表明已经定义了等高线加工的起始点。单击【等高降层粗铣.1】对话框中的【确定】按钮，完成该加工操作的修改。

选择【文件】|【保存】命令，即可保存文件。

(2) 建立平面区域、线串几何区域和曲面(或零件)加工区域的使用方法，与建立点元素的使用类似，这里就不赘述了。

课后练习

✎ 案例文件：ywj\07\01.CATPart、01.CATProcess

🎬 视频文件：光盘→视频课堂→第 7 教学日→7.2

练习案例分析如下。

本节课后练习创建腔体零件的等高降层粗铣工序，工序属于粗加工，运用在精加工之前。如图 7-94 所示是完成的等高降层粗铣工序刀路。

本节范例主要练习等高降层粗铣工序的创建方法，首先打开零件，之后设置加工参数，再创建加工工序，最后进行模拟。如图 7-95 所示是等高降层粗铣工序的创建思路和步骤。

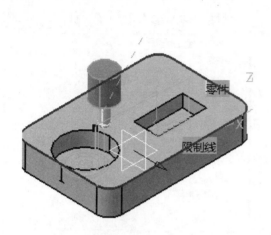

图 7-94　完成的等高降层粗铣工序刀路　　图 7-95　等高降层粗铣工序的创建步骤

练习案例操作步骤如下。

step 01　首先打开零件模型，如图 7-96 所示。

step 02　之后设置加工参数。选择【开始】|【加工】|【曲面加工】命令，单击【几何管理】工具栏中的【创建生料】按钮□，弹出【生料】对话框，如图 7-97 所示，选择零件，单击【确定】按钮。

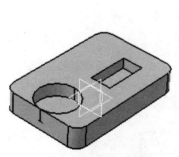

图 7-96　打开零件模型

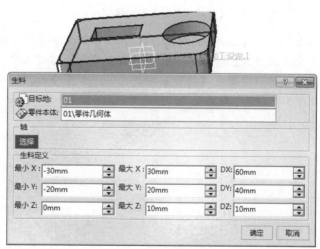

图 7-97　创建生料

step 03　选择【开始】|【加工】|【二轴半加工】命令，系统进入 2.5 轴铣削工作台。在 P.P.R.特征树中，双击 Process 节点下的【加工设定.1】节点，系统弹出【零件加工动作】对话框，

如图 7-98 所示。

step 04　单击【零件加工动作】对话框中的【机床】按钮，弹出【加工编辑器】对话框，如图 7-99 所示。单击其中的【3 轴工具机】按钮，保持系统默认设置。单击【确定】按钮，完成机床的选择。

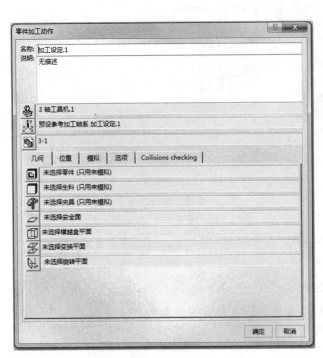

图 7-98　【零件加工动作】对话框

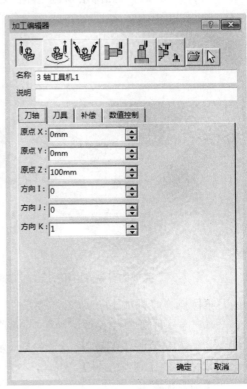

图 7-99　设置机床

step 05　单击【零件加工动作】对话框中的【参考加工轴系】按钮，弹出【预设参考加工轴系加工设定.1】对话框，如图 7-100 所示。单击加工坐标系原点感应区，选取点作为加工坐标系的原点。单击【确定】按钮，完成加工坐标系的定义。

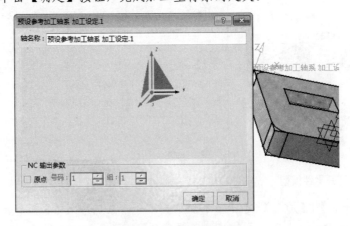

图 7-100　定义坐标系

step 06 单击【零件加工动作】对话框中的【零件】按钮 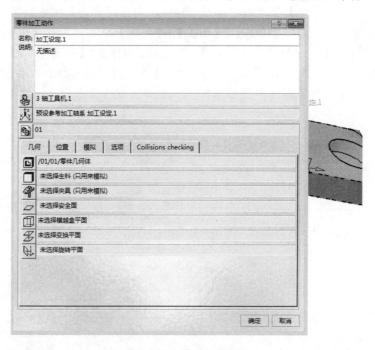，选择加工零件，如图 7-101 所示。

图 7-101 选择加工零件

step 07 单击【零件加工动作】对话框中的【生料】按钮 □，选择生料，如图 7-102 所示。

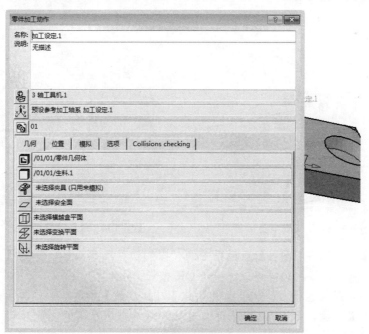

图 7-102 选择生料

step 08 单击【零件加工动作】对话框中的【安全面】按钮 □，选取安全平面。右击系统创建的安全平面，在弹出的快捷菜单中选择【预留】命令，弹出如图 7-103 所示的【编辑参数】对话框，在其中的【厚度】微调框中输入"10"，单击【确定】按钮。完成设置加工参数。

step 09 接着创建工序。选择【开始】|【加工】|【曲面】命令，在特征树中选中【制造程序.1】节点，然后选择【插入】|【加工程序】|【粗加工步序】|【等高降层粗铣】命令，插入一个等高线粗加工操作，弹出如图 7-104 所示的【等高降层粗铣.1】对话框。单击 "元件" 区域。在图形区选取加工零件为目标零件。在图形区空白处双击，返回到【两轴半粗铣.1】对话框。

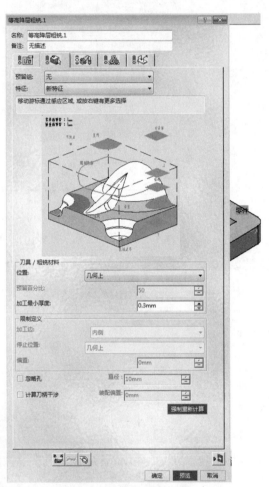

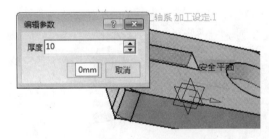

图 7-103 定义安全面   图 7-104 【等高降层粗铣.1】对话框

step 10 单击【等高降层粗铣.1】对话框中的 "限制边线" 感应区，弹出【边线选择】工具栏，如图 7-105 所示，依次选择边线，单击 OK 按钮。

step 11 在【等高降层粗铣.1】对话框中单击【刀具参数】标签 ，切换到【刀具参数】选项卡，设置刀具参数，如图 7-106 所示。其他参数均采用默认的设置。

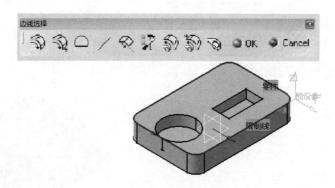

图 7-105　选择加工边界

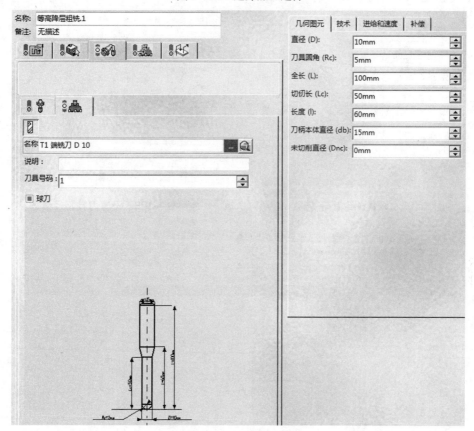

图 7-106　设置刀具参数

step 12　在【等高降层粗铣.1】对话框中单击【进给与转速】标签，切换到【进给与转速】选项卡，设置如图 7-107 所示的参数。

step 13　在【等高降层粗铣.1】对话框中单击【刀具路径参数】标签，切换到【刀具路径参数】选项卡，设置如图 7-108 所示的刀具路径参数。

step 14　在【等高降层粗铣.1】对话框中单击【进刀/退刀路径】标签，切换到【进刀/退刀路径】选项卡，如图 7-109 所示。在【辅助程序管理】列表框中选择【前一动作】选项，然后单击【新增水平动作】按钮，完成工序创建。

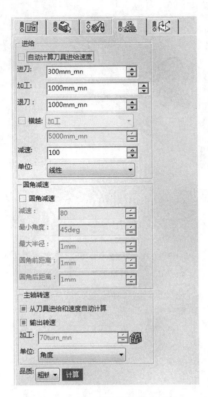

图 7-107　设置进给率与转速

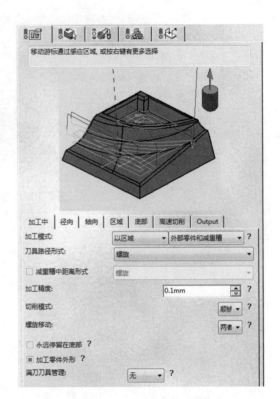

图 7-108　设置刀具路径参数

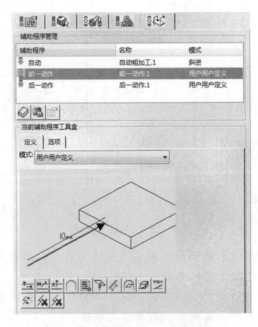

图 7-109　设置进刀/退刀路径参数

step 15　最后进行刀路模拟。在【等高降层粗铣.1】对话框中单击【播放刀具路径】按钮，弹出【等高降层粗铣.1】对话框，且在图形区显示刀路轨迹，如图 7-110 所示。单击【往后播放】按钮 ，进行刀路仿真。单击【确定】按钮，完成凸模等高粗铣加工。

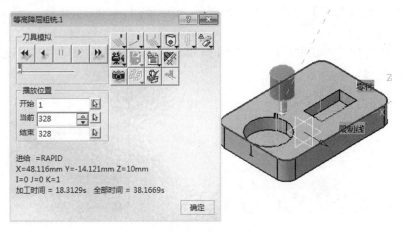

图 7-110　刀路仿真

机械设计实践：连杆是连接活塞和曲轴，并将活塞所受作用力传给曲轴，将活塞的往复运动转变为曲轴的旋转运动的部件。如图 7-111 所示是连杆零件，使用铣削工序进行精加工。

图 7-111　连杆零件

→ 第 ③ 课 2课时 车削加工

7.3.1　粗车加工

行业知识链接：车床加工是机械加工的一部分。车床加工主要用车刀对旋转的工件进行车削加工。在车床上还可用钻头、扩孔钻、铰刀、丝锥、板牙和滚花工具等进行相应的加工。车床主要用于加工轴、盘、套和其他具有回转表面的工件，是机械制造和修配工厂中使用最广的一类机床加工。如图 7-112 所示是普通车床。

图 7-112　普通车床

1. 粗车加工零件操作定义

粗车加工包括纵向粗车加工、端面粗车加工和平行轮廓粗车加工三种形式。

首先进入车削加工工作台，选择【开始】|【加工】|【车床加工】命令。【加工动作】工具栏中的命令按钮，为快速选择命令及设置工作环境提供了极大的方便，如图 7-113 所示。

1)　打开模型文件并进入加工模块

(1)　选择【文件】|【打开】命令，弹出【选择文件】对话框。在【查找范围】下拉列表框中找到

并选择文件，单击【打开】按钮。

(2) 选择【开始】|【加工】|【车床加工】命令，切换到车削加工工作台。

2) 零件操作定义

(1) 进入零件操作定义对话框。在如图 7-114 所示的特征树中双击【加工设定.1】节点，系统弹出【零件加工动作】对话框。

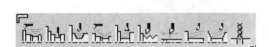

图 7-113 【加工动作】工具栏　　　　　　　图 7-114 双击【加工设定.1】节点

(2) 机床设置。单击【零件加工动作】对话框中的【机床】按钮⚙，系统弹出【加工编辑器】对话框，单击其中的【卧式车床工具机】按钮，保持系统默认设置，然后单击【确定】按钮，完成机床的选择，如图 7-115 所示。

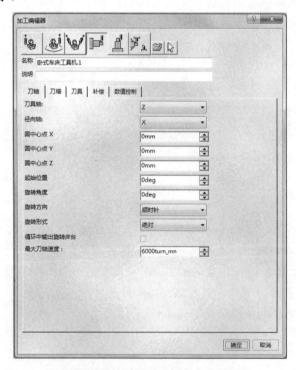

图 7-115 【加工编辑器】对话框

(3) 定义加工坐标系。单击【零件加工动作】对话框中的【参考加工轴系】按钮，系统弹出【预设参考加工轴系 加工设定.1】对话框。

单击对话框中的 Z 轴感应区，系统弹出如图 7-116 所示的 Direction Z 对话框。在 Direction Z 对话框中设置参数，单击【确定】按钮，完成 Z 轴的定义。

单击对话框中的 X 轴感应区，系统弹出如图 7-117 所示的 Direction X 对话框。在 Direction X 对话框中设置参数，单击【确定】按钮，完成 X 轴的定义。

图 7-116　Direction Z 对话框

图 7-117　Direction X 对话框

单击【预设参考加工轴系　加工设定.1】对话框中的加工坐标系原点感应区，然后在图形区选取如图 7-118 所示的点作为加工坐标系的原点。单击【确定】按钮，完成坐标系的定义。

(4) 定义目标加工零件。单击【零件加工动作】对话框中的【零件】按钮 回。

选择如图 7-119 所示的零件作为目标加工零件，在图形区空白处双击，系统返回到【零件加工动作】对话框。

(5) 定义毛坯零件。单击【零件加工动作】对话框中的【生料】按钮 □。

选择如图 7-120 所示的零件作为毛坯零件，在图形区空白处双击，系统返回到【零件加工动作】对话框。

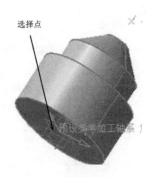

图 7-118　选择坐标原点

图 7-119　选择目标加工零件

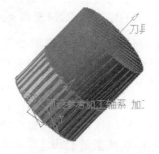

图 7-120　选择毛坯

(6) 定义换刀点。切换到【零件加工动作】对话框中的【位置】选项卡，然后设置如图 7-121 所示的参数。单击【零件加工动作】对话框中的【确定】按钮，完成零件操作的定义。

2. 纵向粗车加工设置参数

在特征树中选中【制造程序.1】节点，然后选择【插入】|【加工动作】|【粗车】命令，插入一个粗车操作，弹出如图 7-122 所示的【粗车.1】对话框。

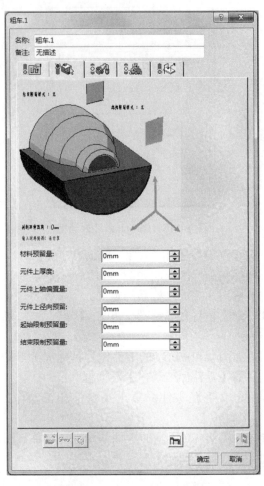

图 7-121 【位置】选项卡   图 7-122 【粗车.1】对话框

【粗车.1】对话框中的选项说明如下。

- 【材料预留量】微调框：用来设定毛坯的实际位移量。
- 【元件上厚度】微调框：用来设定零件的实际位移量。
- 【元件上轴偏置量】微调框：该参数用来设定零件轮廓沿着轴向的实际位移。
- 【元件上径向预留】微调框：该参数用来设定零件轮廓沿着径向的实际位移。
- 【起始限制预留量】和【结束限制预留量】微调框：该参数用来设定加工起始或终点限制元素的实际位移。

1) 定义几何参数

(1) 定义零件轮廓。单击【粗车.1】对话框中的零件轮廓感应区，系统弹出【边界选择】工具栏。在图形区选择如图 7-123 所示的曲线串作为零件轮廓。单击【边界选择】工具栏中的 OK 按钮，系统返回到【粗车.1】对话框。

(2) 定义毛坯边界。单击【粗车.1】对话框中的毛坯边界感应区，系统弹出【边界选择】工具栏。在图形区选择如图 7-124 所示的直线作为毛坯边界。单击【边界选择】工具栏中的 OK 按钮，系统返回到【粗车.1】对话框。

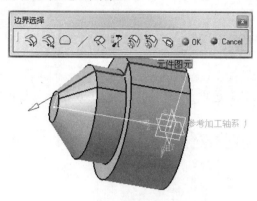

图 7-123　选择零件轮廓

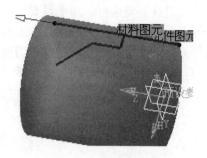

图 7-124　选择毛坯边界

2) 定义刀具参数

(1) 进入【刀具参数】选项卡。在【粗车.1】对话框中单击【刀具参数】标签 ，切换到【刀具参数】选项卡，如图 7-125 所示。

图 7-125　【刀具参数】选项卡

【刀具参数】选项卡中的选项说明如下。

● 【说明】文本框：对选取的刀具有一定的说明作用。

● 【刀具号码】微调框：对选取的刀具进行编号。

● 【设定角度】微调框：可调整刀具装配的安装角度。

● 【几何图元】选项卡：包括 X 轴、Y 轴和 Z 轴移动量的设置。

【参考补偿】：设置刀具补偿的参考类型。

【设定 X】：设置 X 轴移动量。

【设定 Y】：设置 Y 轴移动量。

【设定 Z】：设置 Z 轴移动量。

● 【技术】选项卡：设置刀具装配的技术参数，对轨迹计算无影响。

【部件数目】：设置刀具装配中包含的组件的数目。

【偏好输出点1】：定义第1个优先输出点的类型，可从下拉列表框中进行选择。

【偏好输出点2】：定义第2个优先输出点的类型。

【偏好输出点3】：定义第3个优先输出点的类型。

● 【反向刀具】复选框：用于设置刀具倒转。

(2) 选择刀具装配。选用系统默认的刀具【车刀装配.1】。

(3) 选择刀具。在【粗车】对话框中切换到【刀具】选项卡 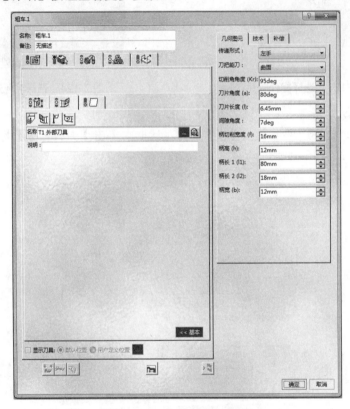，如图 7-126 所示，选用系统默认的外圆车刀，单击【详细】按钮查看更多参数。

图 7-126 　【刀具】选项卡

【刀具】选项卡中的选项说明如下。

：外圆车刀柄。

：内孔车刀柄。

：外沟槽车刀柄。

：内沟槽车刀柄。

● 【几何图元】选项卡：设置几何参数。

【传递形式】：包含【左手】、【右手】和【直仞】三个选项。

【刀把能刀】：该下拉列表框用于设定刀具刀柄的特性，包括【曲面】、【横越】和【最短】三个选项。

【切削角角度】：该微调框用于设定刀具主偏角的大小。

【刀片角度】：该微调框用于设定刀尖的角度大小。

【刀片长度】：该微调框用于设定刀具刀刃边的长度。

【间隙角度】：该微调框用于设置刀具后角的大小。

【柄切削宽度】：该微调框用于设置切削部分的宽度。

【柄高】：该微调框用于设定刀柄的高度尺寸。

【柄长 1】：该微调框用于设定刀柄的总长。

【柄长 2】：该微调框用于设定安装刀片部分的长度。

【柄宽】：该微调框用于设定刀柄尾部的宽度。

● 设置刀柄技术参数。切换到【技术】选项卡，如图 7-127 所示，选用系统默认的参数。【技术】选项卡的选项说明如下。

【最大加工长度】：该微调框用于设置刀具的最大加工长度。

【最大刀具寿命】：该微调框可设置刀具的最大使用寿命。

【切削水语法】：该文本框用于描述有关切削液的设置。

【重量语法】：该文本框用于描述刀具的重量。

【最大退刀深度】：该微调框用于定义最大开槽深度。

【导入角度】：该微调框用于定义刀具切入时的角度。

【逃逸角度】：该微调框用于定义刀具切出时的角度。

● 设置刀具补偿参数。切换到【补偿】选项卡，如图 7-128 所示。

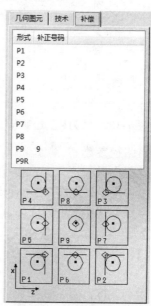

图 7-127　【技术】选项卡

图 7-128　【补偿】选项卡

在刀具【补偿】选项卡的列表框中选择 P3 选项，右击，在弹出的快捷菜单中选择【新增】命令，系统弹出【补偿定义】对话框，输入刀具补偿号的数值"1"，单击【确定】按钮，完成刀具补偿参数的设置。

(4) 设置刀片参数。在【粗车.1】对话框中切换到【刀片】选项卡 ，如图 7-129 所示，选用

【菱形刀片】类型 □ ，其他参数采用系统默认设置。

　　3）　定义进给率与转速

　　（1）　进入【进给率与转速】选项卡。在【粗车.1】对话框中单击【进给与转速】标签 ，切换到【进给与转速】选项卡。

　　（2）　设置进给率与转速。在【粗车.1】对话框的【进给与转速】选项卡中设置如图 7-130 所示的参数。

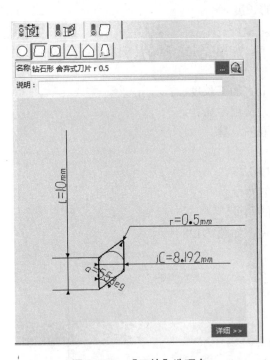

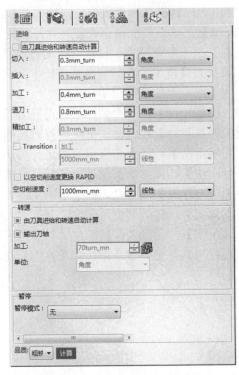

图 7-129　【刀片】选项卡　　　　　　　图 7-130　【进给与转速】选项卡

　　4）　定义刀具路径参数

　　进入【刀具路径参数】选项卡。在【粗车.1】对话框中单击【刀具路径参数】标签 ，切换到【刀具路径参数】选项卡，如图 7-131 所示。

　　【刀具路径参数】选项卡中的选项说明如下。

　　（1）　【方式】选项卡：该选项卡用于设置加工策略参数。

　　【粗车模式】下拉列表框：用于选择粗车加工模式，包括【纵向】、【面】和【平行外形】三种。

　　【方向】下拉列表框：用于选择加工方位，包括【内部】和【外部】选项。

　　【位置】下拉列表框：用于设置加工的位置，包括【前面】和【后面】两个选项。

　　【加工方向】下拉列表框：该下拉列表框仅用于【平行外形】加工模式下定义加工刀路的方向。

　　【加工零件断面轮廓】：该下拉列表框在选择【纵向】和【面】两种加工模式下可用，包括【否】、【每一】和【结束】三个选项。

　　【凹槽加工】复选框：如果在纵向加工模式中设置每次走刀都仿形或最后一刀仿形，或在平行轮廓加工模式下需要加工凹槽，则选中该复选框。

【刀轴加工之下】复选框：选中该复选框可在主轴线以下进行加工。

【刀具补偿】：用于选择刀具补偿代号。

设置【方式】选项卡。切换到【方式】选项卡，双击【最大加工深度】文字区域，在弹出的【边界参数】对话框中输入值"4"，单击【确定】按钮，完成最大切削的设置；在【刀具补偿】下拉列表框中选择 P3 选项；其余参数采用默认设置即可。

(2) 设置【选项】选项卡。切换到【选项】选项卡，然后设置如图 7-132 所示的参数。

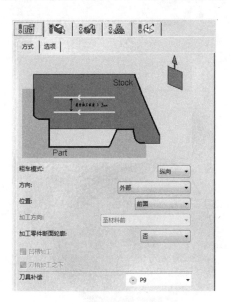

图 7-131　【刀具路径参数】选项卡

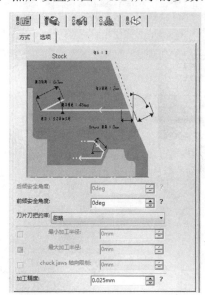

图 7-132　【选项】选项卡

【选项】选项卡中的文字说明如下。

【切入】：切入是以较小的进给速度垂直于工件进给。右击该字样，弹出的快捷菜单中有【否】、【每一】和【结束】三个命令。

【切入距离】：切入长度。双击该字样，在弹出的【编辑参数】对话框中可定义切入长度。

【退刀】：切出。右击该字样，弹出的快捷菜单中有【无】、【当刀具加工时】和【每一】三个命令。

【提刀距离】：切出长度。双击该字样，在弹出的【编辑参数】对话框中可定义切出长度。

【提刀角度】：切出角度。双击该字样，在弹出的【编辑参数】对话框中可定义切出角度。

5) 定义进刀/退刀路径

(1) 进入【进刀/退刀路径】选项卡。在【粗车.1】对话框中单击【进刀/退刀路径】标签，切换到【进刀/退刀路径】选项卡，如图 7-133 所示。

(2) 定义进刀路径。在【辅助程序管理】列表框中选择【进刀】选项，右击，在弹出的快捷菜单中选择【启动】命令；然后在【模式】下拉列表框中选择【用户用户定义】选项，分别单击【移除所有动作】和【新增水平动作】按钮。

(3) 定义退刀路径。在【辅助程序管理】列表框中选择【退刀】选项，右击，在弹出的快捷菜单中选择【启动】命令；然后在【模式】下拉列表框中选择【用户用户定义】选项，分别单击【移除所有动作】 ⚔ 和【新增水平动作】按钮 ⚒ 。

6) 刀路仿真

在【粗车.1】对话框中单击【播放刀具路径】按钮 ⚑ ，系统弹出【粗车.1】对话框，且在图形区显示刀路轨迹，如图 7-134 所示。

在【粗车.1】对话框中单击【最近一次储存影片】按钮 ⚑ ，然后单击【往前播放】按钮 ▶ ，观察刀具切削毛坯零件的运行情况。

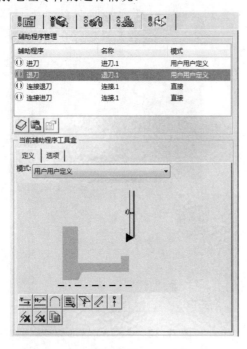

图 7-133 【进刀/退刀路径】选项卡

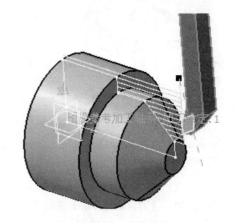

图 7-134 刀路仿真

3. 端面粗车加工设置参数

在特征树中选择【制造程序.1】节点，然后选择【插入】|【加工动作】|【粗车】命令，插入一个粗车加工操作，弹出【粗车.1】对话框。

1) 定义几何参数

(1) 定义零件轮廓。单击【几何参数】标签 ⚑ ，切换到【几何参数】选项卡，然后单击【粗车.1】对话框中的零件轮廓感应区，系统弹出【边界选择】工具栏，在图形区选择如图 7-135 所示的直线作为零件轮廓，单击【边界选择】工具栏中的 OK 按钮，系统返回到【粗车.2】对话框。

(2) 定义毛坯边界。单击【粗车.1】对话框中的毛坯边界感应区，系统弹出【边界选择】工具栏，在图形区选择图 7-135 所示的直线作为毛坯边界，单击【边界选择】工具栏中的 OK 按钮，系统返回到【粗车.2】对话框。

2) 定义刀具参数

(1) 进入【刀具参数】选项卡。在【粗车.1】对话框中单击【刀具参数】标签 ⚑ ，切换到【刀具参数】选项卡。选用系统默认的刀具。

(2) 定义进给率与转速。采用系统默认的进给率与转速。

3) 定义刀具路径参数

进入【刀具路径参数】选项卡。在【粗车.1】对话框中单击【刀具路径参数】标签，切换到【刀具路径参数】选项卡。切换到【方式】选项卡。在【粗车模式】下拉列表框中选择【面】选项，在【方向】下拉列表框中选择【外部】选项；在【位置】下拉列表框中选择【前面】选项，其他参数采用系统默认的设置。

4) 定义进刀/退刀路径

进刀/退刀路径采用系统默认的设置。

5) 刀路仿真

在【粗车.1】对话框中单击【播放刀具路径】按钮，系统弹出【粗车.2】对话框，且在图形区显示刀路轨迹，如图 7-136 所示。

在【粗车.1】对话框中单击【最近一次储存影片】按钮，然后单击【往前播放】按钮，观察刀具切削毛坯零件的运行情况。

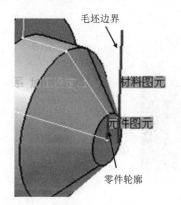

图 7-135　选择零件轮廓和毛坯边界

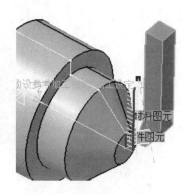

图 7-136　刀路仿真

选择【文件】|【保存】命令，在弹出的【另存为】对话框中输入文件名，单击【保存】按钮即可保存文件。

7.3.2　沟槽车削加工

行业知识链接： 车削加工时，如果在工件旋转的同时，车刀也以相应的转速比(刀具转速一般为工件转速的几倍)与工件同向旋转，就可以改变车刀和工件的相对运动轨迹，加工出截面为多边形(三角形、方形、棱形和六边形等)的工件。如图 7-137 所示是常见的车刀刀具。

图 7-137　车刀刀具

1. 沟槽车削零件操作定义

沟槽车削主要用于加工棒料的沟槽部分。刀具切削毛坯时垂直于回转体轴线进行切割，所用刀具的两侧都有切削刃。

1) 打开加工模型文件

(1) 选择【文件】|【打开】命令，弹出【选择文件】对话框。在【查找范围】下拉列表框中找到

并选择文件，单击【打开】按钮。

(2) 选择【开始】|【加工】|【车床加工】命令，切换到车削加工工作台。

2) 零件操作定义

(1) 进入零件操作定义对话框。在特征树中双击【加工设定.1】节点，系统弹出【零件加工动作】对话框。

(2) 机床设置。单击【零件加工动作】对话框中的【机床】按钮，系统弹出【加工编辑器】对话框，单击其中的【卧式车床工具机】按钮，保持系统默认设置，然后单击【确定】按钮，完成机床的选择。

(3) 定义加工坐标系。单击【零件加工动作】对话框中的【参考加工轴系】按钮，系统弹出【预设参考加工轴系 加工设定.1】对话框。单击坐标原点感应区，在图形区选择如图 7-138 所示的点作为坐标原点。

单击对话框中的 Z 轴感应区，调整 Z 轴。单击对话框中的 X 轴感应区，调整 X 轴。

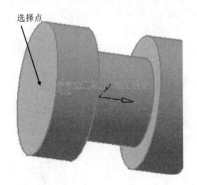

图 7-138　定义坐标系

(4) 定义目标加工零件。单击【零件加工动作】对话框中的【零件】按钮。

选择如图 7-139 所示的零件作为目标加工零件，在图形区空白处双击，系统返回到【零件加工动作】对话框。

(5) 定义毛坯零件。单击【零件加工动作】对话框中的【生料】按钮。

选择如图 7-140 所示的零件作为毛坯零件，在图形区空白处双击，系统返回到【零件加工动作】对话框。

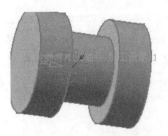

图 7-139　选择目标加工零件

图 7-140　选择毛坯

（6）定义换刀点。切换到【零件加工动作】对话框中的【位置】选项卡，然后设置如图 7-141 所示的参数。单击【零件加工动作】对话框中的【确定】按钮，完成零件操作的定义。

2. 沟槽车削设置加工参数

在特征树中选中【制造程序.1】节点，然后选择【插入】|【加工动作】|【车槽】命令，插入一个沟槽车削操作，弹出如图 7-142 所示的【车槽.1】对话框。

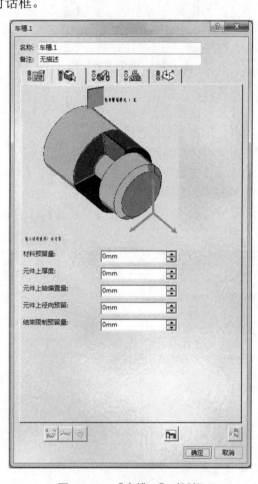

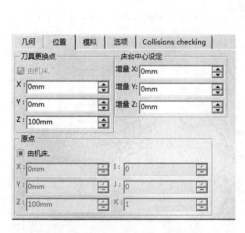

图 7-141　【位置】选项卡　　　　图 7-142　【车槽.1】对话框

1）定义几何参数

（1）定义零件轮廓。单击【车槽.1】对话框中的元件图元感应区，系统弹出【边界选择】工具栏。在图形区选择如图 7-143 所示的曲线串作为零件轮廓。单击【边界选择】工具栏中的 OK 按钮，系统返回到【车槽.1】对话框。

（2）定义毛坯边界。单击【车槽.1】对话框中的材料图元感应区，系统弹出【边界选择】工具栏。在图形区选择如图 7-144 所示的直线作为毛坯边界。单击【边界选择】工具栏中的 OK 按钮，系统返回到【车槽.1】对话框。

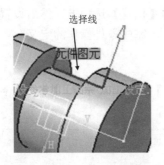

图 7-143　选择零件轮廓

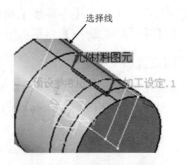

图 7-144　选择毛坯边界

2)　定义刀具参数

进入【刀具参数选】项卡。在【车槽.1】对话框中单击【刀具参数】标签，切换到【刀具参数】选项卡，如图 7-145 所示。

3)　定义进给率与转速

(1)　进入【进给率与转速】选项卡。在【车槽.1】对话框中单击【进给与转速】标签，切换到【进给与转速】选项卡。

(2)　设置进给率与转速。在【车槽.1】对话框的【进给与转速】选项卡中设置如图 7-146 所示的参数。

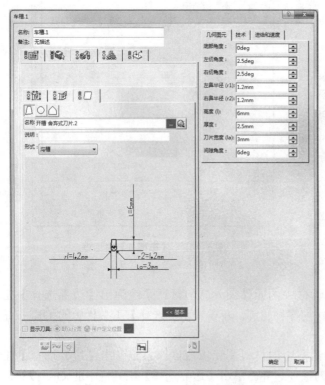

图 7-145　【刀具参数】选项卡

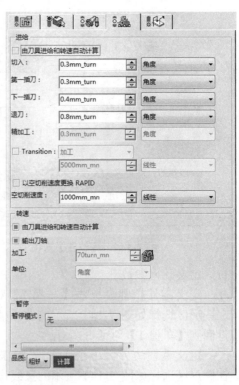

图 7-146　【进给与转速】选项卡

4)　定义刀具路径参数

(1)　进入【刀具路径参数】选项卡。在【车槽.1】对话框中单击【刀具路径参数】标签，切换到【刀具路径参数】选项卡，如图 7-147 所示。

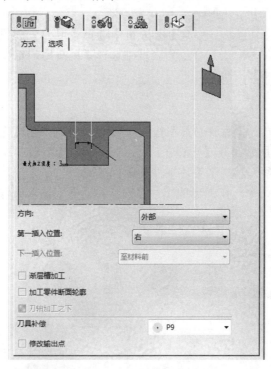

图 7-147 【刀具路径参数】选项卡

(2) 定义加工策略参数。切换到【方式】选项卡，双击【最大加工深度】区域，在弹出的【编辑参数】对话框中输入值"5"，单击【确定】按钮。

【刀具路径参数】选项卡中的选项说明如下。

- 【方向】下拉列表框：该下拉列表框用于选择沟槽的方位，包括内部、外部、前面和其他 4 个选项。
- 【第一插入位置】下拉列表框：该下拉列表框用于选择开始切入的位置，包括【右】、【中心】和【左】3 个选项。
- 【下一插入位置】下拉列表框：选择下一次切入的位置。在【第一插入位置】下拉列表框中选择【中心】选项时，该下拉列表框可选。
- 【渐层槽加工】复选框：如果需要分层加工沟槽，则应选中该复选框。
- 【加工零件断面轮廓】复选框：如果要在沟槽加工完成时进行轮廓精加工，则应选中该复选框。
- 【刀轴加工之下】复选框：如果需要在主轴线下加工，则应选中该复选框。
- 【刀具补偿】下拉列表框：该下拉列表框用于选择刀具补偿代号。
- 【修改输出点】复选框：选中该复选框后，刀具输出点的变换可以自动地管理。

5) 定义进刀/退刀路径

(1) 进入【进刀/退刀路径】选项卡。在【车槽.1】对话框中单击【进刀/退刀路径】标签 ，切换到【进刀/退刀路径】选项卡，如图 7-148 所示。

(2) 定义进刀路径。在【辅助程序管理】列表框中选择【进刀】选项，右击，在弹出的快捷菜单中选择【启动】命令；然后在【模式】下拉列表框中选择【用户用户定义】选项，分别单击【移除所有动作】🗙和【新增切线动作】按钮🔁。

(3) 定义退刀路径。在【辅助程序管理】列表框中选择【退刀】选项，右击，在弹出的快捷菜单中选择【启动】命令；然后在【模式】下拉列表框中选择【用户用户定义】选项，分别单击【移除所有动作】🗙和【新增切线动作】按钮🔁。

3. 沟槽车削刀路仿真

在【车槽.1】对话框中单击【播放刀具路径】按钮▶🖫，系统弹出【车槽.1】对话框，且在图形区显示刀路轨迹，如图 7-149 所示。在【车槽.1】对话框中单击【最近一次储存影片】按钮🎞，然后单击【往前播放】按钮▶，观察刀具切削毛坯零件的运行情况。

选择【文件】|【保存】命令，在弹出的【另存为】对话框中输入文件名，单击【保存】按钮即可保存文件。

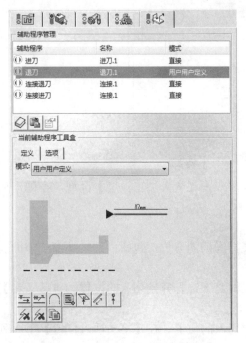

图 7-148 【进刀/退刀路径】选项卡

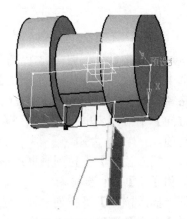

图 7-149 刀路仿真

7.3.3 凹槽车削加工

行业知识链接：车削一般分粗车和精车(包括半精车)两类。粗车力求在不降低切速的条件下，采用大的切削深度和大进给量以提高车削效率，但加工精度只能达 IT11，表面粗糙度 Ra 为 20～10 微米；半精车和精车尽量采用高速而较小的进给量和切削深度，加工精度可达 IT10～7，表面粗糙度 Ra 为 10～0.16 微米。如图 7-150 所示是需要不同车削加工方式的零件。

图 7-150 不同的车削零件

1. 凹槽车削零件操作定义

凹槽加工和沟槽类似，不过凹槽是有斜度的。

1) 打开加工模型文件

(1) 选择【文件】|【打开】命令，弹出【选择文件】对话框。在【查找范围】下拉列表框中找到并选择文件，单击【打开】按钮。

(2) 选择【开始】|【加工】|【车床加工】命令，切换到车削加工工作台。

2) 零件操作定义

(1) 进入零件操作定义对话框。在特征树中双击【加工设定.1】节点，弹出【零件加工动作】对话框。

(2) 机床设置。单击【零件加工动作】对话框中的【机床】按钮 ，弹出【加工编辑器】对话框，单击其中的【卧式车床工具机】按钮 ，保持系统默认设置，然后单击【确定】按钮，完成机床的选择。

(3) 定义加工坐标系。单击【零件加工动作】对话框中的【参考加工轴系】按钮 ，弹出【预设参考加工轴系 加工设定.1】对话框。单击坐标原点感应区，在图形区选择如图 7-151 所示的点作为坐标原点。

单击对话框中的 Z 轴感应区，调整 Z 轴。单击对话框中的 X 轴感应区，调整 X 轴。

(4) 定义目标加工零件。单击【零件加工动作】对话框中的【零件】按钮 。

选择如图 7-152 所示的零件作为目标加工零件，在图形区空白处双击，系统返回到【零件加工动作】对话框。

(5) 定义毛坯零件。单击【零件加工动作】对话框中的【生料】按钮 。

选择如图 7-153 所示的零件作为毛坯零件，在图形区空白处双击，系统返回到【零件加工动作】对话框。

(6) 定义换刀点。切换到【零件加工动作】对话框中的【位置】选项卡，然后设置如图 7-154 所示的参数。单击【零件加工动作】对话框中的【确定】按钮，完成零件操作的定义。

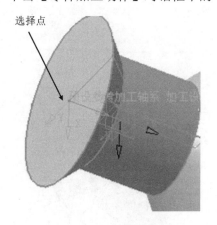

图 7-151　定义坐标系

图 7-152　选择目标加工零件

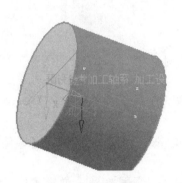

图 7-153　选择毛坯

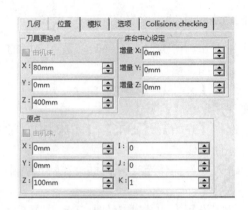

图 7-154　【位置】选项卡

2. 凹槽车削设置加工参数

在特征树中选中【制造程序.1】节点，然后选择【插入】|【加工动作】|【退刀】命令，插入一个凹槽车削操作，弹出如图 7-155 所示的【退刀.1】对话框。

1）定义几何参数

(1) 定义零件轮廓。单击【退刀.1】对话框中的元件图元感应区，弹出【边界选择】工具栏。在图形区选择如图 7-156 所示的曲线串作为零件轮廓。单击【边界选择】工具栏中的 OK 按钮，系统返回到【退刀.1】对话框。

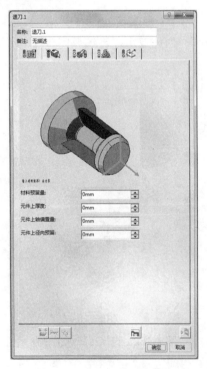

图 7-155　【退刀.1】对话框

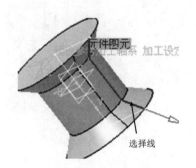

图 7-156　选择零件轮廓

(2) 定义毛坯边界。单击【退刀.1】对话框中的材料图元感应区，弹出【边界选择】工具栏。在图形区选择如图 7-157 所示的直线作为毛坯边界。单击【边界选择】工具栏中的 OK 按钮，系统返回到【退刀.1】对话框。

2) 定义刀具参数

(1) 进入【刀具参数】选项卡。在【退刀.1】对话框中单击【刀具参数】标签，切换到【刀具参数】选项卡，如图 7-158 所示。在【刀具参数】选项卡中采用系统默认的参数设置。

(2) 定义刀柄。切换到【刀具】选项卡，选用【外槽刀片刀把】刀柄。单击【详细】按钮，在【几何图元】选项卡的【传递形式】下拉列表框中选择【直仞】选项。其他选项卡中的参数均采用默认的设置。

(3) 定义刀片参数。切换到【刀片】选项卡，采用【沟槽】刀片。单击【详细】按钮，在【几何图元】选项卡中设置如图 7-159 所示的刀片参数。在【技术】选项卡和【进给和速度】选项卡(见图 7-160 和图 7-161)，采用系统默认的设置。

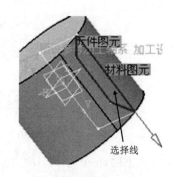

图 7-157　选择毛坯边界

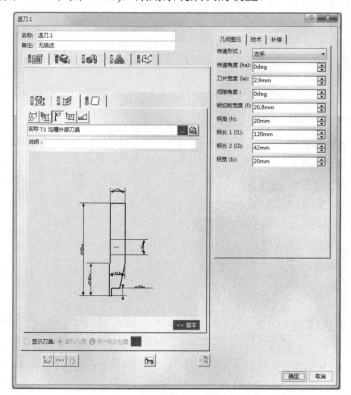

图 7-158　【刀具参数】选项卡

图 7-159　【几何图元】选项卡

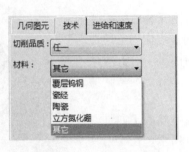

图 7-160　【技术】选项卡　　　　　　　图 7-161　【进给和速度】选项卡

图 7-159～图 7-161 所示对话框中的选项说明如下。

● 【几何图元】选项卡：该选项卡用于设置刀片的一般参数。

【底部角度】微调框：用于定义刀片底角。

【左侧角度】微调框：用于定义刀片左侧面的角度。

【右侧角度】微调框：用于定义刀片右侧面的角度。

【左鼻半径】微调框：用于定义刀片的左刀尖半径。

【右鼻半径】微调框：用于定义刀片的右刀尖半径。

【高度】微调框：用于定义刀片高度。

【厚度】微调框：用于定义刀片厚度。

【刀片宽度】微调框：用于定义刀片宽度。

【间隙角度】微调框：用于定义刀片后角。

● 【技术】选项卡：该选项卡用于设置刀片的技术参数。

【切削品质】下拉列表框：用于选择加工质量。

【材料】下拉列表框：用于选择刀片的材料。

● 【进给和速度】选项卡：用于设置刀具的进给量和切削速度。

【精切削速度】微调框：用于定义精加工时的切削速度。

【每刃精切削进给】微调框：用于定义精加工时每齿的进给量。

【粗切削速度】微调框：用于定义粗加工切削速度。

【每刃粗切削进给】微调框：用于定义粗加工每齿进给量。

【最大加工进给】微调框：用于定义最大进给率。

3）定义进给率与转速

（1）进入进给率与转速设置选项卡。在【退刀.1】对话框中单击【进给与转速】标签，切换到【进给与转速】选项卡 。

（2）设置进给率与转速。在【退刀.1】对话框的【进给与转速】 选项卡中设置图 7-162 所示的参数。

4）定义刀具路径参数

（1）进入【刀具路径参数】选项卡。在【退刀.1】对话框中单击【刀具路径参数】标签 ，切换到【刀具路径参数】选项卡，如图 7-163 所示。

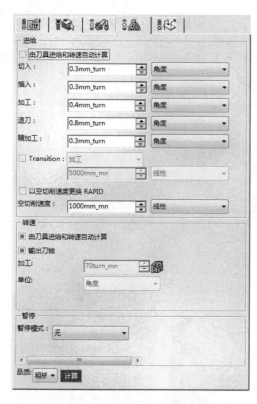

图 7-162 【进给与转速】选项卡

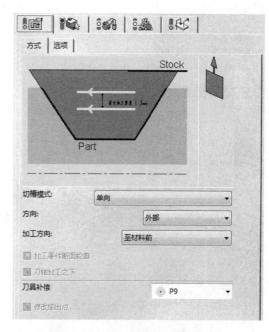

图 7-163 【刀具路径参数】选项卡

(2) 定义【方式】参数。切换到【方式】选项卡，然后双击其中的【最大加工深度】字样，在弹出的【编辑参数】对话框中输入值"5"，单击【确定】按钮。其他参数的设置保持默认即可。

(3) 定义【选项】参数。在【选项】选项卡中采用系统默认的设置。

【切槽模式】下拉列表框中提供了以下三种进给方式。

● 【单向】选项：选择该模式后，加工时单向进给，一次往复切除一层多余的材料。

● 【来回】选项：选择该模式后，加工时双向进给，往复时均去除多余材料。

● 【平行外形】选项：选择该模式加工时，刀具沿零件轮廓轨迹加工去除多余的材料。

5) 定义进刀/退刀路径

(1) 进入【进刀/退刀路径】选项卡。在【退刀.1】对话框中单击【进刀/退刀路径】标签，切换到【进刀/退刀路径】选项卡，如图 7-164 所示。

(2) 定义进刀路径。在【辅助程序管理】列表框中选择【进刀】选项，右击，在弹出的快捷菜单中选择【启动】命令；然后在【模式】下拉列表框中选择【用户用户定义】选项，分别单击【移除所有动作】和【新增切线动作】按钮。

(3) 定义退刀路径。在【辅助程序管理】列表框中选择【退刀】选项，右击，在弹出的快捷菜单中选择【启动】命令；然后在【模式】下拉列表框中选择【用户用户定义】选项，分别单击【移除所有动作】和【新增切线动作】按钮。

3. 凹槽车削刀路仿真

在【退刀.1】对话框中单击【播放刀具路径】按钮，系统弹出【退刀.1】对话框，且在图形区显示刀路轨迹，如图 7-165 所示。在【退刀.1】对话框中单击【最近一次储存影片】按钮，然后单击【往前播放】按钮，观察刀具切削毛坯零件的运行情况。

选择【文件】|【保存】命令，在系统弹出的【另存为】对话框中输入文件名，单击【保存】按钮即可保存文件。

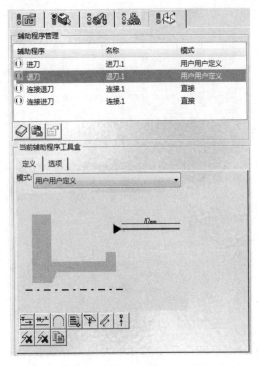

图 7-164　【进刀/退刀路径】选项卡

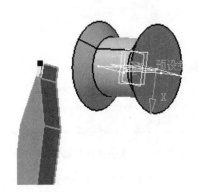

图 7-165　刀路仿真

7.3.4　沟槽精车加工

行业知识链接： 粗车是为了去除大部分的毛坯余量。由于热加工工艺的原因，往往留有较多的余量，如果直接加工到图纸尺寸，会因热应力、工件热变形等造成废品。所以工件毛坯有较大余量时，都要安排粗加工环节。如图 7-166 所示是精车工序。

图 7-166　车刀精车

1. 零件操作定义

沟槽精车加工指的是元件轮廓只选取沟槽加工曲线的车削过程。

1)　打开模型文件并进入加工模块

(1)　选择【文件】|【打开】命令，弹出【选择文件】对话框。在【查找范围】下拉列表框中找到并选择文件，单击【打开】按钮。

(2)　选择【开始】|【加工】|【车床加工】命令，切换到车削加工工作台。

2) 零件操作定义

(1) 进入零件操作定义对话框。在特征树中双击【加工设定.1】节点,弹出【零件加工动作】对话框。

(2) 机床设置。单击【零件加工动作】对话框中的【机床】按钮🖳,弹出【加工编辑器】对话框,单击其中的【卧式车床工具机】按钮🖳,保持系统默认设置,然后单击【确定】按钮,完成机床的选择。

(3) 定义加工坐标系。单击【零件加工动作】对话框中的【参考加工轴系】按钮🖳,弹出【预设参考加工轴系 加工设定.1】对话框。单击坐标原点感应区,在图形区选择如图 7-167 所示的点作为坐标原点。

单击对话框中的 Z 轴感应区,调整 Z 轴。单击对话框中的 X 轴感应区,调整 X 轴。

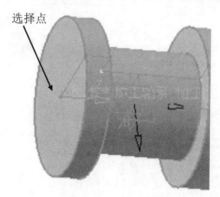

图 7-167　定义坐标系

(4) 定义目标加工零件。单击【零件加工动作】对话框中的【零件】按钮🔲。

选择如图 7-168 所示的零件作为目标加工零件,在图形区空白处双击,系统返回到【零件加工动作】对话框。

(5) 定义毛坯零件。单击【零件加工动作】对话框中的【生料】按钮🔲。

选择如图 7-169 所示的零件作为毛坯零件,在图形区空白处双击,系统返回到【零件加工动作】对话框。

图 7-168　选择目标加工零件

图 7-169　选择毛坯

(6) 定义换刀点。切换到【零件加工动作】对话框中的【位置】选项卡,然后设置如图 7-170 所示的参数。单击【零件加工动作】对话框中的【确定】按钮,完成零件操作的定义。

2. 沟槽精车设置加工参数

在特征树中选中【制造程序.1】节点，然后选择【插入】|【加工动作】|【精车槽】命令，插入一个沟槽精车加工操作，弹出如图 7-171 所示的【车槽精加工.1】对话框。

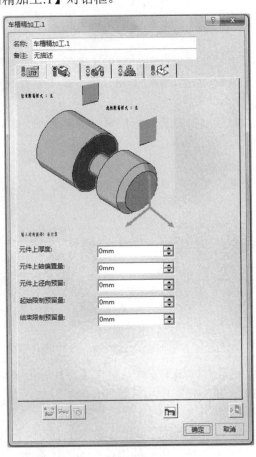

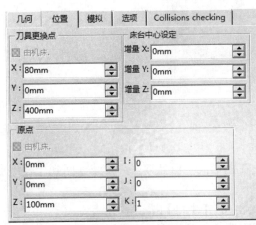

图 7-170 【位置】选项卡   图 7-171 【车槽精加工.1】对话框

1) 定义几何参数

定义零件轮廓。单击【车槽精加工.1】对话框中的元件图元感应区，系统弹出【边界选择】工具栏。在图形区选择如图 7-172 所示的曲线串作为零件轮廓。单击【边界选择】工具栏中的 OK 按钮，系统返回到【车槽精加工.1】对话框。

2) 定义刀具参数

(1) 进入刀具参数选项卡。在【车槽精加工.1】对话框中单击【刀具参数】标签 ，切换到【刀具参数】选项卡，采用系统默认参数设置。

(2) 定义刀片。切换到【刀片】选项卡 ，单击【详细】按钮，设置如图 7-173 所示的参数。

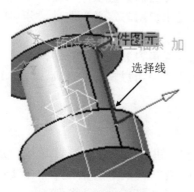

图 7-172　选择零件轮廓

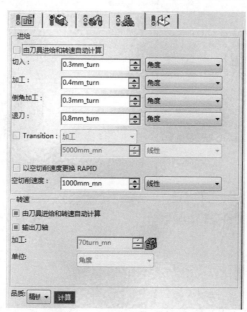

几何图元	技术	进给和速度

底部角度： 0deg
左仞角度： 2.5deg
右仞角度： 2.5deg
左鼻半径 (r1)： 1.2mm
右鼻半径 (r2)： 1.2mm
高度 (l)： 6mm
厚度： 2.5mm
刀片宽度 (la)： 3mm
间隙角度： 6deg

图 7-173　刀片参数

3) 定义进给率与转速

(1) 进入【进给率与转速】选项卡。在【车槽精加工.1】对话框中单击【进给与转速】标签，切换到【进给与转速】选项卡。

(2) 设置进给率与转速。在【车槽精加工.1】对话框的【进给与转速】选项卡中设置如图 7-174 所示的参数。

进给
由刀具进给和转速自动计算
切入： 0.3mm_turn　角度
加工： 0.4mm_turn　角度
倒角加工： 0.3mm_turn　角度
退刀： 0.8mm_turn　角度
Transition： 加工
5000mm_mn　线性
以空切削速度更换 RAPID
空切削速度： 1000mm_mn　线性
转速
由刀具进给和转速自动计算
输出刀轴
加工： 70turn_mn
单位： 角度
品质：精铰　计算

图 7-174　【进给与转速】选项卡

4) 定义刀具路径参数

进入【刀具路径参数】选项卡。在【车槽精加工.1】对话框中单击【刀具路径参数】标签，切换到【刀具路径参数】选项卡，采用系统默认的设置。

5) 定义进刀/退刀路径

(1) 进入【进刀/退刀路径】选项卡。在【车槽精加工.1】对话框中单击【进刀/退刀路径】标签，切换到【进刀/退刀路径】选项卡，如图 7-175 所示。

(2) 定义进刀路径。在【辅助程序管理】列表框中选择【进刀】选项，右击，在弹出的快捷菜单中选择【启动】命令；然后在【模式】下拉列表框中选择【用户用户定义】选项，分别单击【移除所有动作】和【新增切线动作】按钮。

(3) 定义退刀路径。在【辅助程序管理】列表框中选择【退刀】选项，右击，在弹出的快捷菜单中选择【启动】命令；然后在【模式】下拉列表框中选择【用户用户定义】选项，分别单击【移除所有动作】和【新增切线动作】按钮。

3. 沟槽精车刀路仿真

在【车槽精加工.1】对话框中单击【播放刀具路径】按钮，系统弹出【车槽精加工.1】对话框，且在图形区显示刀路轨迹，如图 7-176 所示。在【车槽精加工.1】对话框中单击【最近一次储存影片】按钮，然后单击【往前播放】按钮，观察刀具切削毛坯零件的运行情况。

选择【文件】|【保存】命令，在弹出的【另存为】对话框中输入文件名，单击【保存】按钮即可保存文件。

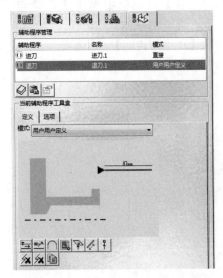

图 7-175 【进刀/退刀路径】选项卡

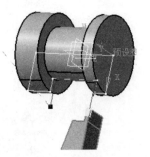

图 7-176 刀路仿真

7.3.5 顺序车削

行业知识链接：粗加工后的表面余量会误差较大，为了保证精加工时有稳定的加工余量，以达到最终产品的统一性，所以会安排半精加工。而精加工是为了满足图纸要求。如图 7-177 所示是顺序车削工序的一步。

图 7-177 顺序车削

1. 顺序车削零件操作定义

顺序车削加工可以加工零件的曲面部分。

1) 打开模型文件并进入加工模块

(1) 选择【文件】|【打开】命令，弹出【选择文件】对话框。在【查找范围】下拉列表框中找到并选择文件，单击【打开】按钮。

(2) 选择【开始】|【加工】|【车床加工】命令，切换到车削加工工作台。

2) 零件操作定义

(1) 进入零件操作定义对话框。在特征树中双击【加工设定.1】节点，弹出【零件加工动作】对话框。

(2) 机床设置。单击【零件加工动作】对话框中的【机床】按钮，弹出【加工编辑器】对话框，单击其中的【卧式车床工具机】按钮，保持系统默认设置，然后单击【确定】按钮，完成机床的选择。

(3) 定义加工坐标系。单击【零件加工动作】对话框中的【参考加工轴系】按钮，系统弹出【预设参考加工轴系 加工设定.1】对话框。单击坐标原点感应区，在图形区选择如图 7-178 所示的点作为坐标原点。

单击对话框中的 Z 轴感应区，调整 Z 轴。单击对话框中的 X 轴感应区，调整 X 轴。

(4) 定义目标加工零件。单击【零件加工动作】对话框中的【零件】按钮。

选择如图 7-179 所示的零件作为目标加工零件，在图形区空白处双击，系统返回到【零件加工动作】对话框。

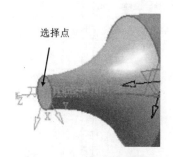

图 7-178 定义坐标系

图 7-179 选择目标加工零件

(5) 定义毛坯零件。单击【零件加工动作】对话框中的【生料】按钮。

选择如图 7-180 所示的零件作为毛坯零件，在图形区空白处双击，系统返回到【零件加工动作】对话框。

(6) 定义换刀点。切换到【零件加工动作】对话框中的【位置】选项卡，然后设置如图 7-181 所示的参数。单击【零件加工动作】对话框中的【确定】按钮，完成零件操作的定义。

2. 顺序车削设置加工参数

1) 创建车削加工操作

在特征树中选中【制造程序.1】节点，然后选择【插入】|【加工动作】|【车床循序加工】命令，插入一个顺序车削加工操作，弹出如图 7-182 所示的【车床顺序.1】对话框。

图 7-180　选择毛坯

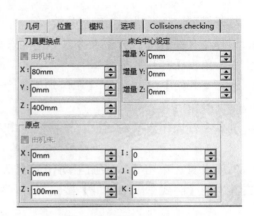

图 7-181　【位置】选项卡

图 7-182　【车床顺序.1】对话框

【车床顺序.1】对话框中的按钮说明如下。

● 　【编辑】按钮 ：该按钮用于编辑已设定的进给运动。

- 【删除】按钮 ✕：该按钮用于删除选择的进给运动。
- 【上移】按钮 ⬆：该按钮用于上移选定的进给运动。
- 【下移】按钮 ⬇：该按钮用于下移选定的进给运动。
- 【刀具的标准进给运动】按钮 ⬛：该运动是刀具运行开始所必需的，刀具从起始位置开始运动时，其运动终点是由一个或两个阻碍元素来确定的。
- 【刀具的增量运动】按钮 ⬛：刀具的增量运动是刀具基于当前位置的运动，运动的轨迹可由两点之间的距离、直线和距离、距离和角度或轴向和径向距离定义。
- 【刀具沿方向向量的进给运动】按钮 ⬛：该运动是刀具沿着给定的方向运动到给定的阻碍元素的运动形式。
- 【刀具的跟随运动】按钮 ⬛：刀具的跟随运动是刀具沿着当前的驱动轨迹运动到给定的阻碍元素的运动形式。

2) 进入【刀具路径参数】选项卡

在【车床顺序.1】对话框中单击【刀具路径】标签 ⬛，切换到【刀具路径】选项卡。

(1) 定义标准走刀运动(一)。在【车床顺序.1】对话框中单击【刀具的标准进给运动】按钮 ⬛，系统弹出如图 7-183 所示的【标准.1n?1】对话框。单击【标准.1 n?1】对话框中的阻碍元素 1 感应区，选择如图 7-184 所示的点作为阻碍元素 1，系统返回到【标准.1 n?1】对话框，单击【确定】按钮。

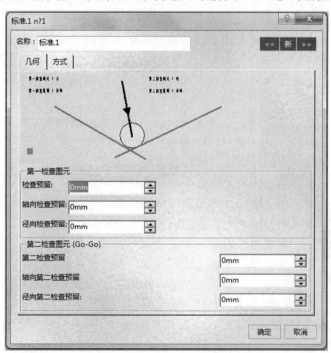

图 7-183 【标准.1 n?1】对话框

(2) 定义标准走刀运动(二)。在【车床顺序.1】对话框中单击【刀具的标准进给运动】按钮 ⬛，系统弹出【标准.1 n?1】对话框。单击【标准.1 n?1】对话框中的阻碍元素 1 感应区，在图形区中选取如图 7-185 所示的直线 1 作为阻碍元素 1；单击阻碍元素 2 感应区，在图形区中选取如图 7-185 所示的直线 2 作为阻碍元素 2。单击【标准.1 n?1】对话框中的【确定】按钮。

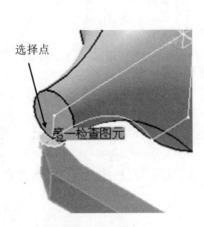

图 7-184　选择点

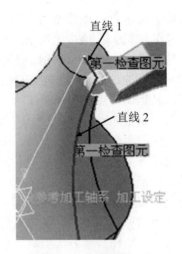

图 7-185　选择阻碍元素

图 7-183 所示的【标准.1 n?1】对话框中的选项说明如下。

● 【几何】选项卡：主要用于设定毛坯边界和需要加工的零件轮廓及其偏置量。

【第一检查模式】：右击该字样，在弹出的快捷菜单中可以选择【内】、【上】和【越过】三个命令。

【第一检查限制】：右击该字样，在弹出的快捷菜单中可以选择第一检查限制的位置，包括【延伸】和【实际】两个命令。

【第二检查模式】：右击该字样，在弹出的快捷菜单中可以选择【内】、【上】和【越过】三个命令。

【第二检查限制】：右击该字样，在弹出的快捷菜单中可以选择第二检查限制的位置，包括【延伸】和【实际】两个命令。

【检查预留】：定义第一阻碍元素上的偏移量大小。

【轴向检查预留】：定义第一阻碍元素上的轴向偏移量大小。

【径向检查预留】：定义第一阻碍元素上的径向偏移量大小。

【第二检查预留】：定义第二阻碍元素上的偏移量大小。

【轴向第二检查预留】：定义第二阻碍元素上的轴向偏移量大小。

【径向第二检查预留】：定义第二阻碍元素上的径向偏移量大小。

● 【方式】选项卡：该选项卡可设置进给率、空间阻碍、公差及刀具补偿。

【进给模式】下拉列表框：该下拉列表框用于选择切削方式。

【加工】：采用机床本身的加工方式。

【进入】：采用导入式加工方式。

【退出】：采用上升式加工方式。

【快速】：快速切削。

【其他值】：在该方式下可重新设置进给速度及几何形状。

【空切削速度】：选择该选项，则采用空切进给方式。

(3) 定义沿方向向量的进给运动。在【车床顺序.1】对话框中单击【刀具的标准进给运动】按钮🔳，系统弹出如图 7-186 所示的【方向.1 n?2】对话框。单击【方向.1 n?2】对话框中的驱动元素感应区，在图形区中选取如图 7-187 所示的直线 1 作为驱动元素；单击阻碍元素感应区，在图形区中选取如图 7-187 所示的直线 2 作为阻碍元素。右击图 7-186 所示的【第一检查模式】文字，在系统弹出的快捷菜单中选择【越过】命令。单击【方向.1 n?2】对话框中的【确定】按钮。

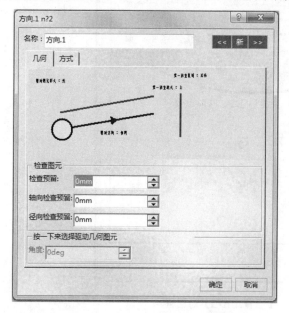

图 7-186　【方向.1n?2】对话框

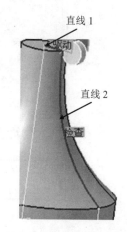

图 7-187　选择驱动元素和阻碍元素

【方向.1 n?2】对话框中的文字说明如下。

- 【驱动图元模式】：右击该字样，在弹出的快捷菜单中可以选择驱动元素类型，包括【线】和【角度】两种类型。选择【角度】类型时，对话框中的【角度】文本框被激活，需在其中输入角度值。
- 【驱动方向】：右击该字样，在弹出的快捷菜单中可以选择驱动方向类型，包括【相同】和【反向】两种类型。

(4) 定义跟随运动(一)。在【车床顺序.1】对话框中单击【刀具的标准进给运动】按钮，系统弹出如图 7-188 所示的【沿着.1 n?2】对话框。单击【沿着.1 n?2】对话框中的阻碍元素感应区，在图形区中选取如图 7-189 所示的边线作为阻碍元素。右击【第一检查模式】文字，在系统弹出的快捷菜单中选择【越过】命令。单击对话框中的【确定】按钮。

(5) 定义跟随运动(二)。在【车床顺序.1】对话框中单击【刀具的标准进给运动】按钮，系统弹出【沿着.1】对话框。单击【沿着.1】对话框中的阻碍元素感应区，在图形区中选取如图 7-190 所示的边线作为阻碍元素。单击对话框中的【确定】按钮。

3) 定义几何参数

单击【加工区域】标签，切换到【加工区域】选项卡，采用系统默认的参数。

4) 定义刀具参数

单击【刀具参数】标签，切换到【刀具参数】选项卡，采用系统默认的参数。

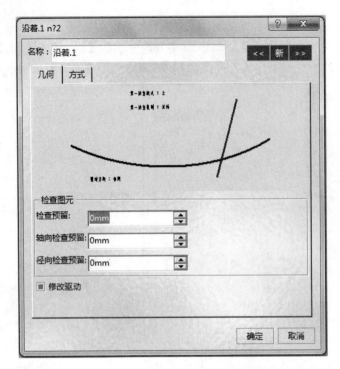

图 7-188　【沿着.1 n?2】对话框

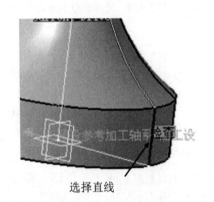

选择直线

图 7-189　选择阻碍 1

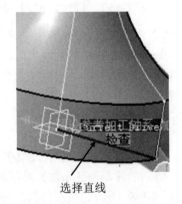

选择直线

图 7-190　选择阻碍 2

5)　定义进给率与转速

(1)　进入进给率与转速设置选项卡。在【车床顺序.1】对话框中单击【进给与转速】标签，切换到【进给与转速】选项卡。

(2)　设置进给率与转速。在【车床顺序.1】对话框的【进给与转速】选项卡中设置如图 7-191 所示的参数。

6)　定义进刀/退刀路径

(1)　进入【进刀/退刀路径】选项卡。在【车床顺序.1】对话框中单击【进刀/退刀路径】标签，切换到【进刀/退刀路径】选项卡，如图 7-192 所示。

(2)　定义进刀路径。在【辅助程序管理】列表框中选择【进刀】选项，右击，在弹出的快捷菜单中选择【启动】命令；然后在【模式】下拉列表框中选择【用户用户定义】选项，分别单击【移除所有动作】和【新增切线动作】按钮。

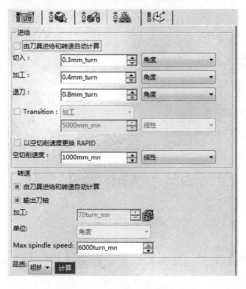

图 7-191　【进给与转速】选项卡

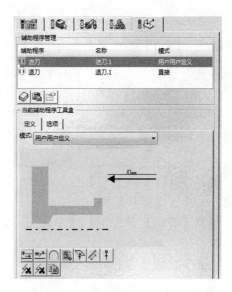

图 7-192　【进刀/退刀路径】选项卡

(3)　定义退刀路径。在【辅助程序管理】列表框中选择【退刀】选项，右击，在弹出的快捷菜单中选择【启动】命令；然后在【模式】下拉列表框中选择【用户用户定义】选项，分别单击【移除所有动作】和【新增切线动作】按钮。

3. 顺序车削刀路仿真

在【车床顺序.1】对话框中单击【播放刀具路径】按钮，系统弹出【车床顺序.1】对话框，且在图形区显示刀路轨迹，如图 7-193 所示。在【车床顺序.1】对话框中单击【最近一次储存影片】按钮，然后单击【往前播放】按钮，观察刀具切削毛坯零件的运行情况。

选择【文件】|【保存】命令，在弹出的【另存为】对话框中输入文件名，单击【保存】按钮即可保存文件。

图 7-193　刀路仿真

7.3.6 斜升粗车加工

行业知识链接：斜升粗车加工适用于使用圆形陶瓷刀片加工较硬的材料，其刀路沿着一定的角度倾斜提升。如图 7-194 所示的法兰端面一般进行粗车。

图 7-194　法兰

1. 斜升粗车零件操作定义

1)　打开模型文件并进入加工模块

(1)　选择【文件】|【打开】命令，弹出【选择文件】对话框。在【查找范围】下拉列表框中找到并选择文件，单击【打开】按钮。

(2)　选择【开始】|【加工】|【车床加工】命令，切换到车削加工工作台。

2)　零件操作定义

(1)　进入零件操作定义对话框。在特征树中双击【加工设定.1】节点，弹出【零件加工动作】对话框。

(2)　机床设置。单击【零件加工动作】对话框中的【机床】按钮🔧，弹出【加工编辑器】对话框，单击其中的【卧式车床工具机】按钮，保持系统默认设置，然后单击【确定】按钮，完成机床的选择。

(3)　定义加工坐标系。单击【零件加工动作】对话框中的【参考加工轴系】按钮，弹出【预设参考加工轴系 加工设定.1】对话框。单击坐标原点感应区，在图形区选择如图 7-195 所示的点作为坐标原点。

单击对话框中的 Z 轴感应区，调整 Z 轴。单击对话框中的 X 轴感应区，调整 X 轴。

(4)　定义目标加工零件。单击【零件加工动作】对话框中的【零件】按钮📁。

选择如图 7-196 所示的零件作为目标加工零件，在图形区空白处双击，系统返回到【零件加工动作】对话框。

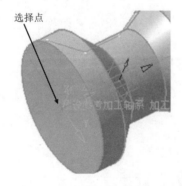

图 7-195　定义坐标系　　　　　　　　　图 7-196　选择目标加工零件

(5)　定义毛坯零件。单击【零件加工动作】对话框中的【生料】按钮📋。

选择如图 7-197 所示的零件作为毛坯零件，在图形区空白处双击，系统返回到【零件加工动作】对话框。

(6) 定义换刀点。切换到【零件加工动作】对话框中的【位置】选项卡，然后设置如图 7-198 所示的参数。单击【零件加工动作】对话框中的【确定】按钮，完成零件操作的定义。

图 7-197　选择毛坯

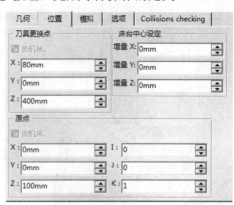

图 7-198　【位置】选项卡

2. 斜升粗车设置加工参数

在特征树中选中【制造程序.1】节点，然后选择【插入】|【加工动作】|【车床斜进粗车】命令，插入一个斜升粗车加工操作，弹出如图 7-199 所示的【车床斜进粗车.1】对话框。

图 7-199　【车床斜进粗车.1】对话框

1) 定义几何参数

(1) 定义零件轮廓。单击【车床斜进粗车.1】对话框中的元件图元感应区，系统弹出【边界选择】工具栏。在图形区选择如图 7-200 所示的曲线串作为零件轮廓。单击【边界选择】工具栏中的 OK 按钮，系统返回到【车床斜进粗车.1】对话框。

(2) 定义毛坯边界。单击【车床斜进粗车.1】对话框中的材料图元感应区。选择如图 7-201 所示的直线作为毛坯边界，在图形区空白处双击，系统返回到【车床斜进粗车.1】对话框。

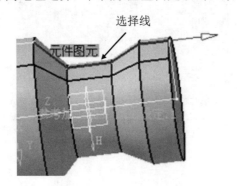

图 7-200 选择零件轮廓

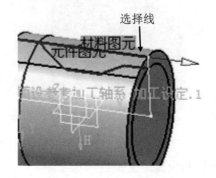

图 7-201 选择毛坯边界

2) 定义刀具参数

进入【刀具参数】选项卡。在【车床斜进粗车.1】对话框中单击【刀具参数】标签，切换到【刀具参数】选项卡，采用系统默认参数设置。

3) 定义进给率与转速

(1) 进入进给率与转速设置选项卡。在【车床斜进粗车.1】对话框中单击【进给与转速】标签，切换到【进给与转速】选项卡。

(2) 设置进给率与转速。在【车床斜进粗车.1】对话框的【进给与转速】选项卡中设置如图 7-202 所示的参数。

4) 定义刀具路径参数

进入【刀具路径参数】选项卡。在【车床斜进粗车.1】对话框中单击【刀具路径参数】标签，切换到【刀具路径参数】选项卡，如图 7-203 所示。双击【最大加工深度】文字，在弹出的【编辑参数】对话框中设置参数，单击【确定】按钮。其他参数采用系统默认的设置。

5) 定义进刀/退刀路径

(1) 进入【进刀/退刀路径】选项卡。在【车床斜进粗车.1】对话框中单击【进刀/退刀路径】标签，切换到【进刀/退刀路径】选项卡，如图 7-204 所示。

(2) 定义进刀路径。在【辅助程序管理】列表框中选择【进刀】选项，右击，在弹出的快捷菜单中选择【启动】命令；然后在【模式】下拉列表框中选择【用户用户定义】选项，分别单击【移除所有动作】和【新增切线动作】按钮。

(3) 定义退刀路径。在【辅助程序管理】列表框中选择【退刀】选项，右击，在弹出的快捷菜单中选择【启动】命令；然后在【模式】下拉列表框中选择【用户用户定义】选项，分别单击【移除所有动作】和【新增切线动作】按钮。

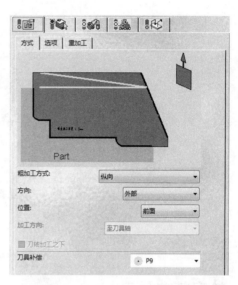

图 7-202　【进给与转速】选项卡　　　　图 7-203　【刀具路径参数】选项卡

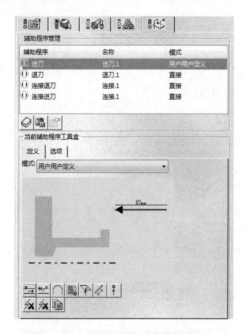

图 7-204　【进刀/退刀路径】选项卡

3. 斜升粗车刀路仿真

在【车床斜进粗车.1】对话框中单击【播放刀具路径】按钮 ，系统弹出【车床斜进粗车.1】对话框，且在图形区显示刀路轨迹，如图 7-205 所示。在【车床斜进粗车.1】对话框中单击【最近一次储存影片】按钮🎬，然后单击【往前播放】按钮▶，观察刀具切削毛坯零件的运行情况。

选择【文件】|【保存】命令，在弹出的【另存为】对话框中输入文件名，单击【保存】按钮即可保存文件。

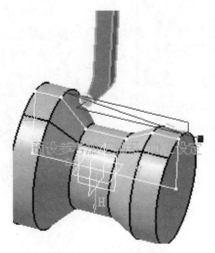

图 7-205 刀路仿真

7.3.7 轮廓精车加工

行业知识链接：轮廓精车指的是沿着零件的外形进行精加工切削。如图 7-206 所示是精加工车削杆件。

图 7-206 精车加工

1. 轮廓精车零件操作定义

1) 打开模型文件并进入加工模块

(1) 选择【文件】|【打开】命令，弹出【选择文件】对话框。在【查找范围】下拉列表框中找到并选择文件，单击【打开】按钮。

(2) 选择【开始】|【加工】|【车床加工】命令，切换到车削加工工作台。

2) 零件操作定义

(1) 进入零件操作定义对话框。在特征树中双击【加工设定.1】节点，弹出【零件加工动作】对话框。

(2) 机床设置。单击【零件加工动作】对话框中的【机床】按钮🗜，弹出【加工编辑器】对话框，单击其中的【卧式车床工具机】按钮🗜，保持系统默认设置，然后单击【确定】按钮，完成机床的选择。

(3) 定义加工坐标系。单击【零件加工动作】对话框中的【参考加工轴系】按钮，系统弹出【预设参考加工轴系 加工设定.1】对话框。单击坐标原点感应区，在图形区选择如图 7-207 所示的点作为坐标原点。

单击对话框中的 Z 轴感应区，调整 Z 轴。单击对话框中的 X 轴感应区，调整 X 轴。

(4) 定义目标加工零件。单击【零件加工动作】对话框中的【零件】按钮。

选择如图 7-208 所示的零件作为目标加工零件，在图形区空白处双击，系统返回到【零件加工动作】对话框。

选择点

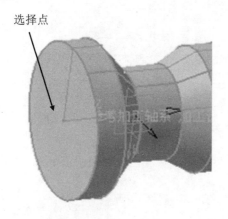

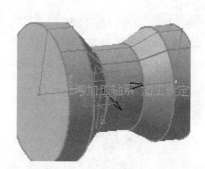

图 7-207　定义坐标系

图 7-208　选择目标加工零件

(5) 定义毛坯零件。单击【零件加工动作】对话框中的【生料】按钮。

选择如图 7-209 所示的零件作为毛坯零件，在图形区空白处双击，系统返回到【零件加工动作】对话框。

(6) 定义换刀点。切换到【零件加工动作】对话框中的【位置】选项卡，然后设置如图 7-210 所示的参数。单击【零件加工动作】对话框中的【确定】按钮，完成零件操作的定义。

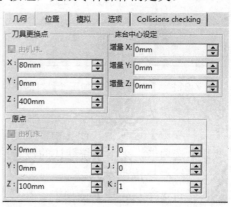

图 7-209　选择毛坯

图 7-210　【位置】选项卡

2. 轮廓精车设置加工参数

在特征树中选中【制造程序.1】节点，然后选择【插入】|【加工动作】|【精车断面轮廓】命令，插入一个轮廓精车加工操作，弹出如图 7-211 所示的【断面轮廓精加工.1】对话框。

1) 定义几何参数

定义零件轮廓。单击【断面轮廓精加工.1】对话框中的元件图元感应区，系统弹出【边界选择】工具栏。在图形区选择如图 7-212 所示的曲线串作为零件轮廓。单击【边界选择】工具栏中的 OK 按钮，系统返回到【断面轮廓精加工.1】对话框。

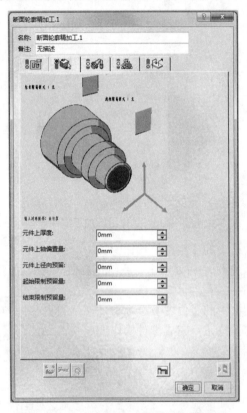

图 7-211　【断面轮廓精加工.1】对话框

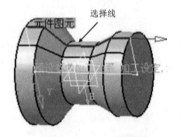

图 7-212　选择零件轮廓

2) 定义刀具参数。

进入【刀具参数】选项卡。在【断面轮廓精加工.1】对话框中单击【刀具参数】标签，切换到【刀具参数】选项卡，采用系统默认的设置。

3) 定义进给率与转速

(1) 进入【进给率与转速】选项卡。在【断面轮廓精加工.1】对话框中单击【进给与转速】标签，切换到【进给与转速】选项卡。

(2) 设置进给率与转速。在【断面轮廓精加工.1】对话框的【进给与转速】选项卡中设置如图 7-213 所示的参数。

4) 定义刀具路径参数

(1) 进入【刀具路径参数】选项卡。在【断面轮廓精加工.1】对话框中单击【刀具路径参数】标签 ，切换到【刀具路径参数】选项卡，如图 7-214 所示。

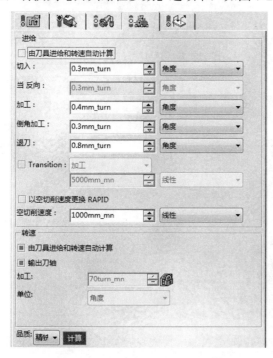

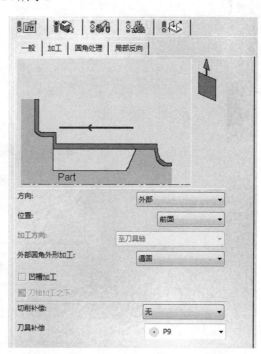

图 7-213 【进给与转速】选项卡　　　　　　图 7-214 【刀具路径参数】选项卡

(2) 设置【一般】参数。切换到【一般】选项卡，然后选中【凹槽加工】复选框，其他参数采用系统默认的设置。

【刀具路径参数】选项卡说明如下。

① 在【加工】选项卡中可以设置切入切出类型。图 7-215 和图 7-216 分别为【线性】切入切出、【循圆】切入切出的走刀路线。

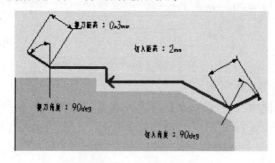

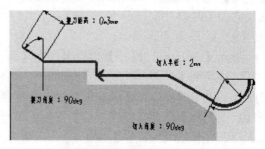

图 7-215 【线性】走刀　　　　　　图 7-216 【循圆】走刀

② 在【圆角处理】选项卡中可以设置处理阶梯轴拐角轮廓的方式，图 7-217 所示为不处理拐角轮廓；图 7-218 所示为所有的拐角加工成倒角；图 7-219 所示为所有拐角加工成圆角的方式。将拐角加工成倒角时要设置倒角的长度；将拐角加工成圆角时要设置圆角的半径。

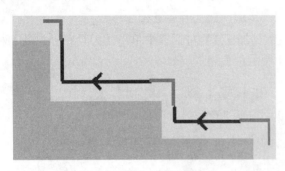

图 7-217 不处理拐角

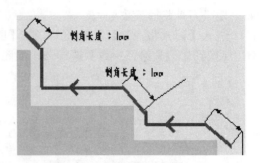

图 7-218 拐角倒角

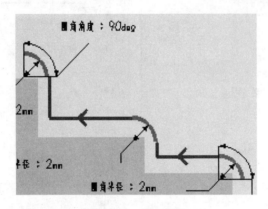

图 7-219 拐角圆角

③ 在【局部反向】选项卡中可以对局部反向元素的加工进行设定，系统提供了以下三种反向策略。

【无】选项：选择该选项后，轮廓加工对于反向元素按照反向路线进行加工，即忽略反向元素的定义。

【重叠】选项：选择该选项后，反向元素的给定长度被加工两次，正常加工一次，反向加工一次。

【厚度】选项：选择该选项后，正向加工时在反向加工元素上预留给定厚度的材料，这层材料在随后的反向加工时被去除。

5) 定义进刀/退刀路径

(1) 进入【进刀/退刀路径】选项卡。在【断面轮廓精加工.1】对话框中单击【进刀/退刀路径】标签 ，切换到【进刀/退刀路径】选项卡，如图 7-220 所示。

(2) 定义进刀路径。在【辅助程序管理】列表框中选择【进刀】选项，右击，在弹出的快捷菜单中选择【启动】命令；然后在【模式】下拉列表框中选择【用户用户定义】选项，分别单击【移除所有动作】 和【新增切线动作】按钮 。

(3) 定义退刀路径。在【辅助程序管理】列表框中选择【退刀】选项，右击，在弹出的快捷菜单中选择【启动】命令；然后在【模式】下拉列表框中选择【用户用户定义】选项，分别单击【移除所有动作】 和【新增切线动作】按钮 。

3. 轮廓精车刀路仿真

在【断面轮廓精加工.1】对话框中单击【播放刀具路径】按钮 ，弹出【断面轮廓精加工.1】对话框，且在图形区显示刀路轨迹，如图 7-221 所示。在【断面轮廓精加工.1】对话框中单击【最近一次储存影片】按钮 ，然后单击【往前播放】按钮 ，观察刀具切削毛坯零件的运行情况。

选择【文件】|【保存】命令，在弹出的【另存为】对话框中输入文件名，单击【保存】按钮即可保存文件。

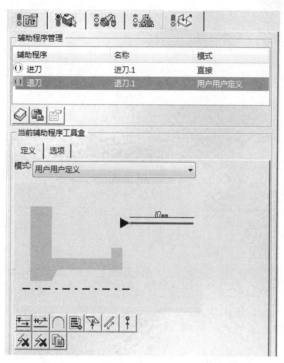

图 7-220　【进刀/退刀路径】选项卡

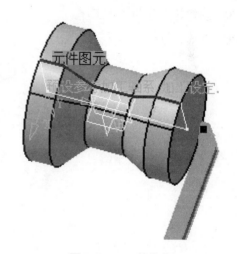

图 7-221　刀路仿真

阶段进阶练习

本教学日介绍了车削加工的多种方式。车床加工主要用车刀对旋转的工件进行车削加工。在车床上还可用钻头、扩孔钻、铰刀、丝锥、板牙和滚花工具等进行相应的加工。车床主要用于加工轴、盘、套和其他具有回转表面的工件，是机械制造和修配工厂中使用最广的一类机床加工。本教学日主要介绍了车削加工中的顺序车削、轮廓精车加工和斜升粗车加工方式。数控加工中的车削加工是现代模具制造加工的一种先进手段。与普通机床加工方法相比，数控加工对刀具提出了更高的要求，不仅需要刚性好、精度高，而且要求尺寸稳定，耐用度高，同时要求安装调整方便，以满足数控机床高效率的要求。

如图 7-222 所示是一个下壳体模型，创建该零件后，使用本教学日学过的各种命令来创建壳体模型的轮廓加工和点位孔的加工。

图 7-222　下壳体模型

一般创建步骤和方法如下。

(1)　创建下壳体模型。

(2)　设置几何体和刀具。

(3)　创建轮廓驱动加工工序。

(4)　创建点位加工工序。